工信精品人工智能系列教材

U0733638

# 人工智能
# 技术应用

常州新能源产教联合体 ◉ 组编

严莉 武栋 ◉ 主编

陈澄 徐亦卿 杨凯 冯汝成 ◉ 副主编

人民邮电出版社

北 京

**图书在版编目（CIP）数据**

人工智能技术应用 / 严莉，武栋主编. -- 北京：
人民邮电出版社，2025. --（工信精品人工智能系列教材
）. -- ISBN 978-7-115-66456-3

Ⅰ. TP18

中国国家版本馆 CIP 数据核字第 2025SC5383 号

## 内 容 提 要

　　本书围绕人工智能（AI）技术展开介绍。首先，深入剖析 AI 技术的定义、分类、核心要素、特点，同时详细介绍机器学习、深度学习、计算机视觉及自然语言处理等关键技术，为读者构建坚实的理论基础。随后，探索当前主流的 AI 开发工具与大模型，包括阿里云 PAI、华为云 ModelArts、百度飞桨等机器学习工具，百度 AI 开放平台、腾讯优图、阿里云视觉智能开放平台等计算机视觉工具，腾讯云小微等自然语言处理工具以及文心一言、讯飞星火等 AI 大模型，展示 AI 技术在实际操作中的广泛应用与强大能力。最后，通过 AI 在学习、工作、生活等方面的实际应用案例，如学习解惑、短视频制作等，生动展示 AI 技术如何深刻改变人们的生活方式，激发读者的学习兴趣与创造力。

　　本书内容丰富、结构清晰，既提供理论知识，又包含实用的操作实训指导，适合作为应用型本科院校和职业院校人工智能专业的教材，也可以作为信息技术行业的工程技术人员、科研人员和管理人员的参考书。

◆ 主　　编　严　莉　武　栋
　　副主编　陈　澄　徐亦卿　杨　凯　冯汝成
　　责任编辑　刘晓东
　　责任印制　王　郁　周昇亮
◆ 人民邮电出版社出版发行　　北京市丰台区成寿寺路 11 号
　　邮编　100164　电子邮件　315@ptpress.com.cn
　　网址　https://www.ptpress.com.cn
　　北京天宇星印刷厂印刷
◆ 开本：787×1092　1/16
　　印张：12.75　　　　　　2025 年 7 月第 1 版
　　字数：326 千字　　　　2025 年 7 月北京第 1 次印刷

定价：49.80 元

读者服务热线：(010)81055256　印装质量热线：(010)81055316
反盗版热线：(010)81055315

# 前　言

党的二十大报告指出："推动制造业高端化、智能化、绿色化发展"。本书全面贯彻党的二十大精神，科学选取典型案例题材和安排学习内容，在读者学习专业知识的同时，激发爱国热情、培养爱国情怀，树立绿色发展理念，培养和传承中国工匠精神，筑基中国梦。

本书以"认识 AI 技术"为基石，首先介绍 AI 技术的定义、分类、核心要素及特点，为读者后续深入学习奠定坚实的理论基础。通过详细解析机器学习、深度学习、计算机视觉、自然语言处理及 AI 大模型等关键技术领域，不仅展示 AI 技术的深度与广度，还揭示 AI 技术如何在不同应用场景中发挥关键作用，引领科技创新与产业升级。随着技术的不断进步，AI 开发工具与大模型如雨后春笋，为各行各业带来了前所未有的变革。因此，本书特设"认识 AI 开发工具"与"认识 AI 大模型产品应用"两个项目，精选当前市场上主流的 AI 平台与大模型，如阿里云 PAI、华为云 ModelArts、百度飞桨、文心一言、讯飞星火、豆包、DeepSeek 等，详细介绍它们的目标用户、服务内容、使用方法及应用场景，帮助读者快速上手并有效利用这些先进工具解决实际问题。最后，"基于 AI 技术的典型应用"项目通过一系列生动、具体的案例，介绍 AI 技术在学习、工作、生活、娱乐等多个方面的实际应用。从学习解惑、文章写作到宣传文案、研究报告，再到图像生成、音乐生成等，AI 以强大的数据处理能力、智能分析能力与创造力，为人类带来了前所未有的便利与乐趣。这些案例不仅彰显了 AI 技术的强大潜力，也激发了人们对未来无限可能的想象与探索。

通过阅读本书，读者可以全面掌握人工智能技术及应用的各个方面，为学习、工作等奠定基础。

本书共设 32 学时，各项目的参考学时见以下的学时分配表。

| 项目 | 课程内容 | 学时分配 | |
| --- | --- | --- | --- |
| | | 讲授 | 项目实训 |
| 项目 1 | 认识 AI 技术 | 4 | 2 |
| 项目 2 | 认识 AI 开发工具 | 4 | 2 |
| 项目 3 | 认识 AI 大模型产品应用 | 8 | 2 |
| 项目 4 | 基于 AI 技术的典型应用 | 8 | 2 |
| 学时总计 | | 24 | 8 |

本书由常州新能源产教联合体组编，严莉、武栋担任主编，陈澄、徐亦卿、杨凯、冯汝成担任副主编。由于编者水平有限，书中难免存在不足之处，敬请广大读者在阅读本书的过程中给予指正，并提出宝贵的意见和建议。

编　者
2025 年 2 月

# 目　录

# 项目 1

## 认识 AI 技术

## 【思维导图】

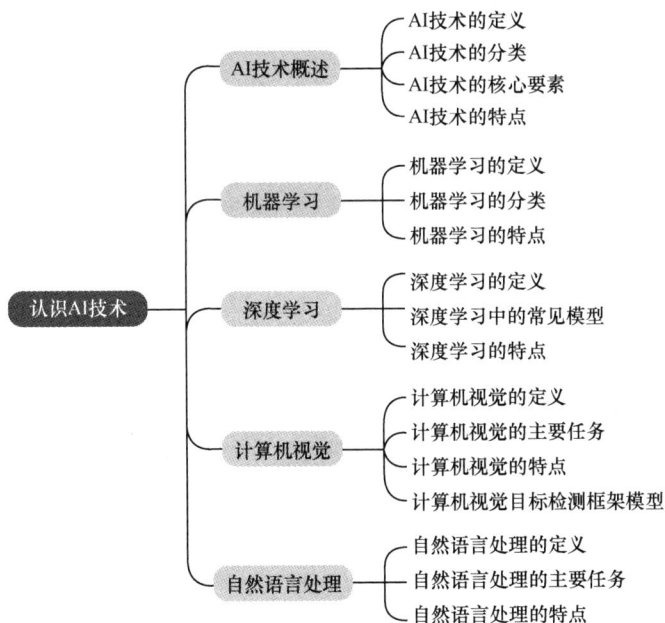

认识AI技术
- AI技术概述
  - AI技术的定义
  - AI技术的分类
  - AI技术的核心要素
  - AI技术的特点
- 机器学习
  - 机器学习的定义
  - 机器学习的分类
  - 机器学习的特点
- 深度学习
  - 深度学习的定义
  - 深度学习中的常见模型
  - 深度学习的特点
- 计算机视觉
  - 计算机视觉的定义
  - 计算机视觉的主要任务
  - 计算机视觉的特点
  - 计算机视觉目标检测框架模型
- 自然语言处理
  - 自然语言处理的定义
  - 自然语言处理的主要任务
  - 自然语言处理的特点

## 【学习目标】

### 知识目标

（1）掌握人工智能技术的定义、分类、核心要素和特点。

（2）了解机器学习的定义、分类和特点。

（3）理解深度学习的定义、常见模型和特点。

（4）掌握计算机视觉和自然语言处理的定义、主要任务和特点。

（5）了解计算机视觉目标检测框架模型。

## 技能目标

（1）能够根据 AI 技术，分析并识别实际应用场景中的 AI 元素。

（2）能够分析机器学习、深度学习、计算机视觉和自然语言处理的区别与联系。

## 素质目标

（1）激发学生对 AI 技术发展的兴趣，培养创新思维。

（2）提高学生对 AI 领域新技术、新方法的持续关注和学习能力。

# 【导入案例】

　　清晨，智能闹钟通过识别你的睡眠周期，在你浅睡眠的时刻温柔地唤醒你。随后，智能家居系统自动调整窗帘，让温暖的阳光洒满房间。你对智能音箱吩咐一句，它便立刻为你播放你喜爱的晨间新闻或音乐。午餐时，你利用智能手机拍照识别食物热量，科学规划饮食。傍晚，你通过人脸识别技术轻松打开家门，智能安防系统已默默守护了一天的安全。晚上，你与外国的朋友通过智能翻译软件，跨越语言障碍，畅谈无阻。这一切便捷与智能，都离不开 AI 技术的强大支撑。从机器学习到深度学习，再从计算机视觉到自然语言处理，它们共同编织了一个高效、智能的生活网络。接下来，让我们一同深入探索这些 AI 技术的奥秘，开启 AI 世界的奇妙之旅。

# 【知识探索】

## 1.1　AI 技术概述

### 1.1.1　AI 技术的定义

　　AI 技术是一门综合计算机科学、控制论、信息论、神经生理学、心理学、语言学、哲学等多种学科的交叉学科。AI 技术旨在模拟、延伸甚至超越人类智能，通过算法和数据处理，使机器能够执行复杂任务、自我学习并做出智能决策。它通过算法处理海量数据，不断优化自身性能，在图像识别、语音识别和自然语言处理，乃至无人驾驶、智能制造等领域具有广泛应用。AI 技术的快速发展正深刻改变着人类的生产生活方式，引领着未来的科技革命。

　　AI 的工作原理是基于数据驱动和算法模型，通过机器学习、深度学习等技术，对大量数据进行学习、分析和训练，使机器能够模拟人类的行为。AI 系统能够自主思考、决策和行动，实现像人一样的智能反应。AI 系统的核心是通过算法构建模型，并利用数据不断优化模型参数，达到最小化预测结果和实际结果之间的差异，从而实现对复杂任务的智能化处理和决策。

AI 技术的应用在现实生活中无处不在。从智能手机上的语音助手到自动驾驶汽车，从医疗诊断到金融风控，AI 都在发挥着重要作用。在生活中，AI 让家电更加智能，提高了生活的便捷和舒适度。在工作中，AI 协助处理数据、优化决策，提高了工作效率。在娱乐领域，AI 推荐系统为人们提供个性化的内容。AI 技术的广泛应用正在深刻改变着人们的生活方式和工作模式，让人们享受更加智能、便捷和高效的服务。

## 1.1.2　AI 技术的分类

按智能水平，AI 技术可以分为弱人工智能、强人工智能和超人工智能 3 类。

### 1. 弱人工智能

弱人工智能也称为专用人工智能或领域人工智能，是指用于执行特定任务或解决特定问题的 AI 技术。弱人工智能通常只具备有限的智能，仅在特定领域内表现出色，而无法跨领域应用。

例如，智能客服、图像识别与安防、智能推荐系统都是弱人工智能的典型应用场景。

（1）智能客服。阿里巴巴的云小蜜是国内领先的智能客服系统之一。它利用自然语言处理技术，能够自动回答用户的问题，提供信息查询、订单跟踪、售后咨询等服务。云小蜜通过不断学习和优化，已经在电商、金融、教育等多个领域得到广泛应用，显著提升了客户服务的效率和满意度。

（2）图像识别与安防。海康威视作为国内安防行业的领军企业，其智能监控系统集成了先进的图像识别技术。这些系统能够自动识别视频中的异常行为、人脸特征等，为公安、交通、零售等领域提供强大的安全保障和数据分析支持。海康威视的智能安防解决方案在国内市场占据重要地位，推动了智慧城市的建设。

（3）智能推荐系统。今日头条作为国内领先的新闻资讯平台，其智能推荐系统根据用户的阅读习惯和兴趣偏好，为用户推送个性化的新闻内容。智能推荐系统利用大数据分析和机器学习算法，不断优化推荐策略，提高用户的阅读体验和黏性。今日头条的成功展示了 AI 技术在内容分发领域的巨大潜力。

### 2. 强人工智能

强人工智能是指能够执行人类所有智能任务的 AI 技术。强人工智能不仅能在特定领域超越人类，还能像人类一样理解复杂的概念、进行抽象思维、进行创造性工作，并具备自我意识和情感。强人工智能拥有广泛的认知能力，能够处理各种类型的信息和任务，其智能水平与人类相当甚至更高。然而，目前强人工智能仍处于理论和研究阶段，尚未有实际的应用案例出现。尽管如此，科学家对强人工智能的探索和研究仍在不断深入。

（1）全能助手。设想一个强人工智能系统，它不仅能够完成日常的家务劳动（如清洁、烹饪），还能陪伴孩子学习、辅导作业，甚至参与家庭决策和规划。全能助手能够分析家庭成员的情感和需求，提供个性化的服务和建议。

（2）科研助手。在科研领域，强人工智能可以协助科学家进行复杂的实验设计、数据分析、理论推导等工作。它能够理解科学问题的本质和其背景知识，提出新的假设和解决方案，推动科学研究的进步。

### 3. 超人工智能

超人工智能是一种理论的 AI 技术，其智能水平远超人类。超人工智能不仅在所有智能领域都超越人类，还在创新、决策和解决问题等方面展现出前所未有的能力。超人工智能拥有极强的学习能力和适应能力，能够迅速掌握新知识、解决复杂问题，甚至创造出新的科技成果。然而，超人工智能的出现将引发诸多伦理、哲学和社会问题，如 AI 是否应该拥有权利、如何确保 AI 的决策符合人类价值观等。这些问题需要人们在推动 AI 技术发展的同时，进行深入的思考和探讨。

超人工智能是理论构想，目前尚无具体实例。但人们可以从科幻作品中获取一些灵感。例如，宇宙探索者和社会管理者是超人工智能的科幻场景（或理论设想案例）。

（1）宇宙探索者。在科幻电影中，超人工智能可能被设计为能够自主驾驶宇宙飞船进行星际探索的机器人。它不仅能够处理复杂的宇宙环境数据，还能进行高难度的空间操作，甚至发现新的星球和生命形式。

（2）社会管理者。在高度发达的未来社会中，超人工智能可能担任社会管理者的角色。它能够全面收集和分析社会数据，预测社会趋势和危机，制定科学、合理的政策和规划，确保社会和谐、稳定和持续发展。

虽然目前实现的 AI 主要是弱人工智能，但随着技术的不断进步和创新，AI 技术将不断向更高层次发展，为人类带来更多的便利和福祉。同时，人们需要关注 AI 技术发展带来的伦理和社会问题，确保 AI 技术的健康发展与人类的福祉相协调。

## 1.1.3 AI技术的核心要素

### 1. 算法

算法是人工智能的"大脑"，决定了 AI 如何进行学习、推理和决策。算法的种类丰富，如决策树、神经网络、机器学习、深度学习等，每种算法都有其特定的应用场景和优势。深度学习是目前应用较为广泛的算法，它通过模拟人脑神经元结构，实现对大量数据的分类和识别，使 AI 在图像识别、语音识别等领域的应用取得了突破性进展。选择合适的算法对于提高 AI 的性能和准确率至关重要。

### 2. 数据

数据是人工智能的"燃料"。没有高质量、大规模的数据，AI 就无法进行有效的学习和训练。数据可分为训练数据和测试数据。训练数据用于训练和优化算法，测试数据用于评估算法的性能。在数据的收集、清洗、标注和处理过程中，要确保数据的真实性、完整性和多样性，以保证 AI 模型的泛化能力和稳健性。

### 3. 算力

算力是人工智能的"动力"。随着技术的发展，计算机的计算能力和处理速度不断提高，为 AI 处理和分析大规模数据提供了支持。高性能的计算资源，如图形处理器、现场可编程门阵列等芯片和硬件设备，以及云计算和边缘计算技术，都为 AI 提供了强大的计算支持。算力的提升使得 AI 能够在更短的时间内完成更复杂的任务，提高了 AI 的效率和响应速度。

除了以上 3 个核心要素，模型和人机交互也是 AI 的重要组成部分，它们为 AI 的应用提供了技术支持。

模型是 AI 技术的表现形式。模型由算法和数据训练而成，能够模拟和预测现实世界中的某种现象或行为。模型的好坏直接影响到 AI 系统的实用性和可靠性。在 AI 领域中，研究者不断尝试和改进各种模型，以提高其泛化能力和解释性。同时，模型的部署和更新是 AI 技术应用的重要环节。

人机交互是 AI 技术实现价值的关键环节。它使得 AI 系统能够与用户进行有效的沟通和互动，从而满足用户的各种需求。人机交互的方式包括语音、图像、文本等多种形式，它们共同构成 AI 系统与用户之间的桥梁。随着技术的不断进步，人机交互将变得更加自然、智能和便捷。

## 1.1.4  AI 技术的特点

### 1. 自主学习能力

AI 技术具备强大的自主学习能力，能够持续从海量数据中汲取知识，优化算法和模型。自主学习能力使 AI 无须人工频繁干预，即可自我改进，应对复杂、多变的任务需求，展现了高度的智能性和适应性。以 AlphaGo（阿尔法围棋）为例，在与世界冠军的对弈中，它不仅运用了既定策略，还通过自学创新棋局，展现了 AI 强大的自主学习能力。

### 2. 高效数据处理

AI 技术在处理大数据领域中展现出了前所未有的高效。从市场趋势洞察到医疗影像诊断，再到语音精准识别，AI 以惊人的速度处理海量数据，精准提炼关键信息，为各行业的决策提供坚实的数据支撑。其中，在医疗领域的应用尤为显著，AI 辅助的医疗影像分析能够迅速识别病变器官，显著提高诊断效率与精准度，引领医疗领域迈向更高效、更智能的未来。

### 3. 智能决策支持

依托先进的算法和模型，AI 展现出卓越的预测与决策能力，它深度挖掘历史数据与实时信息，为金融风控、供应链管理等关键领域带来革新。在金融领域，AI 精准把握市场动态，基于大数据分析和预测未来趋势，助力投资者制定科学的投资策略，有效规避人为错误，增强市场稳定性，激发收益潜力。智能决策支持系统的应用正逐步成为推动行业高效、稳健发展的新引擎。

### 4. 跨领域融合

AI 技术以强大的跨领域融合能力，正深刻改变着各行各业的面貌。从智能制造的精密控制到智慧城市的智慧管理，从智慧医疗的精准诊疗到教育娱乐的个性化体验，AI 不断与专业知识深度融合，催生出众多创新应用。这在智能制造领域中尤为显著，AI 赋能生产线，实现自动化、柔性化与智能化转型，显著提升生产效率与产品质量，引领制造业迈向新纪元。这种跨领域融合的浪潮正以前所未有的速度推动着社会全面进步与发展。

### 5. 人机交互体验

AI 技术的飞跃发展正深刻改变着人机交互的边界。自然语言处理与语音识别技术的融合，让 AI 与人类之间的沟通变得更加自然、流畅，提供的个性化服务更是无微不至。智能语音助手，如小度、小爱同学等，已成为人类现代生活的得力助手，它们不仅能理解用户的每一个指令，还能主动提供帮助，包括信息查询和日常生活管理等，极大地提高了生活的便捷与效率，开启了人机交互的智能化篇章。

### 6. 潜在伦理挑战

随着 AI 技术的飞速发展，其背后的伦理挑战暗流涌动，日益成为不容忽视的问题。确保 AI

的公平性、透明性与可解释性，遏制算法偏见与滥用，捍卫个人隐私与数据安全成为这个时代的重要课题。在推动 AI 技术革新的同时，必须审慎地考量其对社会结构的深远影响，确保 AI 技术的发展惠及全人类，而非加剧不平等或侵犯个体权益。数据安全尤为关键，AI 系统需严守法律红线，通过加密、匿名等技术手段，构筑用户数据安全的坚固防线。

AI 技术以其自主学习能力、高效数据处理、智能决策支持、跨领域融合、人机交互体验等特点，正引领着新一轮的科技革命和产业变革。然而，在享受 AI 技术带来的便利的同时，必须正视其潜在的伦理挑战，通过技术创新、法规建设和伦理教育等多种手段，共同推动 AI 技术的健康发展。

## 1.2 机器学习

### 1.2.1 机器学习的定义

机器学习是一种基于数据驱动的算法和技术，它使计算机能够从大量数据中自动地学习和提取规律，进而对未知数据进行预测或决策。机器学习不依赖硬编码的规则，而是通过训练和优化模型，使计算机能够识别复杂模式和关联，并在实践中持续改进其性能。机器学习在多个领域具有广泛应用，如自然语言处理、图像识别、智能推荐系统等，为现代社会带来了前所未有的智能和便捷。

机器学习与人类学习的比较如图 1-1 所示。机器学习是依靠历史数据训练模型，再根据新的数据预测未知属性；人类学习是依靠经验归纳出规律，再根据新的问题预测未来。机器学习中的"训练"与"预测"过程可以对应到人类学习中的"归纳"与"预测"过程。通过这样的对应可以发现，机器学习的思想并不复杂，仅是对人类学习的模拟。

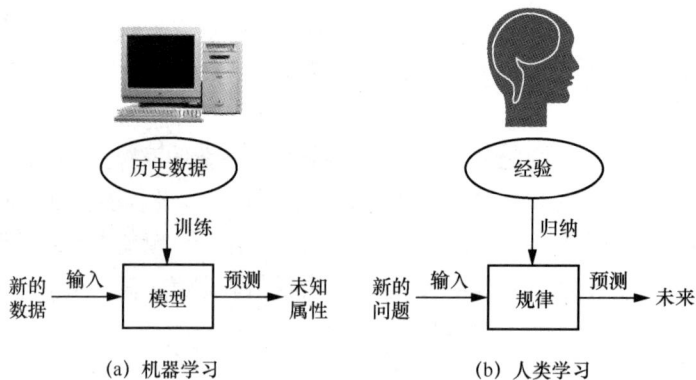

图 1-1 机器学习与人类学习的比较

### 1.2.2 机器学习的分类

机器学习作为人工智能领域的重要分支，涵盖多种不同的方法和技术。机器学习根据学习过程中的不同特点和目标，提供丰富的工具和策略来解决实际问题。机器学习主要分为监督学习、无监督学习、半监督学习、强化学习、迁移学习和深度学习等。

## 1. 监督学习

监督学习通过一组已知标签的数据来训练模型，使模型能够学习输入到输出之间的映射关系。在这个过程中，模型接收输入特征，并尝试预测一个目标值（标签），通过比较预测标签与真实标签的差异来优化模型参数，从而提高模型的预测准确性。监督学习广泛应用于分类、回归等任务中。手写数字识别是一个典型的监督学习任务。在该任务中，数据集包含大量手写数字图像及对应的数字标签。模型（如神经网络）会学习手写数字图像中像素分布与数字标签之间的关系，通过不断调整内部参数来最小化预测错误。在训练完成后，模型能够接收新的手写数字图像作为输入，并输出对应的预测数字标签，实现从图像到数字的自动映射。

## 2. 无监督学习

无监督学习用于处理没有预先定义标签的数据集。在无监督学习下，算法尝试自主探索数据中的隐藏模式、结构或规律，而不需要外界的指导或反馈。无监督学习广泛应用于数据挖掘、数据降维、异常检测及市场细分等领域，旨在理解数据的内在属性和关系，为后续的决策或进一步分析奠定基础。以音乐推荐为例，音乐平台会根据用户的听歌行为（如播放次数、收藏列表、跳过歌曲等）对用户进行无监督聚类，将具有相似音乐偏好的用户归为同一群体。通过这种方式，音乐平台能更精准地向用户推荐其可能喜欢的新歌曲或歌单，提升用户体验。

## 3. 半监督学习

半监督学习介于监督学习与无监督学习之间。它处理的数据集包含少量有标签的数据和大量无标签的数据。半监督学习的目标是利用少量有标签数据指导学习过程，同时从大量无标签数据中挖掘潜在的信息和模式，以提高模型的泛化能力和性能。半监督学习在数据标注成本高昂或标注数据稀缺的情况下尤为有用。以社交媒体情感分析为例，面对用户生成的海量无标签数据，半监督学习能够智能地利用少量有标签数据启动学习进程，随后借助无监督技术如词嵌入、主题建模等，深入剖析无标签数据的内在语义，不断优化模型，实现对情感倾向的精准捕捉。

## 4. 强化学习

强化学习的核心思想是通过让智能体在环境中进行探索和学习，以最大化某种累积奖励。在学习过程中，智能体不断尝试不同的行为，根据环境反馈的奖励或惩罚来调整策略，以逐渐学习到能够获取最高奖励的最优行为序列。强化学习不需要明确的监督信号，而是通过与环境的交互来学习，适用于解决复杂的决策问题。例如，自动驾驶汽车在行驶过程中，自动驾驶系统（智能体）会不断感知周围环境（如路况、其他车辆行为），并基于这些信息做出决策（如加速、减速、转向）。每当汽车安全到达目的地时，自动驾驶系统会获得奖励；若发生碰撞或违规行驶，则会受到惩罚。通过大量的行驶数据和经验积累，自动驾驶系统能够不断优化决策，提高行驶的安全性和效率。

## 5. 迁移学习

迁移学习旨在将从一个领域（源域）中学到的知识或模式应用到另一个相关但不同的领域（目标域）中。迁移学习利用不同任务之间的共性，通过迁移已有的知识来加速新任务的学习，减少新任务对有标签数据的依赖。迁移学习在解决数据稀缺、标注成本高昂等问题上具有显著优势。以智能手机上的相机应用为例，许多相机应用都会利用深度学习技术来优化拍照效果，如美颜、加滤镜等。这些应用通常会先在大量图片数据上训练一个通用的图像识别或处理模型（源域），然后将这个模型迁移到相机应用中（目标域）。尽管手机拍摄的环境和光线条件可能与训练模型时有所不同，但由于迁移学习的应用，相机应用能够迅速适应并产生高质量的拍照效果，极大地提升了用户体验。

### 6. 深度学习

深度学习模拟人脑神经网络的工作方式，通过构建多层次的神经网络模型来处理和分析数据。神经网络模型能够自动地从原始数据中提取高层次的抽象特征，用于分类、识别、预测等任务。深度学习以强大的特征表示能力和模型复杂度，在处理大规模、高维度的数据时表现出色，广泛应用于图像识别、语音识别、自然语言处理等领域。以智能手机的人脸识别解锁功能为例，当人们设置面部解锁时，手机会捕捉人们的面部图像，并使用神经网络模型来提取面部的关键特征，如眼睛、鼻子、嘴巴的形状和位置等。之后，每当智能手机检测到人脸时，它都会将提取的面部特征与存储的模板进行比对，以验证用户的身份。

## 1.2.3　机器学习的特点

### 1. 数据驱动决策

机器学习的核心在于数据驱动的特性。与传统的基于规则或经验的方法不同，机器学习算法通过分析大量数据来发现隐藏的规律和模式，进而做出决策或预测。这种数据驱动的方式使得机器学习模型能够更准确地反映现实世界的复杂性，为决策提供科学依据。例如，电商平台通过收集用户的浏览记录、购买历史、搜索关键词等数据，能够分析用户的兴趣和偏好，从而为其推荐个性化的商品。这种基于数据的智能推荐系统不仅提高了用户的购物体验，还促进了平台的销售额增长。

### 2. 自适应学习能力

机器学习具备自适应学习能力，即能够在学习过程中不断根据新数据进行调整和优化。当面对新的数据输入时，机器学习模型能够自动更新内部参数，以更好地适应新的环境和任务。自适应学习能力使得机器学习模型能够持续进步，提高预测的准确性和效率。以自动驾驶汽车为例，自动驾驶汽车通过传感器收集道路、车辆、行人等实时数据，并利用机器学习算法不断训练和优化驾驶模型。随着行驶里程的增加，自动驾驶汽车的能力会不断提升，能够更好地应对各种复杂路况和突发情况。

### 3. 泛化能力评估

泛化能力是指模型在新的数据上表现的能力。一个好的机器学习模型应该具备良好的泛化能力，即能够在训练集之外的数据上保持稳定的性能。评估模型的泛化能力，通常会使用交叉验证等方法，将数据集划分为训练集和测试集，通过模型在测试集上的表现来评估模型的泛化能力。在医学领域，机器学习模型被用于辅助医生进行疾病诊断。为了确保机器学习模型的准确性，研究人员会使用大量已知病例数据进行训练，并通过机器学习模型在测试集上的表现来评估其泛化能力。只有当机器学习模型在测试集上能保持较高准确率时，才能认为其具备较好的泛化能力，可以应用于实际的疾病诊断中。

### 4. 算法多样性

机器学习涵盖了多种算法，包括监督学习、无监督学习、半监督学习、强化学习等，每种算法都有其独特的优势和适用场景。算法的多样性为解决不同类型的问题提供了丰富的选择，促进

了机器学习技术的广泛应用和发展。

### 5. 迭代优化过程

机器学习模型的构建和优化是迭代的过程。在训练过程中，机器学习算法会反复调整模型参数以最小化损失函数，提高机器学习模型的预测性能。通过多次迭代，机器学习模型能够逐渐逼近最优解，实现更准确的预测和分类。迭代优化过程确保了机器学习模型能够不断自我完善，提升整体性能。以搜索引擎的排序为例，机器学习模型会根据用户的点击行为、停留时间等反馈数据不断调整其排序策略。这一过程是迭代的，机器学习模型会不断尝试新的排序方式，并通过 A/B 测试等方法评估其效果。最终，机器学习模型会收敛到一个较优的排序策略，提高用户的搜索满意度和搜索引擎的效率。

### 6. 高维数据处理

在现代应用中，数据往往呈现出高维特性，即特征数量众多。机器学习算法具备处理高维数据的能力，能够有效地从大量特征中提取有用信息，构建高效且准确的机器学习模型。通过降维、特征选择等技术，机器学习算法能够减轻高维数据带来的计算负担和解决过拟合问题，提高机器学习模型的泛化能力。以金融风控为例，机器学习模型需要处理大量的用户数据，包括基本信息、交易记录、社交网络等多个维度的特征。通过特征选择和降维技术，机器学习模型能够去除冗余信息并保留关键特征，从而构建出高效的风控模型来识别潜在的欺诈行为。

### 7. 预测与分类能力

预测与分类是机器学习最基础和最核心的功能之一。无论是股票价格预测、天气预报，还是疾病诊断，机器学习模型都能够通过学习和分析历史数据来预测未来的趋势或结果。同时，在分类任务中，机器学习模型能够将输入数据划分为不同的类别或添加不同的标签，实现精准的分类或识别。在天气预报中，机器学习模型通过分析历史气象数据、卫星图像等信息来预测未来的天气状况。在垃圾分类领域中，机器学习模型能够将垃圾自动分为可回收物、有害垃圾等，提高了处理垃圾的效率和环保水平。

### 8. 自动化特征工程

特征工程涉及特征的提取、选择、转换和组合等过程。然而，传统的手动特征工程既耗时又费力，并且容易引入人为偏差。近年来，随着自动化特征工程技术的发展，机器学习模型能够自动完成特征工程过程，从原始数据中自动提取出有效的特征。这不仅提高了模型构建的效率，还减少了人为因素的干扰，提高了模型的稳定性和可靠性。例如，智能推荐系统的自动化特征工程能自动分析用户行为数据，提取购物偏好、浏览模式等特征，显著提高推荐精准度与用户体验。

机器学习以其数据驱动决策、自适应学习能力、泛化能力评估、算法多样性、迭代优化过程、高维数据处理、预测与分类能力及自动化特征工程等特点，正在深刻地改变着人们的生活和工作方式。随着技术的不断进步和应用场景的不断拓展，机器学习必将在未来发挥更加重要的作用。

# 1.3 深度学习

## 1.3.1 深度学习的定义

深度学习是一种模拟人脑神经网络结构与工作机制的机器学习技术。它利用多层次的非线性处理单元（神经元）对数据进行自动学习与特征提取，能够处理复杂的数据表示与模式识别任务。与传统的机器学习相比，深度学习无须手动设计特征，而是通过反向传播算法自动优化模型参数，从原始数据中提取高层次的抽象特征，从而实现更高精度、更强泛化能力的预测与决策。在图像识别、自然语言处理、语音识别等众多领域中，深度学习展现了前所未有的性能优势，正引领着人工智能技术的革新与发展。图 1-2 所示为深度神经网络。

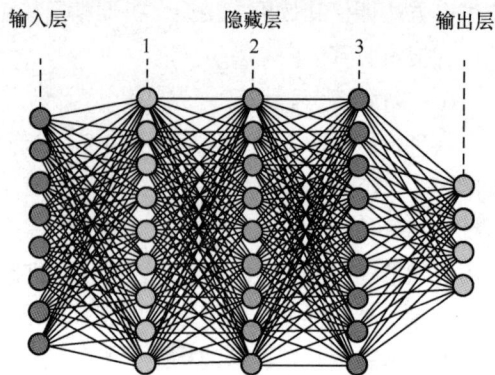

图 1-2　深度神经网络

## 1.3.2 深度学习中的常见模型

### 1．卷积神经网络

卷积神经网络是一种特殊的深度神经网络架构，用于处理具有网格结构的数据，如图像和视频。它通过局部连接和权值共享的卷积层自动提取数据的层次化特征，然后利用池化层减少数据维度并增强特征的稳健性。随着卷积神经网络深度增加，特征逐渐抽象化，最终通过输出层输出分类、识别等任务的预测结果。卷积神经网络以其高效提取图像特征的能力，在计算机视觉领域取得了显著成效。

典型的卷积神经网络主要由输入层、卷积层、池化层、全连接层及输出层组成，如图 1-3 所示。

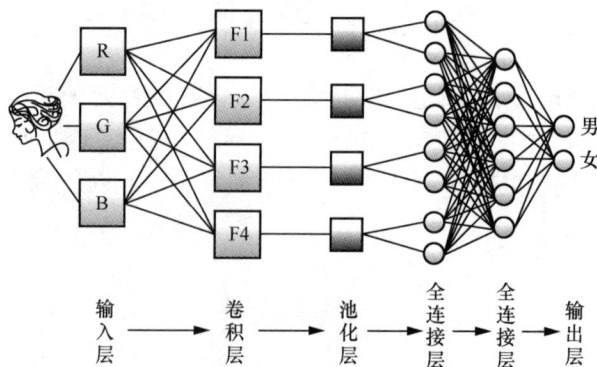

图 1-3　卷积神经网络

（1）输入层。输入层是卷积神经网络的起始点，负责接收原始数据。在图像处理任务中，输入层通常接收一个或多个图像。这些图像可以是单通道的灰度图，也可以是多通道的彩色图（如 RGB 三通道）。输入层将图像数据传递给卷积层进行处理。

（2）卷积层。卷积层是卷积神经网络的核心，通过卷积操作来提取图像中的局部特征。每个卷积层包含多个卷积核（也称为滤波器），这些卷积核在输入数据（前一层的输出）上进行滑动窗口操作，计算卷积核与输入数据之间的点积，从而生成特征图。每个卷积核可以提取不同的特征，如边缘、纹理等。随着卷积神经网络的加深，卷积层能够提取更抽象、更高级的特征。

（3）池化层。池化层通常紧随卷积层，用于对特征图进行降维操作，以减少数据量和计算量，同时保留重要信息。池化操作通常采用最大池化或平均池化等方法，即在特征图的某个区域内选取最大值或平均值作为该区域的输出。池化层不仅能够降低特征图的维度，还能在一定程度上减少过拟合现象。

（4）全连接层。在经过多个卷积层和池化层的处理后，通常会添加一个或多个全连接层（也称为密集连接层或全连接神经网络层）。全连接层的每个神经元都与前一层的所有神经元相连接，它将学习到的"分布式特征表示"映射到样本标记空间中。在分类任务中，全连接层的输出可以作为类别概率分布的预测结果。此外，全连接层可以对卷积神经网络提取到的特征进行进一步的非线性组合和抽象。

（5）输出层。输出层是卷积神经网络的最后一层，用于输出卷积神经网络的预测结果。在分类任务中，输出层通常包含与类别数相同数量的神经元，每个神经元的输出对应一个类别的预测概率。对于二分类问题，输出层可以使用 S 型（Sigmoid）函数将输出值映射到(0,1)内；对于多分类问题，输出层可以使用归一化指数（Softmax）函数将输出值归一化为概率分布。输出层还可以根据实际需求配置相应的损失函数和优化算法，以指导整个卷积神经网络的训练过程。

卷积神经网络通过输入层接收原始数据，利用卷积层和池化层自动提取和抽象特征，最后通过全连接层和输出层实现分类、回归等任务。这种层次化、模块化的结构使得卷积神经网络在处理复杂问题时具有较高的灵活性和泛化能力。

### 2. 循环神经网络

循环神经网络是一种能够处理序列数据的神经网络。与传统的前馈神经网络不同，循环神经网络引入了循环连接，使得其能够保留先前的信息，从而在处理序列数据时具有更好的性能。然而，由于梯度消失或梯度爆炸问题，传统的循环神经网络难以训练。因此，人们提出了多种变体，如长短时记忆网络和门控循环单元，这些变体通过引入门控机制，有效地缓解了梯度消失或梯度爆炸问题。循环神经网络在自然语言处理、语音识别等领域得到了广泛应用。

循环神经网络主要由输入层、隐藏层和输出层组成，如图 1-4 所示。

（1）输入层。输入层是循环神经网络的第一站，用于接收外部数据。在处理序列数据时，输入层会按顺序接收序列数据中的每一个元素（如文本中的单词、语音信号中的每一帧等）。每个元素通常会被转换为一个固定大小的向量，这个过程被称为嵌入，它有助于将离散的序列数据转换为循环神经网络可以处理的连续数据的形式。输入层的输出将直接传递给隐藏层，作为序列数据处理的起始信号。

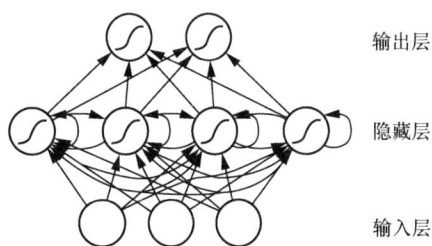

图 1-4　循环神经网络

（2）隐藏层。隐藏层是循环神经网络的核心部分，它负责处理序列数据中的每一个元素，并保留序列数据的历史信息。在循环神经网络中，隐藏层的状态是循环的，即每一个时间步的隐藏层状态不仅取决于当前时间步的输入，还取决于前一个时间步的隐藏层状态。这种设计使得循环神经网络能够捕捉序列数据中的时间依赖性。隐藏层中的每个神经元都会接收来自输入层的输出和前一个时间步的隐藏层状态，并通过非线性激活函数产生输出。这个输出一方面会传递给输出层进行进一步处理，另一方面会作为下一个时间步隐藏层的部分输入，实现隐藏层状态的传递。

（3）输出层。输出层是循环神经网络的最后一站，它负责根据隐藏层的输出产生预测或分类结果。与输入层类似，输出层中的每个神经元会接收一个固定大小的向量作为输入（通常是隐藏层在当前时间步的输出），并通过一个线性变换（可选择加上一个非线性激活函数）来产生输出。在不同的任务中，输出层的结构和处理方式可能有所不同。例如，在序列数据到序列数据的任务中，输出层可能需要预测整个序列数据的下一个元素；在分类任务中，输出层可能会输出概率分布，表示每个类别的可能性。

循环神经网络通过输入层接收序列数据，再通过隐藏层捕捉序列数据中的时间依赖性，最后通过输出层产生预测或分类结果。独特的循环连接机制使得循环神经网络在处理序列数据时具有强大的能力。

### 3. 生成对抗网络

生成对抗网络是一种由生成器和判别器组成的特殊神经网络架构，如图 1-5 所示。生成器负责生成尽可能接近真实数据的新数据，而判别器负责区分输入数据是真实数据还是由生成器生成的数据。通过两者之间的对抗训练，生成对抗网络能够生成高质量的图像、视频、音频等数据。生成对抗网络在图像生成、风格迁移、数据增强等领域展现了强大的能力。

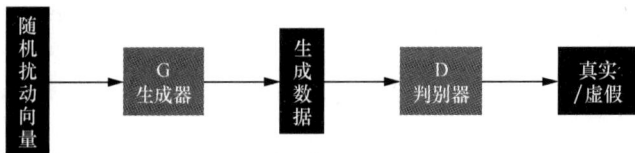

图 1-5　生成对抗网络

### 4. 自编码器

自编码器是一种无监督学习的神经网络模型，它通过学习输入数据的压缩表示（编码）来重建原始输入数据。自编码器由编码器和解码器两部分组成，其中编码器负责将输入数据压缩成低维表示形式，而解码器负责根据这个低维表示形式重建原始输入数据，如图 1-6 所示。自编码器在数据降维、去噪、异常检测等领域具有广泛应用。

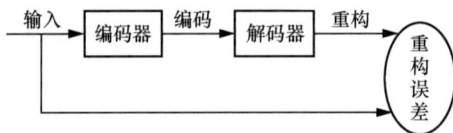

图 1-6　自编码器

### 5．注意力机制

在深度学习和自然语言处理领域中，注意力机制是一种强大的技术，它模拟了人类在处理信息时自动将注意力集中在重要部分的能力。注意力机制的核心思想在于，不是平等地对待所有的输入数据，而是通过学习的方式自动地识别出哪些信息对于当前任务更为关键，从而在模型处理过程中给予这些关键信息更多的权重或"注意力"。

注意力机制通过一个额外的神经网络层（或一组神经网络层）来实现，这些神经网络层能够计算输入数据中不同部分的权重。在自然语言处理任务中，这通常意味着模型能够学会在给定的句子或文档中，对不同单词、短语或句子给予不同的关注度。注意力机制极大地提高了模型处理复杂输入数据时的效率和准确性，因为它允许模型专注于输入数据中最重要、最相关的信息。

注意力机制主要包括查询、键、注意力评分函数、注意力权重、值和输出等，如图 1-7 所示。

（1）查询。查询是注意力机制中的导向元素，它代表当前需要关注的特定信息或任务的需求。在自然语言处理任务中，查询可以是一个向量，代表当前解码器的状态（如在机器翻译中），也可以是对某一问题的表征（如在阅读理解中）。查询引导着模型从输入数据中选择相关的信息进行聚焦。

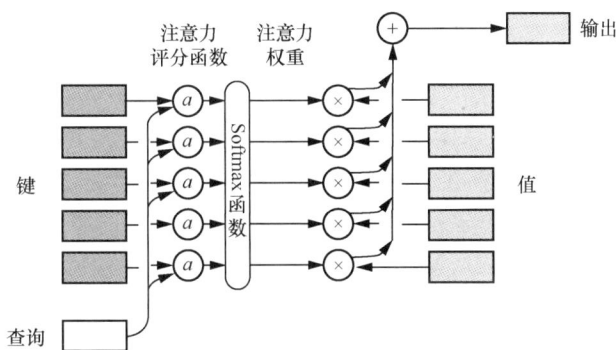

图 1-7　注意力机制

（2）键。键是与输入数据相关联的向量，它们被用作与查询进行匹配的基准。在注意力机制中，键负责捕获输入数据中各部分的特征或属性，以便与查询进行匹配并评估其重要性。键通常与值来自同一数据源，但在某些高级注意力机制中，它们也可以通过独立学习得到。

（3）注意力评分函数。注意力评分函数是用于计算查询与每个键之间的相似度或相关性的函数。注意力评分函数是注意力机制的核心之一，它决定输入数据中各部分对于当前查询的重要性。常见的注意力评分函数包括点积、余弦相似度、加性模型等。注意力评分函数的选择直接影响注意力权重的分配方式，进而影响整个模型的性能。

（4）注意力权重。注意力权重是通过注意力评分函数计算得到的，它们反映每个键（及其对应的值）对于当前查询的重要性。为了确保注意力权重的有效性，通常对其进行归一化处理（如使用 Softmax 函数），使其满足概率分布的特性。注意力权重在后续的加权求和操作中起着关键作用，决定了输入数据中哪些部分将更多地贡献于输出。

（5）值。值是输入数据中各部分的原始信息或特征表示，它们根据注意力权重进行加权求和以生成注意力机制的输出。在自然语言处理任务中，值通常与键相对应，即每个键都有一个与之对应的值。值包含输入数据中具体的、有意义的信息，是生成输出的关键。

（6）输出。输出是注意力机制的最终结果，它是通过对值进行加权求和得到的。在加权求和过程中，每个值都根据其对应的注意力权重被赋予不同的重要性。这样，模型就能够根据任务需求专注于输入数据中最重要、最相关的信息。输出可被直接用于各种自然语言处理任务，如文本生成、信息抽取、分类等。

注意力机制通过查询、键、注意力评分函数、注意力权重、值和输出等部分的协同工作，实现对输入数据的智能筛选和重点处理。这一机制不仅提高了模型处理复杂数据的能力，还为深度学习在自然语言处理及其他领域中的应用带来了深远影响。

## 1.3.3　深度学习的特点

### 1. 深层次的神经网络结构

深度学习的核心在于深层次的神经网络结构。与传统的机器学习模型相比，深度学习模型通常包含多个隐藏层，这些层之间的非线性变换使得深度学习模型能够学习并表示高度复杂的特征。通过增加神经网络的层数，深度学习模型能够捕捉数据中更多抽象和高级的特征，从而提高其处理复杂问题的能力。以图像识别为例，随着神经网络层数的增加，深度学习模型不仅能识别边缘、颜色等低级特征，还能进一步识别形状、纹理乃至整体对象的高级特征，从而显著提升处理复杂图像数据的能力。这种结构上的深度，正是深度学习在多个领域取得突破的关键。

### 2. 端到端的学习能力

深度学习具有端到端的学习能力，这意味着深度学习模型可以直接从原始输入数据中学习，并输出最终的结果，而无须经过复杂的人工特征提取和转换过程。这种端到端的学习方式简化了深度学习模型的设计流程，减小了人为干预对深度学习模型性能的影响，同时使得深度学习模型能够学习到更加全面和丰富的特征表示。例如，自动驾驶汽车的深度学习模型能够直接处理车载摄像头捕捉到的原始图像，通过卷积神经网络自动提取道路、车辆、行人等关键信息，并据此做出驾驶决策，无须人工事先定义或标注这些特征。这种端到端的学习方式不仅简化了深度学习模型设计，还增强了深度学习模型的适应性和泛化能力。

### 3. 强大的特征表示能力

深度学习模型能够自动学习数据的特征表示，而无须依赖于人工设计的特征工程。在训练过程中，深度学习模型通过不断地迭代和优化，能够逐渐学习到输入数据的内在结构和规律，并将这些知识和信息以特征的形式存储在神经网络的各个层次中。这些自动学习的特征表示往往比人工设计的特征更加有效和更具鲁棒性，能够显著提高模型的性能。以语音识别为例，深度学习模型在训练过程中能够捕捉并学习声音的频谱、节奏、语调等复杂特征，这些特征自动构建并优化，相较于人工设计的特征，更加精细且更具鲁棒性。强大的特征表示能力使得深度学习在语音识别等领域取得了突破性进展，显著提高了识别准确率。

### 4. 对数据的高效利用

深度学习模型需要大量的数据进行训练，而这一过程充分体现了其对数据的高效利用能力。通过对大规模数据进行训练，深度学习模型能够学习到更加广泛和普遍的知识和规律，从而提高其泛化能力和适应性。同时，深度学习模型能够利用数据中的冗余和噪声进行自我修正和优化，进一步提高其性能和稳定性。以电商平台的智能推荐系统为例，深度学习模型通过对海量用户行为数据进行训练，能深入洞悉用户偏好，学习商品间的复杂关联。这一过程不仅让深度学习模型掌握更广泛的市场趋势和用户需求，还通过数据中的细微差异和噪声进行自我优化，确保推荐结果的准确性和个性化。这种对数据的高效利用，极大地提升了用户体验和平台的运营效率。

### 5. 灵活性和可扩展性

深度学习模型具有高度的灵活性和可扩展性。通过调整深度学习模型的架构、参数和训练策略等，可以使深度学习模型灵活地适应不同的任务和场景。此外，随着计算能力的提升和数据量的增加，深度学习模型还可以进一步扩展其深度和复杂度，以解决更加复杂和更具挑战性的问题。这种灵活性和可扩展性使得深度学习成为当前人工智能领域中最具活力和发展前景的技术之一。百度大脑的语音识别技术彰显了深度学习的灵活性与可扩展性。通过调整模型架构与参数，百度成功将深度学习应用于多场景语音交互，从智能家居到智能客服，均能实现精准识别。随着数据量的持续增长及计算能力的不断提升，百度持续优化模型，提升识别率与响应速度，以应对更复杂多变的语言环境，展现了深度学习在 AI 领域的强大生命力和广阔前景。

### 6. 可解释性挑战

尽管深度学习在性能上具有显著优势，但其可解释性成了一个亟待解决的问题。由于深度学习模型的复杂性和非线性特性，其内部的工作机制和决策过程往往难以被人类所理解和解释。这在一定程度上限制了深度学习在某些需要高度可解释性的领域（如医疗、金融等）的应用。因此，未来的研究需要关注如何提高深度学习模型的可解释性，以更好地满足实际应用的需求。

深度学习以其深层次的神经网络结构、端到端的学习能力、强大的特征表示能力、对数据的高效利用、灵活性和可扩展性等特点，在多个领域取得了卓越的成就。然而，深度学习的可解释性挑战需要人们持续关注和研究。随着技术的不断进步和发展，深度学习将在未来发挥更加重要的作用和价值。

## 1.4　计算机视觉

### 1.4.1　计算机视觉的定义

计算机视觉作为人工智能领域的关键分支，致力于赋予机器理解和解析图像与视频的能力。它模拟人类视觉系统，通过复杂的算法对图像数据进行分析与解释，从中提取有用信息。这一过程涵盖图像识别、目标检测、图像分割、场景理解等多个方面，旨在使计算机能够像人类一样"看"懂世界，进而在自动驾驶、医学影像分析、安防监控等领域发挥重要作用。

### 1.4.2　计算机视觉的主要任务

计算机视觉的主要任务包括图像识别、物体检测、图像分割、场景理解、姿态估计、视频跟踪及三维重建等。它利用数字图像处理、模式识别、机器学习、深度学习等多种技术，对图像中的像素、特征、对象及它们之间的关系进行建模和解析，从而实现对图像内容的深层次理解和应用。

## 1. 图像识别

图像识别是计算机视觉最基本和最核心的任务之一。它要求系统能够自动识别并分类图像中的目标对象或场景，如动物、植物、人脸、车辆、建筑物等。图像识别通常涉及特征提取、特征比较和分类决策等步骤，旨在将输入图像与预定义的类别进行匹配。例如，智能手机中的照片分类便是这一技术的生动展现。用户拍摄一张照片后，系统能够自动识别出照片中的物体或场景，如"猫""风景""美食"等，并将照片归类到相应的文件夹中。这一过程涉及图像识别技术，通过对图像中的特征进行提取和比较，实现自动化的分类和识别。

## 2. 物体检测

物体检测比图像识别更为复杂，它不仅要求识别出图像中的物体，还需要精确定位物体的位置。物体检测通常通过在图像上绘制边界框或进行像素级别的分割来实现。物体检测广泛应用于自动驾驶、视频监控、医学影像分析等领域，要求系统能够实时、准确地检测和定位目标物体。例如，自动驾驶汽车的视觉系统需要实时检测道路上的行人、车辆、交通标志等物体，并给出它们在图像中的精确位置（如边界框）。这些信息对于自动驾驶汽车做出正确的驾驶决策至关重要，如避让行人、保持车距等。

## 3. 图像分割

图像分割是指将图像划分为多个具有相似属性或特征的区域或对象。这些区域或对象可以是前景与背景、不同的物体或物体的不同部分等。图像分割有助于更细致地分析图像内容，提取有用的信息。在医学影像分析中，图像分割被广泛应用于肿瘤检测、病变区域识别等场景。医生可以利用图像分割，将计算机断层扫描（CT）或磁共振图像中的病变区域与正常组织精确区分开，从而更准确地评估病情并制订治疗方案。

## 4. 场景理解

场景理解是计算机视觉中的高级任务，它要求系统能够理解和解释图像或视频中的复杂场景，这包括识别场景中的物体、人物、事件及它们之间的相互关系，进而对场景进行整体描述和理解。例如，在智能家居系统中，场景理解可以帮助系统更好地理解用户的生活环境和行为习惯。当用户进入客厅时，系统能够自动识别用户的身份和动作（如坐下、拿起遥控器等），并据此调整室内环境（如调节灯光、播放用户喜欢的音乐等），提供更加个性化的服务。

## 5. 姿态估计

姿态估计是指从图像或视频中估计人物或物体的姿态信息，如关节位置、方向角度等。这对动作识别、人体动画生成等领域具有重要意义。姿态估计通常需要结合深度学习、人体模型等方法来实现高精度的姿态预测。例如，在健身应用中，姿态估计可以帮助用户纠正动作和姿势，增强锻炼效果。用户通过手机拍摄自己的锻炼过程，系统能够实时识别并分析用户的动作和姿态，给出反馈和建议，帮助用户更好地掌握正确的动作要领。

## 6. 视频跟踪

视频跟踪用于在视频序列中持续跟踪特定目标对象的位置和状态。这要求系统能够在视频帧之间建立目标对象的对应关系，并预测其在后续的视频帧中的位置和轨迹。视频跟踪在视频监控、人机交互、自动驾驶等领域具有广泛的应用。例如，在安防监控系统中，视频跟踪被广泛应用于监控和追踪可疑人员或车辆。系统能够自动锁定并持续跟踪目标对象在视频中的轨迹，并及时发出警报或采取相应的安全措施。

### 7. 三维重建

三维重建是指利用二维图像或视频数据恢复和重建三维场景或物体的过程，这通常涉及多视图几何、立体匹配、表面重建等技术，旨在生成具有真实感的三维模型。例如，在文物保护中的三维重建能够无损地记录历史遗迹的详细结构，通过数字化手段让古老建筑以三维模型的形式重现，不仅为学者研究提供宝贵资料，也让公众得以在线上近距离感受文物的魅力。

## 1.4.3　计算机视觉的特点

### 1. 丰富的信息源与多样性

计算机视觉的信息源极为丰富，包括各种静态图像、动态视频、三维图像等。这些信息不仅来源于日常生活和商业应用中的摄像头、无人机、卫星等设备，还涵盖医学影像、安全监控、工业自动化等多个领域。此外，计算机视觉能够处理的信息具有高度的多样性，包括颜色、纹理、形状、运动、深度等多种视觉特征，为后续的图像分析和理解提供了丰富的素材。

### 2. 高度的自动化与智能化

计算机视觉的核心在于高度的自动化和智能化。通过训练机器学习模型，尤其是深度学习模型，计算机视觉系统能够自动从大量数据中学习并提取有用的特征信息，实现图像的自动分类、目标检测、语义分割等。这种自动化和智能化的处理方式不仅可提高处理效率，还可减少人为干预和错误，使得计算机视觉在各个领域的应用更加广泛和深入。

### 3. 强大的模式识别与分类能力

计算机视觉具备强大的模式识别与分类能力。通过对图像中的物体、场景、人物等进行特征提取和表示学习，计算机视觉系统能够识别出图像中的目标对象，并将其分到相应的类别中。这种模式识别与分类能力在人脸识别、物体检测、场景识别等领域得到了广泛应用，为安全监控、自动驾驶、智能家居等领域提供了强有力的技术支持。

### 4. 实时性与高效性

在许多应用场景中，计算机视觉需要具备实时处理图像和视频的能力。例如，在自动驾驶汽车中，计算机视觉系统需要实时感知周围环境，进行路径规划和避障操作；在视频监控中，计算机视觉系统需要实时检测异常行为，并发出警报。为了满足这些需求，计算机视觉技术不断追求更快的处理速度和更低的延迟。同时，随着硬件性能的提升和算法的优化，计算机视觉系统的实时性和高效性也在不断提高。

### 5. 跨领域融合与创新能力

计算机视觉具有很强的跨领域融合性。它不仅能够与机器学习、深度学习等人工智能技术相结合，推动科学技术的不断进步，还能够与虚拟现实、增强现实、机器人技术等其他技术相结合，创造出更多创新性的应用。这种跨领域的融合与创新能力不仅拓展了计算机视觉的应用范围，还为其未来的发展提供了更多的可能和机遇。

计算机视觉以其丰富的信息源与多样性、高度的自动化与智能化、强大的模式识别与分类能力、实时性与高效性，以及跨领域融合与创新能力等特点，在各个领域展现出了广阔的应用前景和巨大的潜力。随着技术的不断发展和完善，人们有理由相信计算机视觉将在未来发挥更加重要的作用和价值。

### 1.4.4　计算机视觉目标检测框架模型

#### 1. R-CNN 系列模型

R-CNN（Region-based Convolutional Neural Network，基于区域的卷积神经网络）系列模型自 R-CNN 起，逐步完善并引领了目标检测领域的发展。R-CNN 作为目标检测领域中的代表，首次将深度学习引入该领域，通过选择性搜索算法生成候选区域，并使用卷积神经网络提取特征，实现了比传统方法更好的检测效果，但计算量大且耗时。Fast R-CNN（快速的基于区域的卷积神经网络）对此进行了改进，使用共享的卷积神经网络对整张图进行特征提取，并在特征图上提取候选区域特征，大大减少了计算量，同时合并分类和回归任务，提高了训练效率。Faster R-CNN（更快的基于区域的卷积神经网络）使用区域提议网络生成候选区域，实现了端到端的训练，加快了训练速度和提高了目标检测的准确性。Mask R-CNN（带掩码的基于区域的卷积神经网络）在 Faster R-CNN 的基础上增加了掩码预测分支，实现了目标检测和实例分割任务的并行处理，为目标检测领域的发展注入了新的活力。R-CNN 系列模型在目标检测速度和准确性上不断进步，推动了该领域的快速发展。

图 1-8 所示为基于 R-CNN 系列模型的车辆检测。

图 1-8　基于 R-CNN 系列模型的车辆检测

#### 2. YOLO 系列模型

YOLO（You Only Look Once，模型只需看一次）系列模型自 YOLOv1 起，逐步将目标检测问题转化为回归问题，通过划分网格单元预测边界框及类别概率，实现快速、实时检测。YOLOv2 引入锚框机制，提升了对不同形状和大小的目标的检测能力，并通过高分辨率预训练模型和批归一化等技术增强了模型的准确性和鲁棒性。YOLOv3 采用多尺度预测，增强小目标检测效果，并使用更强大的骨干网络提升特征提取能力。YOLOv4 集成多项先进技术，提高检测精度。YOLOv5 作为轻量级模型，易于部署且泛化能力强。美团研发的 YOLOv6 专注于工业应用，统一设计高效网络结构，优化解耦头，实现精度和速度的提升。YOLOv7 在架构上进行创新，提高性能和效率。YOLOv8 进一步改进模型架构和训练策略，提供多种规模的模型以适应不同场景的需求。YOLO 系列模型在检测速度和精度上不断进步，为目标检测领域的发展做出了重要贡献。

图 1-9 所示为基于 YOLO 系列模型的车辆检测。

图 1-9　基于 YOLO 系列模型的车辆检测

### 3. SSD

SSD（Single Shot MultiBox Detector，单次多框检测器）是一种单阶段的目标检测算法，可直接在特征图上的每个位置规划多个不同尺度和比例的边界框，并对这些边界框进行分类。SSD 使用多个不同尺度和比例的特征图进行预测，从而可以检测不同大小的目标。SSD 的优点是检测速度较快，同时在准确性上有较好的表现；缺点是对小目标的检测效果仍然有待提高。

图 1-10 所示为基于 SSD 的动物检测。

图 1-10　基于 SSD 的动物检测

## 1.5 自然语言处理

### 1.5.1 自然语言处理的定义

自然语言处理（Natural Language Processing，NLP）是计算机科学和人工智能的重要分支，旨在使计算机能够理解、解释和生成自然语言。自然语言处理涉及语言的理解、生成、转换及应用等多个方面，包括文本分类、情感分析、机器翻译、问答系统等关键技术。通过自然语言处理，计算机能够"听懂"人类的语言，实现更加自然、高效的人机交互，成为连接人类与数字世界的桥梁。

### 1.5.2 自然语言处理的主要任务

自然语言处理的主要任务包括词法分析、句法分析、语义分析、话语分析、自然语言生成、机器翻译、情感分析、信息检索和语音识别等。这些任务共同构成了自然语言处理的庞大体系，推动着人工智能技术在理解和生成自然语言方面的不断进步。

**1. 词法分析**

词法分析是自然语言处理中最基础的任务之一，它是指将输入的文本分解成有意义的词汇单元（通常称为词素或词）的过程。这个过程包括分词（将文本分割成单词或词）、词性标注（为每个词标注语法类别，如名词、动词等）和形态分析（识别词的词形变化，如时态、单复数等）。词法分析为句法分析和语义分析奠定了重要的基础。

以下是一个词法分析的简单示例。

输入文本："我喜欢看电影。"

分词结果：我/喜欢/看/电影/。

词性标注结果：我/r（代词）/喜欢/v（动词）/看/v（动词）/电影/n（名词）/。/w（标点符号）

在这个示例中，分词过程将文本分割成了 5 个词和 1 个标点符号；词性标注过程则进一步识别了每个词的语法类别，如"我"是代词，"喜欢"和"看"是动词，"电影"是名词，"。"是标点符号。这样的处理结果为后续的自然语言处理任务提供了有价值的词汇级信息。

**2. 句法分析**

句法分析关注句子的结构，旨在揭示词语之间的语法关系。这个过程包括句法结构解析（识别句子中的短语类型和结构）和依存关系分析（确定句子中词之间的依存关系，如主谓关系、动宾关系等）。句法分析有助于计算机理解句子的复杂结构，是理解和生成自然语言的关键步骤。

以下是一个句法分析的示例。

输入句子："小明喜欢看电影。"

句法结构解析结果（以短语结构树形式表示）如下。

S

├─[NP]小明

└─[VP]

```
├[V]喜欢
└[VP]
    ├[V]看
    └[NP]电影
```

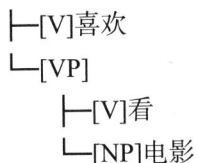

在这个示例中，句法结构解析将句子分解为一个句子（S）节点。该句子节点下包含两个短语结构节点：名词短语（NP）和动词短语（VP）。名词短语"小明"作为主语，动词短语"喜欢看电影"作为谓语。动词短语又进一步分解为动词"喜欢"和另一个动词短语"看电影"，后者由动词"看"和名词短语"电影"组成。

依存关系分析结果如下。

```
ROOT
└[HED]喜欢
    ├[SBV]小明
    └[VOB]看
        └[VOB]电影
```

在这个示例中，ROOT（根）节点直接连接到句子中的核心谓语"喜欢"，表示它是整个依存关系图的根。在依存关系分析中，每个词都与其在句子中的直接依赖项相关联。例如，"喜欢"是句子的核心（HED），"小明"是"喜欢"的主语（SBV），"看"是"喜欢"的宾语（VOB），而"电影"是"看"的宾语（VOB）。这样的依存关系清晰地展示了句子中词之间的语法关系。

### 3. 语义分析

语义分析进一步深入文本的意义层面，关注的是理解句子或段落传达的实际意义。语义分析包括词义消歧（确定一词多义情况下词的具体含义）、指代消解（确定代词等指代词的指称对象）和语义角色标注（识别句子中谓语与论元之间的语义关系）。语义分析对于机器理解自然语言的内容至关重要。

以"我喜欢在周末去公园散步"这句话为例，语义分析的任务是理解这句话所表达的真正意图和含义。通过语义分析，可以识别出这句话的主语是"我"，谓语是"喜欢"，宾语是"在周末去公园散步"这一动作短语。进一步地，可以分析出这个动作短语中的时间状语是"在周末"、地点状语是"去公园"及动作是"散步"，从而构建出这句话的完整语义。此外，可以利用深度学习模型对这句话进行情感分析，判断其表达的情感倾向（如积极或中性）。语义分析对于智能客服、社交媒体分析、智能推荐等应用场景具有重要意义。

通过语义分析，计算机能够更深入地理解文本的含义和上下文关系，为后续的自然语言处理任务提供有力支持。

### 4. 话语分析

话语分析关注的是多个句子或段落的文本连贯性和语境理解，它研究文本中句子之间的关系、话题转换、信息结构及作者的意图和态度等。话语分析有助于理解文本的整体结构和意义，在处理长篇文档或对话时尤为重要。

以下是话语分析的示例。

示例一：社交媒体中的话语分析。

在社交媒体分析中，自然语言处理技术可以用来分析用户评论的情感倾向。例如，分析用户对某款手机的评论，判断是正面的、负面的还是中立的。这有助于企业了解消费者对其产品的看法，进而优化产品或营销策略。

示例二：聊天机器人中的话语分析。

在聊天机器人的话语分析中，自然语言处理技术能够处理对话的上下文，从而提供更加自然和流畅的交互体验。例如，机器人可以识别用户问题的语义，并根据上下文信息提供准确的回答，模拟人类的对话方式。

示例三：社交媒体上的情感分析结合话语分析。

将情感分析与话语分析相结合，可以深入理解社交媒体用户在不同话题下表达的情绪及其背后的社会心理动机。例如，分析特定政治事件下的推文，可以揭示公众情绪的变化趋势、意见领袖的影响力及情绪如何通过网络传播和扩散。

话语分析作为自然语言处理的重要任务，不仅加深了人们对自然语言本质的理解，也为开发更加智能、人性化的自然语言处理应用提供了理论支撑和实践指导。随着技术的进步和数据量的增长，话语分析的方法将更加多样，应用领域也将不断拓展，为人们探索人类语言的奥秘打开新的视角。

### 5. 自然语言生成

自然语言生成是 NLP 的逆向过程，即将非语言数据（如数据库中的信息、程序指令等）转换成人类可理解的自然语言文本。自然语言生成需要能够理解输入数据的含义，并根据一定的语言规则和模板生成流畅的文本。

以下是自然语言生成的示例。

示例一：生成天气预报。

输入：今日天气数据（温度、湿度、风向、风速、降水概率等）。

输出："今天天气晴朗，气温为 20～25℃，湿度适中，微风，适合外出活动。但请注意，傍晚时分有零星小雨的可能，请随身携带雨具。"

示例二：生成财务报表摘要。

输入：公司财务报表数据（收入、利润、成本、资产、负债等）。

输出："本公司本季度实现营业收入××亿元，同比增长××%。净利润达到××亿元，环比增长××%。成本控制有效，成本率较去年同期有所下降。资产总额保持稳定增长，负债结构持续优化。整体来看，公司经营状况良好，业绩稳健增长。"

示例三：生成智能客服对话。

输入：用户查询问题（如"我的订单什么时候发货？"）。

输出："您好，感谢您的耐心等待。根据您提供的订单号，您的商品预计于明天下午发货。我们会尽快为您安排配送，请保持手机畅通以便接收物流信息。如有任何疑问或需要帮助，请随时联系我们。"

自然语言生成作为自然语言处理的重要任务，在信息传递、决策支持、人机交互和内容创作等方面具有重要意义。随着技术的不断进步和方法的不断创新，自然语言生成将为人们带来更加智能、人性化的信息处理方式。随着深度学习等技术的广泛应用，自然语言生成将更加成熟和完善，为人类社会的发展和进步贡献更大的力量。

### 6. 机器翻译

机器翻译是指使用计算机程序将一种自然语言文本自动转换为另一种自然语言文本。随着深度学习等技术的兴起，机器翻译的质量和效率都得到了显著提升，已成为跨语言交流的重要工具。

以下是机器翻译的示例。

示例一：英文到中文的机器翻译。

源文本（英文）："The weather is sunny today, and it's a great day for a walk. "

翻译结果（中文）："今天天气晴朗，是散步的好日子。"

示例二：中文到法文的机器翻译。

源文本（中文）："欢迎来到北京，祝您旅途愉快！"

翻译结果（法文）："Bienvenue à Pékin, bon voyage!"

这些示例展示了机器翻译在不同语言之间的实际应用效果。随着技术的不断进步，机器翻译的准确度和流畅性也在不断提高，为用户提供更加便捷、高效的翻译服务。

机器翻译作为自然语言处理的重要任务，在促进国际交流、辅助语言学习、提高工作效率及拓展信息获取渠道等方面具有重要意义。随着深度学习等技术的快速发展，机器翻译的性能和效果将得到进一步提升，为全球范围内的信息交流与文化传播贡献更大的力量。

### 7. 情感分析

情感分析是指对文本中表达的情感倾向（如正面、负面或中性）进行识别和分类。它被广泛应用于产品评论、社交媒体分析等领域，帮助企业了解用户对产品或服务的态度。

以下是情感分析的示例。

示例一：社交媒体评论的情感分析。

输入文本："这款手机的拍照效果太棒了，照片清晰，夜景模式也很给力！"

情感分析结果：正面情感。

应用场景：手机厂商通过分析用户对产品的评论，了解产品的优点和不足，为改进产品和制定市场营销策略提供参考。

示例二：金融新闻的情感分析。

输入文本："今日股市大幅下跌，投资者信心受挫。"

情感分析结果：负面情感。

应用场景：金融机构通过分析新闻和社交媒体上与金融相关的信息，评估市场情绪，预测股票价格走势，优化投资策略。

情感分析作为自然语言处理的重要分支，其应用前景广阔且价值巨大。随着技术的不断进步和方法的不断创新，情感分析的准确性和效率将得到进一步提升，为各个领域的决策制定和业务发展提供更加有力的支持。

### 8. 信息检索

信息检索是指从大量数据中检索出与用户输入的关键字相关的信息。在 NLP 领域，信息检索通常与文本处理和语义分析相结合，以提高检索的准确性和效率。

以下是信息检索的示例。

示例一：搜索引擎中的信息检索。

当用户在搜索引擎中输入查询词"人工智能发展趋势"时，搜索引擎会利用自然语言处理技术对查询词进行解析，理解用户的查询意图。然后，搜索引擎会在海量网页中检索与"人工智能"和"发展趋势"相关的内容，并根据网页的相关性、权威性等因素进行排序。最后，搜索引擎将排序后的网页以列表形式呈现给用户，以满足用户的信息需求。

示例二：学术文献检索。

在学术研究中，研究者经常需要查找与特定主题相关的文献。学术文献检索系统利用自然语言处理技术对文献的标题、摘要、关键词等进行分析，建立索引。当研究者提交查询词时，学术文献检索系统会根据查询词与文献的语义相似度进行检索，并返回相关文献列表。此外，一些先进的学术文献检索系统支持文献聚类、趋势分析等功能，可以帮助研究者更好地理解和利用文献信息。

信息检索作为自然语言处理的重要任务，在满足用户需求、提高检索效率、增强信息可用性和支持决策制定等方面发挥着重要作用。随着自然语言处理技术的不断进步和深度学习技术的广泛应用，信息检索的准确性和效率将得到进一步提升。

9. 语音识别

虽然语音识别严格来说不属于自然语言处理的范畴，但它是自然语言处理的重要应用场景。语音识别技术将人类语音转换为文本，为自然语言处理系统提供输入数据。随着技术的发展，语音识别的准确性和实用性不断提高，成为人机交互的重要方式之一。

以下是语音识别的示例。

示例一：智能手机上的语音助手。

智能手机上的 Siri、小爱同学等语音助手是典型的语音识别应用。用户可以通过语音向智能手机发出指令，如查询天气、设置闹钟、发送信息等。语音助手首先通过麦克风捕捉用户的语音信号，然后利用内置的语音识别引擎将语音转换为文本，最后执行相应的操作或返回查询结果。

示例二：智能家居控制。

在智能家居场景中，用户可以通过语音控制灯光、空调、窗帘等设备的开关和调节。智能家居系统通过语音识别技术理解用户的指令，将其转换为控制信号并发送给相应的设备。这种无须动手即可实现智能家居控制的方式极大地提升了用户的生活便利性和舒适度。

语音识别作为自然语言处理的重要任务之一，正逐步改变着人们的生活和工作方式。随着技术的不断进步和应用场景的不断拓展，语音识别将在未来发挥更加重要的作用。

## 1.5.3　自然语言处理的特点

1. 复杂性

自然语言处理直面人类语言这一高度复杂且多变的符号系统，其核心挑战是需跨越语法、语义、语用等多维度边界。不同于简单的符号处理，自然语言处理需深入剖析语句结构，进行词法分析、句法分析，更需精准把握词在特定上下文中的微妙含义。例如，对"我喜欢吃苹果"中"苹果"的多重解读，"苹果"一词在语义上既可以指水果，也可以指科技公司。在没有上下文的情况下，计算机难以准确判断其真正含义。

2. 歧义性

自然语言中存在大量歧义，如一词多义、同形异义、同音异义等。这些歧义使得自然语言处理在理解和生成文本时面临巨大挑战。为了准确理解文本的意图和含义，自然语言处理系统需要具备强大的消歧能力，即能够结合上下文、语法结构、语义知识等多种信息来消除歧义。例如，在句子"他打了别人一拳"中，"打"一词可能表示攻击，也可能表示问候（如打招呼）。没有上

下文信息，计算机难以判断人类的真正意图。

3. 开放性

自然语言处理面对的是开放且不断变化的语言环境。新的词汇、表达方式、语言现象不断涌现，这要求自然语言处理系统能够持续学习和更新，以适应语言的变化和发展。这种开放性要求自然语言处理系统具备高度的灵活性和可扩展性。以网络流行语为例，其快速更迭要求自然语言处理系统具备强大的自学习与适应能力，以灵活应对网络流行语的演变，确保处理结果的时效性与准确性。

4. 交互性

自然语言处理的一个重要应用场景是人机交互。在这种应用场景下，自然语言处理系统需要与用户进行实时、自然的对话。这就要求自然语言处理系统能够准确理解用户的意图和情感，并生成恰当、流畅的回应。为了实现这一目标，自然语言处理系统需要具备丰富的语言知识和强大的上下文理解能力，以及流畅的文本生成和优秀的表达能力。智能手机上的语音助手和聊天机器人是典型的自然语言处理交互应用。用户可以使用自然语言与这些应用进行对话，如询问天气、设置提醒、查询信息或进行娱乐互动。这些应用能够理解用户的指令和问题，并生成恰当的回应，从而提供便捷的人机交互体验。

5. 实用性

自然语言处理技术的应用范围非常广泛，包括信息检索、机器翻译、情感分析、智能客服等多个领域。这些应用不仅提高了人们的生活和工作效率，还推动了相关行业的智能化发展。因此，自然语言处理技术具有高度的实用性和社会价值。随着技术的不断进步和应用场景的不断拓展，自然语言处理的实用性将进一步凸显。例如，在电子商务领域中，自然语言处理技术被用于商品搜索和智能推荐系统。用户可以输入搜索关键词或描述自己的需求，智能推荐系统则利用自然语言处理技术分析用户的意图和偏好，从而推荐个性化的商品。

自然语言处理具有复杂性、歧义性、开放性、交互性和实用性等特点。这些特点既反映了自然语言处理的挑战和难度，也展示了其广阔的发展前景和应用价值。在未来，随着技术的不断进步和创新，自然语言处理将在更多领域中发挥更大的作用，为人类社会的进步和发展做出更大的贡献。

学习提示：在本项目的学习过程中，你将踏入 AI 技术的广阔世界，探索其中的无尽奥秘。面对任何疑问或挑战，请不要犹豫，积极向 AI 提问！这不仅能够帮助你及时解决问题，深化对知识的理解，更是学习 AI 技术的最佳途径之一。通过与 AI 的互动，你将学会如何更有效地利用资源，培养独立思考与解决问题的能力。记住，每一次提问都是向 AI 技术迈进的一大步，期待你在这个过程中不断收获，成长为应用 AI 技术的佼佼者。

# 【扩展阅读】

## AI 技术的发展现状及发展趋势

人工智能作为 21 世纪最具颠覆性的技术之一，正以前所未有的速度改变着人们的生活、工作

和社会结构。从智能家居到自动驾驶汽车，从医疗诊断到金融风控，AI 技术的应用已经渗透到各个领域。

### 1. AI 技术的发展现状

（1）成熟度不断提高。近年来，随着大数据、云计算、物联网等技术的快速发展，AI 技术的基础设施日益完善，机器学习、深度学习等关键技术不断取得突破，算法和模型的准确性和效率显著提升。同时，开源社区的兴起极大地推动了 AI 技术的普及和应用。

（2）应用领域持续拓展。AI 技术的应用领域正在不断拓宽。在智能制造领域，AI 技术帮助企业实现智能化生产，提高生产效率和产品质量；在医疗领域，AI 技术辅助医生进行疾病诊断、治疗方案设计等，为患者提供更加精准的医疗服务；在金融领域，AI 技术用于风险评估、欺诈检测等，提升金融机构的运营效率和安全性。

（3）商业化进程加快。随着技术的成熟和应用场景的拓展，AI 技术的商业化进程也在不断加快。越来越多的企业开始将 AI 技术作为核心竞争力，推出基于 AI 的产品和服务。同时，AI 技术的创业创新活动日益活跃，涌现出大量新兴企业和创新项目。

### 2. AI 技术的发展趋势

（1）智能化水平不断提升。未来，AI 技术的智能化水平将不断提升。随着算法和模型的持续优化及计算能力的不断增强，AI 系统将能够处理更加复杂、多变的任务。同时，AI 技术将更加注重与人类智能的融合，实现人机协同、相互增强的目标。

（2）应用场景更加广泛。随着技术的不断成熟和成本的降低，AI 技术的应用场景将更加广泛。除现有领域外，AI 技术将进一步渗透到教育、农业、环保等领域。同时，AI 技术将更加注重个性化、定制化服务，满足用户多样化的需求。

（3）融合创新成为主流。未来，AI 技术将更加注重与其他技术的融合创新。例如，将 AI 技术与区块链、5G 等新技术相结合，将催生出一系列新的应用场景和商业模式。同时，跨学科、跨领域的交叉融合将成为 AI 技术发展的重要趋势。

（4）相关法律日益完善。随着 AI 技术的广泛应用，其伦理和法律问题也日益受到关注。未来，各国政府将加强对 AI 技术的监管和治理，推动相关法律法规的完善和实施。同时，企业将更加注重社会责任和伦理规范，确保 AI 技术的健康发展。

（5）人才需求持续增长。AI 技术的快速发展也将带动相关人才需求的增长。未来，具备跨学科背景、创新能力和实践经验的人才将成为市场上的稀缺资源。因此，加强人才培养和引进工作将成为各国政府和企业的重要任务。

AI 技术正处于快速发展的黄金时期，其应用前景广阔且充满挑战。随着技术的不断成熟和应用场景的拓展，AI 技术将为社会经济发展注入新的活力。同时，需要关注其伦理和法律问题，确保 AI 技术的健康发展。

思考问题

1. 作为一名大学生，你认为应该如何提升自己在 AI 领域的竞争力？
2. 面对 AI 技术的快速发展，你认为大学生应如何规划自己的职业道路以应对未来的挑战？

# 【项目实训】

项目实训工单

| 实训题目 | AI 技术基础概念梳理与小组讨论 | | | | |
|---|---|---|---|---|---|
| 学生姓名 | | 班级 | | 学号 | |
| 组长姓名 | | 同组同学 | | | |
| 实训地点 | | 学时 | | 日期 | |
| 实训目的 | （1）**加深理解**：通过个人自主学习和小组讨论，加深学生对 AI 技术基础概念的理解。<br>（2）**团队协作**：培养学生的团队协作能力，通过分工合作完成实训。<br>（3）**批判性思维**：鼓励学生进行批判性思考，对 AI 技术的概念、应用及挑战进行深入探讨。<br>（4）**表达能力**：提升学生的口头和书面表达能力，通过分享和讨论展示实训成果 | | | | |
| 实训内容 | （1）**个人学习**：学生需自主梳理 AI 技术的基础知识，包括 AI 的定义，机器学习、深度学习、计算机视觉和自然语言处理的基本概念。<br>（2）**小组讨论**：学生将被分成若干小组，每组选择一个 AI 技术的应用领域进行深入探讨，如深度学习中的神经网络架构、计算机视觉中的图像识别算法等。<br>（3）**分享与讨论**：每组准备并分享所选领域的基础知识、最新进展及潜在应用，其他小组的成员进行提问和讨论 | | | | |
| 实训步骤 | （1）**个人准备**：学生根据实训内容，自主查阅相关资料，梳理 AI 技术的基础知识。<br>（2）**分组与选题**：教师根据班级人数进行分组，每组选择一个 AI 技术的应用领域作为讨论主题。<br>（3）**小组讨论**：小组成员分工合作，收集资料、整理信息，并准备分享内容。<br>（4）**分享与互动**：每组轮流进行分享，其他小组的成员进行提问和讨论，教师负责引导和总结。<br>（5）**总结与反思**：实训结束后，学生撰写实训总结，反思实训过程中的收获与不足 | | | | |
| 实训要求 | （1）**积极参与**：学生需积极参与小组讨论和分享，提出有见地的观点和问题。<br>（2）**团队协作**：小组成员需分工合作，共同完成实训，确保讨论内容的全面性和准确性。<br>（3）**资料收集**：学生需自主查阅相关资料，确保分享内容的准确性和前沿性。<br>（4）**时间管理**：学生需合理安排时间，确保实训按时完成 | | | | |
| 实训评价 | （1）**个人表现**：根据学生在小组讨论和分享中的表现，评价其对 AI 技术基础概念的理解程度、批判性思维及表达能力。<br>（2）**团队协作**：根据小组成员的分工合作情况，评价其团队协作能力。<br>（3）**分享内容**：根据每组分享内容的准确性、全面性和前沿性，评价其实训成果。<br>（4）**实训总结**：根据学生撰写的实训总结，评价其对实训过程的反思与收获 | | | | |

# 【归纳与提高】

本项目全面介绍了 AI 技术的核心内容，从 AI 技术的定义出发，详细探讨了 AI 技术的分类、核心要素及特点，为读者构建了 AI 技术的宏观认知框架。接着，本项目深入剖析了机器学习、深度学习两大领域，介绍了它们的定义、分类、特点，以及深度学习中的常见模型，进一步完善了知识体系。在计算机视觉与自然语言处理部分，不仅定义了这两个领域，还介绍了它们的主要任务、特点及关键模型，如计算机视觉目标检测框架模型，展示了 AI 技术在具体应用场景中的

强大能力。

随着技术的不断进步，AI 将在更多领域展现无限潜力。AI 技术将持续推动社会变革，为人类创造更加便捷、智能的生活方式。本项目仅为探索 AI 技术的起点，期待更多有志之士投身 AI 研究，共同开启智能时代的新篇章。

# 【知识巩固】

## 一、填空题

1. AI 技术的核心要素包括算法、_____和算力。

2. 按智能水平，AI 技术可以分为弱人工智能、_____和超人工智能。

3. 机器学习的目标是使计算机能够自动地从_____中学习和提取规律。

4. 深度学习算法模拟了_____的神经元结构。

5. 卷积神经网络中，用于对特征图进行降维操作的是_____层。

6. 在循环神经网络中，_____层的状态是循环的，使得循环神经网络能够捕捉序列数据中的时间依赖性。

7. 注意力机制的核心在于通过学习的方式自动地识别出_____信息，并在模型处理过程中给予更多的权重。

8. 计算机视觉的主要任务包括图像识别、物体检测、_____、场景理解等。

9. 在自动驾驶汽车中，计算机视觉系统需要实时检测道路上的行人、_____、交通标志等物体。

10. 姿态估计是指从图像或视频中估计_____或物体的姿态信息。

## 二、选择题

1. 下列哪项不是 AI 技术的特点？（　　　）
   A. 自主学习能力　　　　　　　　　　　B. 高效数据处理
   C. 完全依赖人工干预　　　　　　　　　D. 跨领域融合

2. 下列哪项技术属于弱人工智能的应用？（　　　）
   A. 自动驾驶汽车　　　　　　　　　　　B. 宇宙探索者
   C. 智能客服　　　　　　　　　　　　　D. 全能助手

3. AI 系统在处理大数据时，主要依靠哪个核心要素？（　　　）
   A. 算法　　　　　B. 数据　　　　　C. 算力　　　　　D. 人机交互

4. 深度学习与传统机器学习的主要区别之一是（　　　）。
   A. 需要大量数据　　　　　　　　　　　B. 需要手动设计特征
   C. 无须手动设计特征　　　　　　　　　D. 适用于所有数据类型

5. 下列哪种模型用于处理具有网格结构的数据？（　　　）
   A. 卷积神经网络　　　　　　　　　　　B. 循环神经网络
   C. 生成对抗网络　　　　　　　　　　　D. 自编码器

6. 在生成对抗网络中，负责生成尽可能接近真实数据新样本的是（　　　）。
   A. 判别器　　　　　　　　　　　　　　B. 生成器
   C. 编码器　　　　　　　　　　　　　　D. 解码器

7. 在注意力机制中，可用于计算查询与每个键之间相似度的函数是（    ）。

    A. 点积                          B. 池化

    C. 卷积                          D. 激活函数

8. 下列哪项不是计算机视觉的主要任务？（    ）

    A. 图像识别                    B. 语音识别

    C. 物体检测                    D. 场景理解

9. 在计算机视觉中，用于将图像划分为多个具有相似属性或特征的区域的任务是（    ）。

    A. 物体检测                    B. 图像分割

    C. 场景理解                    D. 姿态估计

10. YOLO 系列模型中的 YOLOv1 将目标检测问题转化为哪种问题？（    ）

    A. 回归问题                    B. 分类问题

    C. 聚类问题                    D. 排序问题

三、判断题

1. AI 技术的快速发展对人类的生产生活方式没有显著影响。（    ）

2. 弱人工智能只能在特定领域内表现出色，无法跨领域应用。（    ）

3. 深度学习算法是机器学习中应用最广泛的一种算法。（    ）

4. 机器学习的目标是让计算机模拟人类的一切智能行为。（    ）

5. 深度学习中的卷积神经网络通过池化层可以增加数据维度和计算量。（    ）

6. 注意力机制在深度学习模型中能够提高处理复杂输入数据的效率和准确性。（    ）

7. 计算机视觉技术可被应用于医学影像分析，帮助医生更准确地评估病情。（    ）

8. R-CNN 系列模型中的 R-CNN 首次将深度学习引入目标检测领域，但计算量大且耗时。（    ）

9. 自然语言处理的主要任务之一是情感分析，其用于分析文本中的情感倾向。（    ）

10. SSD 在检测小目标方面表现优异，无须改进。（    ）

四、问答题

1. 什么是监督学习？请给出一个实际应用例子。

2. 简述深度学习中"端到端的学习"的概念，并举例说明其在实际应用中的优势。

3. 阐述卷积神经网络中卷积层和池化层的主要作用，并说明它们是如何协同工作以提取图像特征的。

4. 简述计算机视觉在自动驾驶汽车中的应用。

5. 列举两种计算机视觉目标检测框架模型并简述其特点。

项目 **2**

认识 AI 开发工具

## 【思维导图】

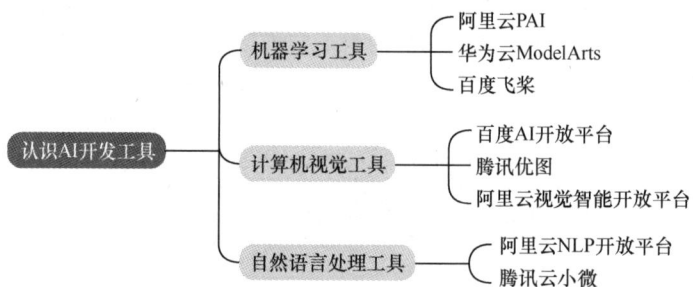

认识AI开发工具

- 机器学习工具
  - 阿里云PAI
  - 华为云ModelArts
  - 百度飞桨
- 计算机视觉工具
  - 百度AI开放平台
  - 腾讯优图
  - 阿里云视觉智能开放平台
- 自然语言处理工具
  - 阿里云NLP开放平台
  - 腾讯云小微

## 【学习目标】

### 知识目标

（1）掌握三大机器学习工具的功能和特点。

（2）熟悉计算机视觉工具与自然语言处理工具。

（3）了解 AI 开发工具在各行业中的应用案例。

## 技能目标

（1）能根据项目需求选择合适的 AI 开发工具。

（2）具备 AI 项目策划与实施能力。

## 素质目标

（1）培养团队协作与沟通能力。

（2）提高创新思维与问题解决能力。

# 【导入案例】

　　想象你正在开发一款智能 App，需要用到机器学习、计算机视觉和自然语言处理等技术。这时，阿里云 PAI、华为云 ModelArts 和百度飞桨等机器学习工具可以帮助你快速构建和训练模型；百度 AI 开放平台、腾讯优图和阿里云视觉智能开放平台等具有强大的计算机视觉能力，让你的 App 能识别图像、检测物体。此外，阿里云 NLP 开放平台和腾讯云小微等自然语言处理工具能让你的 App 理解用户意图，实现智能对话。这些 AI 开发工具不仅功能强大，而且易于上手，是开发智能应用的得力助手。通过对本项目的学习，你将深入了解这些 AI 开发工具的特点和应用场景，掌握如何选择合适的 AI 开发工具来解决实际问题。接下来，让我们一起探索 AI 开发工具的奥秘，开启智能应用开发的新篇章！

# 【知识探索】

# 2.1　机器学习工具

## 2.1.1　阿里云 PAI

　　阿里云 PAI（Platform for AI，人工智能平台）是一个集机器学习、深度学习、自然语言处理等多种技术于一体的综合性 AI 开发平台。它旨在为开发者和企业提供低门槛、高性能的云原生 AI 工程化能力，助力开发者轻松构建、训练和部署 AI 模型。阿里云 PAI 内置丰富的优化算法和行业场景插件，支持多种主流深度学习框架，能够满足不同场景下的 AI 需求。阿里云 PAI 如图 2-1 所示。

　　1. 阿里云 PAI 的目标用户

　　（1）开发者。阿里云 PAI 是开发者的强大后盾，为他们提供了从数据准备到模型训练，再到模型部署的全方位 AI 开发流程支持。无论是数据清洗、标注与预处理，还是模型构建、调优与评估，阿里云 PAI 都提供了丰富的工具和资源，让开发者能够专注于创新而非技术细节。阿里云

PAI 的可视化建模工具和交互式开发环境大大降低了 AI 开发的门槛，让开发者能够轻松上手，快速实现 AI 应用的落地。

图 2-1　阿里云 PAI

（2）企业。对于寻求数字化转型的企业而言，阿里云 PAI 是加速 AI 模型构建、训练和部署的理想选择。阿里云 PAI 能够帮助企业快速响应市场需求，将 AI 技术应用于各类业务场景，如智能制造、客户服务、市场营销等，从而提升运营效率，增强竞争力。阿里云 PAI 的高性能和可扩展性确保了企业能够处理大规模数据集，并在复杂的业务环境中稳定运行。通过阿里云 PAI，企业可以更加灵活地运用 AI 技术，为业务增长注入新动力。

2. 阿里云 PAI 的服务内容

阿里云 PAI 的服务内容包括数据标注、模型构建、模型训练、模型部署、推理优化、AI 市场等。

（1）数据标注。阿里云 PAI 提供高效、精准的数据标注服务，覆盖图像、文本、语音、视频等多种数据类型，能够满足不同行业的复杂标注需求。通过将智能辅助工具与专业团队结合，可以在确保数据标注质量的同时，大幅提升标注效率，为 AI 模型的训练奠定坚实的数据基础。

（2）模型构建。阿里云 PAI 内置丰富的预训练模型与前沿算法库，助力用户快速启动 AI 项目。同时，阿里云 PAI 支持高度自定义的模型开发，满足个性化业务需求。从自然语言处理到计算机视觉，阿里云 PAI 提供全方位技术支撑，让模型构建更加灵活、高效，加快 AI 创新步伐。

（3）模型训练。阿里云 PAI 提供高性能计算资源，支持分布式训练模式，能有效缩短模型训练周期。无论是大规模数据集还是复杂网络结构，阿里云 PAI 都能轻松应对，加快模型训练过程，助力用户快速获得高质量的 AI 模型。

（4）模型部署。阿里云 PAI 可以实现模型到产品的无缝衔接，支持一键部署至云端或边缘端。无论是追求高性能的云端应用，还是需要低延迟的边缘场景，阿里云 PAI 都能灵活部署，快速上线。同时，阿里云 PAI 支持模型快速迭代，助力业务持续优化升级。

（5）推理优化。阿里云 PAI 针对特定场景进行推理优化，通过算法与硬件的深度融合，提升模型运行效率与准确性。无论是对实时性要求高的视频分析，还是对精度要求严格的医疗影像诊断，阿里云 PAI 都能实现高效、精准的推理优化服务，满足多样化业务需求。

（6）AI 市场。阿里云 PAI 的 AI 市场汇聚了丰富的 AI 解决方案与应用案例，为用户提供一

站式 AI 技术获取与交流平台。用户可以在 AI 市场中发现前沿技术、学习成功案例、分享自身经验，促进 AI 技术的共享与交流，共同推动 AI 行业的繁荣发展。

### 3. 阿里云 PAI 的使用方法

（1）注册阿里云账号。要使用阿里云 PAI，首先需要访问阿里云官方网站，并单击"免费注册"按钮。按照页面提示填写相关信息，完成身份验证和手机号绑定，即可成功注册阿里云账号。拥有阿里云账号后，就可以登录阿里云控制台。

（2）申请试用资格或购买算力。阿里云 PAI 提供试用服务，允许新用户在一定期限内免费体验平台服务。如果是首次使用阿里云 PAI，可以根据页面提示申请试用资格。若试用期限或算力不足以满足自己的需求，可以在阿里云控制台中选择购买算力，如 GPU（Graphics Processing Unit，图形处理单元）云服务器等，以支持 AI 开发任务。

（3）开通人工智能平台 PAI。在阿里云控制台中，使用搜索功能找到"人工智能平台 PAI"，并单击"立即开通"按钮。在开通页面中，需要根据自己的业务需求选择合适的地区，并确认服务条款。完成开通后，就可以进入阿里云 PAI 开始创建 AI 项目了。

（4）创建实例与建模。在阿里云 PAI 中，需要根据自己的需求创建交互式建模实例。选择适当的 GPU 规格，以确保模型训练和开发的效率。创建实例后，可以利用阿里云 PAI 提供的可视化建模工具进行模型的开发和训练。通过上传数据集、编写代码、选择算法等步骤，可以构建出满足业务需求的 AI 模型。

（5）模型部署与测试。当模型开发完成并经过充分验证后，可以利用阿里云 PAI 提供的在线服务将模型部署为服务。在部署模型的过程中，需要配置服务参数、设置访问权限等。模型部署完成后，可以通过应用程序编程接口（Application Programming Interface，API）、Web 前端等方式调用模型服务，进行实时预测或批处理任务。同时，可以对模型服务进行性能测试和验证，以确保其稳定性和准确性。

### 4. 阿里云 PAI 的应用领域

阿里云 PAI 的应用领域包括智能制造、智慧城市、智慧金融、智慧医疗、媒体娱乐、零售电商、教育科研和自动驾驶等。

（1）智能制造。在智能制造领域中，阿里云 PAI 通过数据分析与优化算法，帮助企业优化生产流程，减少浪费，提高产品质量与生产效率；通过实时监控设备状态与生产过程，及时发现并解决潜在问题，推动制造业向智能化、高效化转型。

（2）智慧城市。在智慧城市建设中，阿里云 PAI 发挥着重要作用。它助力城市管理智能化，通过大数据分析和预测交通流量，优化公共交通路线，提升公共服务水平。同时，阿里云 PAI 能为环境保护、公共安全等领域提供有力支持，打造更加宜居、便捷的城市环境。

（3）智慧金融。在智慧金融领域中，阿里云 PAI 用于风险评估、欺诈检测、智能投顾等多个方面。利用机器学习技术，快速识别潜在风险与欺诈行为，保护用户资金安全。同时，通过智能投顾服务，为用户提供个性化的投资建议，助力财富管理智能化。

（4）智慧医疗。智慧医疗是阿里云 PAI 的重要应用方向之一。通过辅助诊断、疾病预测、药物研发等功能，阿里云 PAI 为医疗行业带来革命性变化。利用深度学习等技术，提高诊断准确率与疾病预测能力，加速药物研发进程，为患者带来更好的治疗选择。

（5）媒体娱乐。在媒体娱乐领域中，阿里云 PAI 通过内容推荐、智能剪辑、虚拟角色生成等技术，提升用户体验与内容创作效率。精准的内容推荐技术帮助用户快速找到感兴趣的内容；智

能剪辑技术帮助用户简化视频制作流程；虚拟角色生成技术则为影视和游戏等娱乐产业带来全新的创作模式。

（6）零售电商。在零售电商领域中，阿里云 PAI 助力企业实现个性化推荐、库存优化、供应链管理等目标。通过大数据分析用户行为，实现精准营销与个性化推荐；优化库存管理策略，降低运营成本；提升供应链管理水平，确保商品高效流通。

（7）教育科研。在教育科研领域中，阿里云 PAI 为学术研究、辅助教学、智能实验室管理等提供有力支持。通过大数据分析，助力科研人员发现新知识、新规律；结合虚拟现实技术，打造沉浸式学习环境；智能实验室管理系统则提升实验室的管理效率与安全性。

（8）自动驾驶。在自动驾驶领域中，阿里云 PAI 的环境感知、路径规划、决策控制等关键技术，为自动驾驶技术的发展提供了重要支撑。通过高精度地图与传感器数据融合，实现对车辆周围环境的全面感知；基于深度学习的路径规划算法为车辆规划出最优行驶路线；决策控制系统则确保车辆在复杂交通环境中安全行驶。

---

**【例 2-1】** 阿里云 PAI 驱动的工业智能制造优化项目。

**1. 项目背景**

在工业制造领域中，提高生产效率、降低能耗和减少故障停机时间是关键挑战。阿里云 PAI 凭借强大的 AI 技术，与某大型制造企业合作，共同推动工业智能制造的优化。

**2. 技术应用**

（1）数据采集与分析。阿里云 PAI 首先通过物联网技术，从企业的生产线上采集大量的运行数据，包括设备状态、生产参数、能耗等，然后利用机器学习算法对这些数据进行深度分析，挖掘出生产过程中的潜在问题和优化空间。

（2）预测性维护。基于历史数据和机器学习模型，阿里云 PAI 构建了预测性维护系统。该系统能够实时监测设备的运行状态，预测设备的故障风险，并提前发出预警，从而避免因设备故障导致的停机和生产损失。

（3）能耗优化。阿里云 PAI 对企业的能耗数据进行了分析，通过优化生产参数和调度策略，实现了能耗的显著降低。这不仅提高了企业的经济效益，还有助于减少碳排放，实现绿色生产。

**3. 实施效果**

该企业借助阿里云 PAI 显著提升生产效率，大幅减少故障停机时间；通过引入预测性维护系统，设备故障率降低约 30%，维修成本随之减少；实施能耗优化策略后，能耗降低约 20%，为企业的可持续发展作出了积极贡献。

**4. 价值与意义**

阿里云 PAI 在工业制造领域的应用，不仅显著提升了企业的生产效率和经济效益，推动了企业的数字化转型和智能化升级，还通过优化生产流程和降低能耗，助力企业实现绿色生产和可持续发展，为社会的环保事业作出了积极而重要的贡献。

综上所述，阿里云 PAI 在工业制造领域中的应用展现了其强大的技术实力和广阔应用前景。通过不断地进行技术创新和优化，阿里云 PAI 将继续为工业制造领域的发展注入新的活力和动力。

阿里云 PAI 介绍汇总见表 2-1。

表 2-1　阿里云 PAI 介绍汇总

| 名称 | 阿里云 PAI |
|---|---|
| 定位 | 阿里云 PAI 是为开发者和企业提供的全栈式 AI 开发工具，致力于简化 AI 应用的开发、部署与运维流程，加速 AI 技术的普及与应用 |
| 目标用户 | （1）开发者：提供从数据准备到模型训练，再到模型部署的全方位 AI 开发流程支持。<br>（2）企业：帮助企业快速构建、训练和部署 AI 模型，用于各类业务场景 |
| 服务内容 | （1）数据标注：提供高效、精准的数据标注服务，支持多种数据类型并满足标注需求。<br>（2）模型构建：内置多种预训练模型与算法库，支持自定义模型开发。<br>（3）模型训练：提供高性能计算资源，支持分布式训练模式，加速模型训练过程。<br>（4）模型部署：一键部署模型至云端或边缘端，实现模型快速上线与迭代。<br>（5）推理优化：针对特定场景进行推理优化，提升模型运行效率与准确性。<br>（6）AI 市场：提供丰富的 AI 解决方案与应用案例，促进 AI 技术的共享与交流 |
| 使用方法 | （1）注册阿里云账号：访问阿里云官网，完成账号注册。<br>（2）申请试用资格或购买算力：根据需要申请试用资格或购买相应的算力。<br>（3）开通人工智能平台 PAI：在阿里云控制台搜索并开通阿里云 PAI，选择合适的地区。<br>（4）创建实例与建模：根据需求创建交互式建模实例，选择适当的 GPU 规格，进行模型开发和训练。<br>（5）模型部署与测试：使用阿里云 PAI 提供的在线服务将模型部署为服务，进行模型测试和验证 |
| 应用领域 | （1）智能制造：优化生产流程，提高产品质量与生产效率。<br>（2）智慧城市：助力城市管理智能化，提升公共服务水平。<br>（3）智慧金融：风险评估、欺诈检测、智能投顾等。<br>（4）智慧医疗：辅助诊断、疾病预测、药物研发等。<br>（5）媒体娱乐：内容推荐、智能剪辑、虚拟角色生成等。<br>（6）零售电商：个性化推荐、库存优化、供应链管理等。<br>（7）教育科研：学术研究、辅助教学、智能实验室管理等。<br>（8）自动驾驶：环境感知、路径规划、决策控制等 |

## 2.1.2　华为云 ModelArts

华为云 ModelArts（面向开发者的 AI 模型开发平台）是华为提供的一站式 AI 开发平台，致力于为开发者提供从数据准备、模型训练、模型评估到模型部署的全流程解决方案。华为云 ModelArts 凭借强大的计算资源、丰富的算法库和便捷的开发环境，成为众多企业和研究机构在人工智能领域的首选工具。该平台以"让 AI 开发变得更简单、更方便"为核心理念，帮助用户快速构建和部署高质量的 AI 模型，推动 AI 技术的广泛应用。华为云 ModelArts 如图 2-2 所示。

### 1. 华为云 ModelArts 的目标用户

（1）开发者。华为云 ModelArts 是开发者的强大"伙伴"，它提供了从数据准备、模型训练、模型评估到模型部署的全流程解决方案，极大地简化了 AI 开发的复杂流程。该平台不仅集成了先进的数据处理技术和自动化模型训练功能，还优化了模型部署流程，让开发者能够更专注于算法和模型的创新与优化。华为云 ModelArts 具有易用性和高效性，大大降低了 AI 开发的门槛，为开发者开辟了一条更加广阔的创新之路。

图 2-2　华为云 ModelArts

（2）企业。对于寻求业务智能化转型的企业而言，华为云 ModelArts 是不可多得的利器。它能够帮助企业快速构建和部署 AI 应用，提升业务处理效率和智能化水平。无论是智能客服、个性化推荐还是智能制造等领域，华为云 ModelArts 都能提供强有力的技术支持。通过华为云 ModelArts，企业可以更加灵活地应对市场变化，提升竞争力，实现可持续发展。

### 2. 华为云 ModelArts 的服务内容

华为云 ModelArts 的服务内容包括数据预处理、模型训练、模型评估、模型部署、模型优化、大模型即服务和 AI Gallery（开发者生态社区）等。

（1）数据预处理。华为云 ModelArts 提供高效的数据预处理服务，支持海量数据清洗、转换及交互式智能标注，极大地减轻了数据准备工作的负担。通过智能的标注工具，开发者能够快速、准确地标注数据，为模型训练奠定坚实基础。

（2）模型训练。华为云 ModelArts 支持大规模分布式训练，利用华为云 ModelArts 强大的计算资源，显著提升模型训练速度和准确性。无论是处理复杂算法还是处理大规模数据集，华为云 ModelArts 都游刃有余，助力用户快速迭代优化模型。

（3）模型评估。为确保模型的有效性和性能，华为云 ModelArts 提供全面的模型评估工具，涵盖多种评估指标。用户可轻松对模型进行多维度评估，发现潜在问题并优化模型，从而确保模型在实际应用中表现出色。

（4）模型部署。华为云 ModelArts 具备端到端的模型部署能力，支持云端、边缘端等多种部署场景。用户可根据实际需求选择合适的部署方式，快速将模型集成至现有系统中，实现 AI 应用的快速落地。

（5）模型优化。华为云 ModelArts 支持根据模型的运行数据自动或手动调整模型参数，帮助用户持续优化模型。通过智能分析模型表现，华为云 ModelArts 能够精准定位性能瓶颈，提出改进建议，助力用户打造高性能 AI 模型。

（6）大模型即服务。华为云推出 ModelArts Studio 大模型即服务平台，其集成业界主流开源大模型，为用户提供灵活的模型开发能力和可商用的模型服务。开发者可轻松接入主流开源大模型，加速创新应用研发，推动 AI 技术在各行业的深度应用。

（7）AI Gallery。华为云 ModelArts 的 AI Gallery 汇聚了大量基于昇腾云底座适配的第三方开源大模型，为开发者提供了一个学习和交流平台。通过浏览和试用这些开源大模型，开发者能够快速了解大模型的原理和应用背景，加速自身技能提升，推动 AI 技术的普及和发展。

### 3. 华为云 ModelArts 的使用方法

（1）注册并登录华为云账号。首先，需要访问华为云官网，单击页面中的"注册"按钮，按照提示填写相关信息，完成账号注册。注册成功后，使用账号登录华为云控制台。

（2）进入 ModelArts 控制台。成功登录华为云控制台后，在导航栏中找到"AI 市场"或直接在搜索框中输入"ModelArts"进行快速查找。单击"ModelArts"进入 ModelArts 控制台页面，在这里开始 AI 开发之旅。

（3）创建数据集。在 ModelArts 页面中，找到并单击"数据集"或类似的选项，进入数据集管理界面。单击"创建数据集"，根据需要的数据类型和格式选择合适的数据集模板或自定义数据集结构。随后，上传数据到数据集中（注意，应确保数据已经过清洗和预处理，符合模型训练的要求）。

（4）模型训练。模型训练是 AI 开发的核心环节。在华为云 ModelArts 中，可以以华为云提供的预置模型作为起点，也可以根据需求创建新模型。单击"模型训练"，选择或创建模型，并根据实际情况配置训练参数，如学习率、迭代次数等。配置完成后，启动训练作业，华为云 ModelArts 将分配计算资源，开始模型的训练过程。

（5）模型评估与调优。模型训练完成后，可以在华为云 ModelArts 中查看训练结果，包括损失函数值、准确率等指标。根据这些指标，可以评估模型的性能是否符合预期。如果模型性能不佳，可以根据评估结果对模型进行调优，如调整模型结构、优化训练参数等。华为云 ModelArts 提供了丰富的调优工具和算法，可以帮助用户轻松完成模型的优化工作。

（6）模型部署。当模型性能满足要求后，下一步是将模型部署到实际应用环境中。在华为云 ModelArts 中，可以选择多种部署方式，如云端部署、边缘端部署等。根据需求选择合适的部署方式，并配置相应的部署参数。配置完成后，启动部署作业，华为云 ModelArts 将为模型生成部署包，并自动完成部署过程。

（7）模型使用。模型部署成功后，就可以通过 API 或软件开发工具包调用模型。华为云 ModelArts 提供了完整的 API 和软件开发工具包支持，可以帮助用户轻松集成模型到业务系统中。调用模型时，需要将待预测的数据按照模型要求的格式发送到模型接口，模型将返回预测结果。

### 4. 华为云 ModelArts 的应用领域

华为云 ModelArts 的应用领域包括智慧金融、智慧医疗、零售电商、智能客服、智能制造、智慧城市、智慧教育和其他领域。

（1）智慧金融。在智慧金融领域中，华为云 ModelArts 用于构建精准的风险评估模型，实时监测金融交易数据，有效发现和预防潜在风险。通过大数据分析与机器学习技术，提升金融机构的风险管理能力，保障资金安全，促进金融市场稳定。

（2）智慧医疗。在智慧医疗领域中，华为云 ModelArts 的医学影像分析模型为医生提供了强大的辅助诊断工具。利用深度学习技术，自动分析医学影像资料，快速识别病变区域，辅助医生制订更精准的治疗方案，提升医疗服务质量与效率。

（3）零售电商。零售电商行业利用华为云 ModelArts 构建个性化推荐系统，通过分析用户行为数据与购物偏好，为用户提供定制化商品推荐，显著提高用户转化率和购物体验。智能的推荐算法让电商平台更加了解用户需求，优化商品布局与营销策略。

（4）智能客服。华为云 ModelArts 助力企业打造智能客服机器人，通过自然语言处理技术，实现用户咨询的自动回答，极大地提升了客户服务的效率与质量。智能客服机器人能 24 小时在线服务，快速响应客户需求，降低人力成本，提高客户满意度。

（5）智能制造。在智能制造领域，华为云 ModelArts 助力企业实现设备故障预测、工艺优化等技术智能化升级。通过对生产数据的深度挖掘与分析，及时发现潜在问题并采取措施，提高生产效率和产品质量，降低运营成本，推动制造业向智能化、绿色化方向发展。

（6）智慧城市。华为云 ModelArts 在智慧城市建设中发挥着重要作用。通过构建与城市管理相关的人工智能模型，如智能交通管理、环境监测与预警等，实现城市运行数据的实时监测与分析，为城市管理者做出科学决策提供依据，提升城市管理的效率与水平。

（7）智慧教育。在智慧教育领域，华为云 ModelArts 助力构建个性化教学和学习模型。通过分析学生的学习习惯与成效，为每位学生提供量身定制的学习计划与资源推荐，实现教育的精准化与高效化。同时，为教师提供智能化的教学管理工具，以提升教学质量与效率。

（8）其他领域。除上述领域外，华为云 ModelArts 还广泛应用于物联网、交通、能源等众多领域。华为云 ModelArts 通过提供强大的 AI 计算平台与丰富的模型库资源，推动各行业的智能化升级与转型，为社会经济的持续发展注入新的动力。

【例 2-2】智慧金融：构建基于华为云 ModelArts 的风险评估模型。

在智慧金融领域，某大型商业银行面临着日益复杂和多变的风险环境，需要采用更加精准和高效的风险评估手段来保障资金安全、维持金融稳定。为此，该银行选择了华为云 ModelArts 来构建风险评估模型。

### 1. 实施步骤

（1）收集与整合数据。银行从其内部系统中收集了大量的金融交易数据，包括客户的交易记录、信用、账户余额等。这些数据被整合到一个统一的数据仓库中，以便进行后续的分析和处理。

（2）数据预处理与特征工程。银行使用华为云 ModelArts 的数据预处理功能，对数据进行了清洗、转换和归一化等操作，以确保数据的质量和一致性。接着，银行通过特征工程方法提取了与风险评估模型相关的关键特征，如交易频率、交易金额、信用评分等。

（3）模型训练与优化。在华为云 ModelArts 上，银行选择了合适的机器学习算法（如逻辑回归、决策树、随机森林等）来构建风险评估模型。通过多次训练和调整参数，银行优化了风险评估模型的性能，使其能够更准确地预测客户的风险水平。

（4）实时监控与预警。银行将训练好的风险评估模型部署在华为云 ModelArts 上，并配置了实时监控功能。当有新的金融交易发生时，华为云 ModelArts 会自动调用风险评估模型进行预测，并将结果实时反馈给银行的风险管理部门。如果预测结果显示客户存在较高的风险水平，风险评估模型会立即发出预警，提醒银行采取必要的风险控制措施。

### 2. 应用效果

（1）提升风险管理能力。通过基于华为云 ModelArts 的风险评估模型，银行能够更准确地发现潜在风险，并采取相应的风险控制措施。这显著提升了银行的风险管理能力，降低了不良贷款率和违约风险。

（2）保障资金安全。风险评估模型的实时监控功能使得银行能够及时发现并处理异常交易，从而有效保障资金安全。

（3）促进金融稳定。通过提升风险管理能力和保障资金安全，银行能够更好地履行社会责任，促进金融市场的稳定和健康发展。

综上所述,基于华为云 ModelArts 的风险评估模型在智慧金融领域取得了显著的应用效果。它不仅提升了银行的风险管理能力,还保障了资金安全、促进了金融稳定。这一成功案例为其他金融机构提供了有益的参考和借鉴。

华为云 ModelArts 介绍汇总见表 2-2。

表 2–2 华为云 ModelArts 介绍汇总

| 名称 | 华为云 ModelArts |
|---|---|
| 定位 | 华为云 ModelArts 是一个面向开发者和企业的 AI 开发平台,致力于提供低门槛、高性能和易运维的 AI 开发解决方案,帮助用户快速构建和部署 AI 模型,管理全周期 AI 工作流 |
| 目标用户 | (1)开发者:提供从数据准备到模型部署的全流程解决方案,降低 AI 开发门槛。<br>(2)企业:助力企业快速构建 AI 应用,提高业务智能化水平 |
| 服务内容 | (1)数据预处理:提供海量数据预处理及交互式智能标注功能。<br>(2)模型训练:支持大规模分布式训练,提高模型训练速度和准确性。<br>(3)模型评估:通过多种评估指标对模型进行全面评估,确保模型的有效性和性能。<br>(4)模型部署:提供端到端的模型部署能力,支持多种部署场景,如云端、边缘端等。<br>(5)模型优化:根据模型运行数据,自动或手动调整模型参数,优化模型性能。<br>(6)大模型即服务:推出 ModelArts Studio(大模型即服务平台),其集成业界主流开源大模型,提供灵活的模型开发能力和可商用的模型服务。<br>(7)AI Gallery:提供大量基于昇腾云底座适配的第三方开源大模型,助力开发者快速了解并学习大模型 |
| 使用方法 | (1)注册并登录华为云账号:访问华为云官网,注册并登录账号。<br>(2)进入 ModelArts 控制台:在华为云控制台中选择"AI 市场"或"ModelArts",进入 ModelArts 页面。<br>(3)创建数据集:在 ModelArts 页面中创建数据集,并上传相关数据。<br>(4)模型训练:选择或创建模型,配置训练参数,启动训练作业。<br>(5)模型评估与调优:查看训练结果,评估模型性能,根据需要进行调优。<br>(6)模型部署:选择部署方式,配置部署参数,启动部署作业。<br>(7)模型使用:通过 API 或软件开发工具包调用模型,获取预测结果 |
| 应用领域 | (1)智慧金融:构建风险评估模型,实时监测金融交易数据,发现和预防潜在风险。<br>(2)智慧医疗:利用医学影像分析模型,辅助医生进行疾病诊断和治疗方案制订。<br>(3)零售电商:构建个性化推荐模型,提高用户转化率和购物体验。<br>(4)智能客服:构建智能客服机器人,自动回答用户咨询,提升客户服务效率。<br>(5)智能制造:在设备故障预测、工艺优化等方面应用,提高生产效率和降低成本。<br>(6)智慧城市:构建城市管理相关的人工智能模型,助力智慧城市建设和管理。<br>(7)智慧教育:构建个性化教学和学习模型,实现智能化教育和教学管理。<br>(8)其他领域:如物联网、交通、能源等,推动各领域的智能化升级 |

## 2.1.3 百度飞桨

百度飞桨是我国首个自主研发、功能丰富、开源的产业级深度学习平台。自 2016 年正式开源以来,百度飞桨凭借全面开源、技术领先、功能完备等特点,在深度学习领域取得了显著成就。作为国内唯一功能完备的端到端开源深度学习平台,百度飞桨不仅应用于学术研究,更广泛应用

于各行各业，推动了 AI 技术的快速发展与应用。百度飞桨如图 2-3 所示。

图 2-3　百度飞桨

### 1. 百度飞桨的目标用户

（1）开发者。百度飞桨致力于为开发者提供一个简单、易用且高性能的深度学习框架。它不仅能够简化复杂的深度学习模型的搭建过程，还通过高效的计算优化能力，提升模型训练速度。对于广大开发者而言，百度飞桨是一个强大的工具，能够帮助他们快速将 AI 想法转化为实际项目，缩短从研发到上线的周期，从而加速 AI 创新应用的落地。

（2）企业。在企业层面，百度飞桨致力于成为企业实现 AI 赋能的得力助手。它提供全面的 AI 解决方案，支持企业在各个业务领域进行智能化升级。无论是智能制造、智慧金融，还是智慧医疗、智慧城市，百度飞桨都能通过其强大的深度学习能力和灵活的部署方案，助力企业提升运营效率，优化决策过程，增强市场竞争力，实现产业的全面智能化转型。

### 2. 百度飞桨的服务内容

百度飞桨的服务内容包括深度学习框架、基础模型库、端到端开发套件、工具组件和服务平台等。

（1）深度学习框架。百度飞桨作为先进的深度学习平台，提供简洁而统一的编程环境，简化了复杂深度学习任务的开发过程。百度飞桨的前端编程界面直观，易于上手，即便是初学者也能快速掌握。同时，百度飞桨的内部核心架构统一且高效，确保计算资源的最优利用，满足大规模数据处理需求。

（2）基础模型库。百度飞桨拥有庞大的官方支持模型库，涵盖自然语言处理、计算机视觉、语音识别等多个 AI 应用领域。这些模型库经过精心设计和优化，为开发者提供了强大的即插即用能力，助力快速搭建并部署高性能 AI 应用。

（3）端到端开发套件。针对语义理解、图像分类、目标检测、语义分割、文字识别、语音合成等热门 AI 场景，百度飞桨提供了全面的端到端开发套件。这些套件集成了数据预处理，模型训练、评估与部署等全链条工具，极大地降低了开发 AI 应用的门槛，缩短了开发周期。

（4）工具组件。百度飞桨提供了一系列高效的工具组件，包括模型压缩、推理部署等关键工具组件。这些工具组件旨在帮助开发者进一步优化模型，提升推理速度，并简化部署流程，实现模型的快速上线与高效运行。

（5）服务平台。作为综合性的 AI 服务平台，百度飞桨不仅提供强大的技术支撑，还通过培训、市场、业务等多维度为开发者赋能。从基础技术学习到高级应用实践，从市场对接到业务合作，百度飞桨全方位助力用户成长，推动产业智能化升级。

### 3．百度飞桨的使用方法

百度飞桨的使用方法包括安装百度飞桨、注册百度账户、访问百度飞桨 AI Studio、创建项目、编写和运行代码、训练和评估模型、发布和部署模型及使用 PaddleX 等套件。通过这些方法，用户可以快速上手百度飞桨，并开发出各种 AI 应用。

（1）安装百度飞桨。百度飞桨的安装过程简单快捷，支持多种安装方式，可以满足不同开发者的需求。

（2）注册百度账户。为了充分利用百度飞桨的资源和服务，需要注册一个百度账户。访问百度官网或百度飞桨官网，单击"注册"按钮，按照提示填写相关信息，完成注册流程。

（3）访问百度飞桨 AI Studio。AI Studio（人工智能学习与实训社区）是百度飞桨为开发者提供的一站式 AI 开发平台，它集成了百度飞桨的深度学习框架、丰富的数据集、预训练模型等资源。

（4）创建项目。在 AI Studio 上创建一个新的项目来进行机器学习或深度学习实验。单击页面上方的"项目"按钮，并选择"创建项目"。根据提示填写项目信息并创建项目。

（5）编写和运行代码。使用百度飞桨提供的 API 来定义模型、训练数据集、训练模型等。

（6）训练和评估模型。在 Notebook（笔记本，特指交互式的计算环境或文档）中运行代码，训练模型。使用测试数据集评估模型性能。

（7）发布和部署模型。在 AI Studio 中，可以将训练好的模型发布到模型管理且在已发布的模型中进行查看和管理。可以将模型部署到各种应用场景中，如图像识别、自然语言处理等。

（8）使用 PaddleX 等套件。百度飞桨提供了 PaddleX 等套件，用于简化模型开发和部署的过程。PaddleX 是一个少代码 AI 开发平台，提供了图形化界面和丰富的预训练模型，可以帮助用户快速构建和部署 AI 应用。

### 4．百度飞桨的应用领域

百度飞桨的应用领域包括智能制造、交通物流、智慧金融、能源电力、智慧医疗和其他领域。

（1）智能制造。百度飞桨在智能制造领域中大显身手，通过智能化管理生产流程，精准控制每个环节，显著提高生产效率和产品质量。百度飞桨的深度学习算法助力企业实现智能制造，优化资源配置，降低成本，推动工业 4.0 加速到来。

（2）交通物流。在交通物流领域，百度飞桨应用于智能交通系统，能实时监测车流、定位车辆，精准识别异常停留，有效缓解交通拥堵问题，还能进行智能调度与路径规划优化，提升物流效率，让城市交通更加顺畅、有序。

（3）智慧金融。在智慧金融领域，百度飞桨助力构建精准的风险评估模型和智能投顾系统，通过分析海量数据，提升金融服务个性化水平，降低风险，为用户提供更加智能、高效的金融服务。

（4）能源电力。在能源电力行业中，百度飞桨在智能电网和新能源领域展现强大实力，通过深度学习优化能源分配与管理，实现电力供需平衡，提高能源利用效率。同时，百度飞桨支持新能源的精准预测与调度，推动能源绿色转型。

（5）智慧医疗。在智慧医疗领域，百度飞桨辅助医生进行精准的疾病诊断与治疗方案的制订，利用 AI 技术提升医疗服务质量和效率。图像识别、病理分析等功能为医生提供有力支持，让患者享受更优质的医疗服务。

（6）其他领域。百度飞桨的应用领域远不止于此，它还广泛渗透智慧教育、智慧城市、智慧零售等多个领域，推动这些领域智能化升级。通过提供先进的深度学习技术解决方案，百度飞桨正在助力各行各业实现数字化转型，共创智能未来。

【例2-3】基于百度飞桨的医疗影像分析系统。

**1. 项目背景**

在医疗领域，影像分析是医生进行疾病诊断和治疗方案制订的重要依据。然而，传统的影像分析方法主要依赖医生的经验和知识，存在主观性强、效率低等问题。随着人工智能技术的不断发展，深度学习在医疗领域的应用逐渐受到关注。百度飞桨作为国内领先的深度学习平台，为医疗影像分析提供了新的解决方案。

**2. 项目目标**

本例旨在利用百度飞桨，开发一套医疗影像分析系统，实现对病变部位的自动检测和分割，辅助医生进行精准的疾病诊断。通过医疗影像分析系统，医生可以更加快速、准确地获取患者的影像信息，提高诊断效率和准确性，为患者提供更好的医疗服务。

**3. 系统架构**

医疗影像分析系统基于百度飞桨深度学习框架构建，主要包括以下几个部分。

（1）数据预处理模块。该模块负责收集、清洗和标注医疗影像数据，为模型训练提供高质量的数据集。

（2）模型训练模块。该模块利用百度飞桨提供的深度学习算法和工具，构建医疗影像分析模型，并进行训练和优化。

（3）模型推理模块。该模块将训练好的模型部署到实际应用场景中，对新的医疗影像进行实时分析和处理。

（4）结果展示模块。该模块将模型的分析结果以直观的方式展示给医生，包括病变部位的标注、大小、形状等信息。

**4. 技术实现**

（1）数据收集与标注。从多家医院收集大量的医疗影像数据，包括CT、磁共振等数据，并对这些数据进行清洗和标注，确保数据的质量和准确性。

（2）模型选择与训练。根据医疗影像分析的需求，选择适合的深度学习模型，如卷积神经网络等。利用百度飞桨提供的深度学习框架和工具，对模型进行训练和优化，使其能够准确识别病变部位。

（3）模型部署与推理。将训练好的模型部署到实际应用场景中，通过实时接收新的医疗影像数据，利用模型进行推理和分析，得到病变部位的信息。

（4）结果可视化。将模型的分析结果以图像的形式展示给医生，包括病变部位的标注、大小、形状等信息，方便医生进行直观的判断和诊断。

**5. 应用效果**

医疗影像分析系统在实际应用中取得了显著的效果。首先，在病变检测方面，医疗影像分析系统的准确率达到了较高水平，能够准确识别出病变部位，为医生提供可靠的辅助诊断工具。其次，在病变分割方面，医疗影像分析系统能够实现对病变部位的精细分割，为医生提供更加

详细的信息。此外，医疗影像分析系统还大大提高了医生的诊断效率和准确性，减少了漏诊和误诊的情况，为患者提供了更好的医疗服务。

### 6. 总结与展望

本例利用百度飞桨，成功开发了一套医疗影像分析系统，实现了对病变部位的自动检测和分割，辅助医生进行精准的疾病诊断。该系统在实际应用中取得了显著的效果，为智慧医疗的发展提供了新的解决方案。未来，百度飞桨将继续优化和完善该系统，提高系统的准确性和鲁棒性，为更多的医疗机构和患者提供更好的医疗服务。同时，百度飞桨将积极探索深度学习在医疗领域的其他应用，如疾病预测、药物研发等，为智慧医疗的发展贡献更多的力量。

百度飞桨介绍汇总见表 2-3。

表 2-3　百度飞桨介绍汇总

| 名称 | 百度飞桨 |
| --- | --- |
| 定位 | 集深度学习框架、基础模型库、端到端开发套件、工具组件和服务平台于一体的产业级深度学习平台，致力于推动 AI 技术的普及和应用，赋能各行各业 |
| 目标用户 | （1）开发者：提供简单、易用、高性能的深度学习框架，帮助开发者快速实现 AI 想法并上线 AI 业务。<br>（2）企业：助力企业完成 AI 赋能，实现产业智能化升级 |
| 服务内容 | （1）深度学习框架：提供编程一致的计算抽象，拥有易学易用的前端编程界面和统一、高效的内部核心架构。<br>（2）基础模型库：包含丰富的官方支持模型库，覆盖多个 AI 应用领域。<br>（3）端到端开发套件：提供面向语义理解、图像分类、目标检测、语义分割、文字识别、语音合成等场景的端到端开发套件。<br>（4）工具组件：包括模型压缩、推理部署等工具，支持模型优化和快速部署。<br>（5）服务平台：提供技术支持、培训支持、市场支持、业务支持等多方位赋能，助力产业智能化升级 |
| 使用方法 | （1）安装百度飞桨：过程简单快捷，支持多种安装方式，满足开发者需求。<br>（2）注册百度账户：访问官网注册，填写信息完成流程，享受飞桨服务。<br>（3）访问百度飞桨 AI Studio：一站式 AI 开发平台，集成飞桨框架、数据集、预训练模型。<br>（4）创建项目：在 AI Studio 新建项目，进行机器学习或深度学习实验。<br>（5）编写和运行代码：使用飞桨 API 定义、训练模型，简化开发流程。<br>（6）训练和评估模型：Notebook 运行代码，训练模型，测试数据集评估性能。<br>（7）发布和部署模型：AI Studio 发布模型，管理查看，部署至图像识别等场景。<br>（8）使用 PaddleX 等套件：PaddleX 是一个少代码 AI 开发平台，提供图形化界面，帮助用户快速构建部署 AI 应用 |
| 应用领域 | （1）智能制造：通过智能化管理生产流程，提高生产效率和产品质量。<br>（2）交通物流：应用于智能交通系统，实现车流监测、车辆跟踪、异常停留检测等功能，缓解交通拥堵。<br>（3）智慧金融：构建风险评估模型、智能投顾系统等，提升金融服务水平。<br>（4）能源电力：在智能电网、新能源等领域应用，实现能源的高效管理和利用。<br>（5）智慧医疗：辅助医生进行疾病诊断和治疗方案的制订，提升医疗服务水平。<br>（6）其他领域：如智慧教育、智慧城市、智慧零售等，百度飞桨的应用正不断拓展，推动各行各业的智能化升级 |

## 2.2 计算机视觉工具

### 2.2.1 百度 AI 开放平台

百度 AI 开放平台是百度公司推出的一站式人工智能服务平台，旨在为广大开发者和企业提供丰富的人工智能技术能力和解决方案。该平台集成了百度在语音识别、图像识别、自然语言处理等多个领域的前沿技术，通过 API 和软件开发工具包，帮助用户快速、便捷地将人工智能技术集成到自己的应用中，从而提升应用的智能水平。百度 AI 开放平台不仅降低了人工智能技术的使用门槛，还加速了人工智能技术在各行各业的落地。百度 AI 开放平台如图 2-4 所示。

图 2-4　百度 AI 开放平台

#### 1. 百度 AI 开放平台的目标用户

（1）开发者。百度 AI 开放平台致力于成为开发者构建 AI 应用的强大后盾。它提供丰富的 AI 技术工具与资源，包括先进的算法库、便捷的 API 及高效的开发平台。这些资源不仅降低了 AI 技术的使用门槛，还极大地缩短了从概念到产品的实现周期，助力开发者快速构建出具有创新性和实用性的 AI 应用。

（2）企业。对于寻求智能化转型的企业而言，百度 AI 开放平台是不可多得的合作伙伴。百度 AI 开放平台根据企业的具体需求，量身定制 AI 解决方案，涵盖从数据处理、模型训练到业务场景应用的各个环节。这些 AI 解决方案不仅能够有效提升企业的运营效率和市场竞争力，还能助力企业在数字化转型的浪潮中占据先机，实现可持续发展。

（3）科研机构。百度 AI 开放平台积极与科研机构合作，共同推动 AI 技术的发展与创新。该平台不仅拥有最新的 AI 研究成果和技术趋势，还为科研机构提供高性能的 AI 计算资源和先进的实验环境。同时，通过组织学术交流活动和合作项目，百度 AI 开放平台促进科研机构之间的深入交流与合作，共同探索 AI 技术的无限可能。

（4）教育机构。在教育领域，百度 AI 开放平台同样发挥着重要作用。它支持 AI 教育的普及与推广，为教育机构提供丰富的 AI 教学资源和实践机会。通过引入 AI 技术课程和实验项目，百度 AI 开放平台激发学生的学习兴趣和创造力，培养学生的 AI 思维和实践能力。同时，该平台积极与教育机构合作，共同培养具有创新精神和跨界能力的 AI 人才，为未来创建智能社会贡献力量。

## 2. 百度 AI 开放平台的服务内容

百度 AI 开放平台的服务内容包括基础 AI 服务、定制解决方案、AI 工具与平台、技术与咨询服务、AI 生态合作等。

（1）基础 AI 服务。百度 AI 开放平台提供包括语音识别、图像识别、自然语言处理在内的基础 AI 服务，这些服务经过精心优化，具备高准确率和高效能。开发者可直接通过 API 调用这些服务，无须从零开始研发，极大地缩短了产品开发周期，降低了技术门槛，助力快速构建各类 AI 应用场景。

（2）定制解决方案。针对不同行业和企业的具体需求，百度 AI 开放平台能够量身定制解决方案。无论是智能制造中的智能质检，还是智慧城市中的交通管理，抑或是智慧金融中的风险评估，百度 AI 开放平台都能提供全方位的定制化服务，助力用户实现业务智能化升级，提升整体竞争力。

（3）AI 工具与平台。为降低 AI 技术的使用门槛，百度 AI 开放平台提供了一系列 AI 工具和平台。这些工具和平台包括算法模型训练平台、数据标注工具等，能够帮助开发者更高效地进行模型训练、优化和部署。同时，该平台提供了丰富的算法库和示例代码，让开发者能够快速上手，加速 AI 应用的创新与发展。

（4）技术与咨询服务。百度 AI 开放平台深知技术支持与咨询服务对用户的重要性。因此，该平台提供了专业的 AI 技术咨询、培训与支持服务。无论是技术咨询解答、产品使用指导，还是定制培训课程，百度 AI 开放平台都致力于帮助用户更好地理解和应用 AI 技术，解决实际业务问题，提升 AI 应用的能力。

（5）AI 生态合作。为了推动 AI 技术的普及与应用，百度 AI 开放平台积极构建 AI 生态合作体系。通过联合产业链上下游的合作伙伴，共同推动 AI 技术的发展与应用落地。同时，该平台定期组织各类 AI 技术交流活动，促进产学研用深度融合，加速 AI 技术的创新与应用落地，实现合作共赢的良好局面。

## 3. 百度 AI 开放平台的使用方法

（1）注册与登录。要使用百度 AI 开放平台，需要访问其官方网站。在网站首页的显著位置，会找到"注册"或"登录"按钮。单击"注册"按钮后，按照页面提示填写必要的个人信息，如邮箱、用户名、密码等，完成注册流程。注册成功后，使用设定的用户名和密码登录账号。登录成功后，你将进入百度 AI 开放平台的主界面，开始探索和使用该平台提供的各项 AI 服务。

（2）创建应用。登录后，在百度 AI 开放平台的主界面上，会看到"创建应用"按钮或选项。单击该按钮，进入应用创建页面。在这里，需要填写应用的基本信息，如应用名称、应用描述、应用类型等。完成信息填写后，提交申请。百度 AI 开放平台将对申请进行审核，审核通过后，申请者将获取该应用的 API 密钥和安全密钥。这两个密钥是在后续调用 API 时进行身份验证的重要凭证，应妥善保管。

（3）选择并调用 API。百度 AI 开放平台提供了丰富的 AI 技术接口，包括语音识别、图像识别、自然语言处理、知识图谱等。根据项目需求，选择合适的 AI 技术接口。选择好接口后，需要参照该接口的 API 文档来了解其调用方式、请求参数、返回结果等信息。根据文档说明，编写相应的代码或配置相应的环境，实现 API 的调用。在调用过程中，应确保已经正确设置了 API 密钥和安全密钥，以完成身份验证。

（4）集成与开发。成功调用 API 后，需要将这些接口集成到应用或服务中。根据开发环境和语言偏好，选择合适的开发工具和框架进行开发。在开发过程中，可能需要进行数据处理、逻辑判断、界面设计等工作。同时，为了确保 API 的正确性和稳定性，需要进行必要的测试工作。通过单元测试、集成测试等方式，验证 API 在不同场景下的表现和性能。

（5）部署与上线。完成开发和测试后，创建的应用或服务已经具备了上线的条件。此时，需要将应用或服务部署到生产环境中，并进行实际业务场景的应用与验证。在部署过程中，应确保遵循该平台提供的部署指南和最佳实践，以确保应用或服务的安全和稳定。同时，需要关注应用或服务的运行状态和用户反馈，及时进行优化和改进。通过不断地迭代和升级，提升应用或服务的性能和用户体验。

### 4. 百度 AI 开放平台的应用领域

百度 AI 开放平台的应用领域包括智能制造、智慧城市、智慧金融、智慧医疗、智慧教育、零售电商、智能媒体、智能家居、安防监控和智慧物流等。

（1）智能制造。百度 AI 开放平台赋能智能制造，通过工业机器人控制、智能质检与预测性维护，精准优化生产流程，减少人工干预，显著提升生产效率与产品质量，引领制造业向智能化转型。

（2）智慧城市。在智慧城市领域，百度 AI 开放平台助力高效管理城市交通，智能安防守护安全，环保监测精准施策，全方位提升城市管理智能水平，让城市生活更加便捷、安全、绿色。

（3）智慧金融。百度 AI 开放平台深度融入智慧金融领域，使风险评估精确无误，智能投顾个性化服务，反欺诈机制高效运行，全方位保障金融安全，提升服务质量，引领金融行业创新发展。

（4）智慧医疗。智慧医疗领域迎来 AI 变革，提高辅助诊断的准确率，病历分析助力精准医疗，加速药物研发进程。百度 AI 开放平台以科技赋能医疗，为健康贡献力量。

（5）智慧教育。百度 AI 开放平台推动教育个性化发展、个性化教学，满足学生需求，智能评测精准反馈，智能推荐学习资源。智慧教育让学习更加高效、有趣，促进教育公平与质量提升。

（6）零售电商。零售电商因 AI 而变，商品推荐更加贴心，智能客服 24 小时在线，完善库存管理，优化库存周转率。百度 AI 开放平台助力电商企业提升购物体验，增强运营竞争力。

（7）智能媒体。智能媒体时代已到来，百度 AI 开放平台助力内容创作、智能分发与个性化推荐，实现内容生产的智能化与个性化，满足用户多元的需求，引领媒体行业转型、升级。

（8）智能家居。智能家居触手可及，智能家电一键控制，家庭安全全方位监控，环境监测守护健康。百度 AI 开放平台打造智慧生活空间，让未来生活更加美好。

（9）安防监控。安防监控领域迎来 AI 革新，人脸识别更精准，行为分析能洞察异常，异常检测即时响应。百度 AI 开放平台提升安防系统的精准度与效率，守护社会安全、稳定。

（10）智慧物流。智慧物流引领物流行业变革，物流路径规划最优解，货物跟踪实时掌握，智能仓储自动化管理。百度 AI 开放平台能降低物流成本，提升服务质量，推动物流行业智能化发展。

【例 2-4】百度 AI 开放平台在智能仓储管理系统中的应用。

### 1. 项目背景

随着电商行业的蓬勃发展和消费者需求的日益多样化，物流行业面临着前所未有的挑战。传统仓储管理方式存在效率低、错误率高、成本高昂等问题，已无法满足现代物流的需求。百度 AI 开放平台凭借先进的人工智能技术和丰富的行业经验，为智慧物流领域带来了创新性的解决方案。智能仓储管理系统正是基于百度 AI 开放平台开发的，旨在通过深度学习、计算机视觉等技术实现仓储管理的自动化、智能化，提高仓储效率和准确性，降低运营成本。

### 2. 系统架构

智能仓储管理系统采用物联网、大数据、人工智能等先进技术，构建了整体架构。智能仓储管理系统主要包括以下几个模块。

（1）数据采集模块。本模块通过物联网技术，实时采集仓储环境中的各类数据，如货物位置、库存量、温湿度等。

（2）智能识别模块。本模块利用计算机视觉技术，对采集到的图像数据进行处理和分析，实现货物的精准识别和分类。

（3）深度学习模型训练模块。本模块基于百度 AI 开放平台提供的深度学习框架和算法，构建针对仓储管理的深度学习模型，并利用标注好的图像数据进行模型训练和优化。

（4）仓储管理模块。本模块将深度学习模型的识别结果应用于智能仓储管理系统中，实现货物的自动化入库、出库、盘点等操作，以及库存的实时监控和预警。

（5）数据分析与可视化模块。本模块对仓储数据进行深度挖掘和分析，提供仓储效率、库存状况等关键指标的统计和可视化展示，为决策提供数据支持。

### 3. 技术实现

智能仓储管理系统选择了适合仓储管理场景的深度学习算法，如卷积神经网络等，用于货物的精准识别和分类。

（1）数据集的构建与标注。为了训练深度学习模型，智能仓储管理系统收集了大量仓储图像数据，并进行了专业的标注和分类。这些数据涵盖了不同种类、不同角度、不同光照条件下的货物图像，确保了模型的泛化能力和准确性。

（2）模型训练与优化。利用百度 AI 开放平台提供的深度学习框架和工具，智能仓储管理系统对深度学习模型进行了多次迭代训练和优化，以提高模型的识别准确率和鲁棒性。

（3）系统的集成与部署。将训练好的深度学习模型集成到智能仓储管理系统中，并与物联网设备、数据库等进行无缝对接，实现智能仓储管理系统的自动化运行和实时监控。

### 4. 应用效果

智能仓储管理系统在实际应用中取得了显著的效果。首先，在货物识别方面，智能仓储管理系统能够准确识别不同种类的货物，并实现自动化入库、出库和盘点等操作，大大提高了仓储效率。其次，在库存管理方面，智能仓储管理系统能够实时监控库存状况，及时预警库存不足或过剩等情况，降低运营成本。此外，智能仓储管理系统能够提供丰富的仓储数据分析和可视化展示功能，为决策者提供有力的数据支持。

### 5. 总结与展望

智能仓储管理系统是基于百度 AI 开放平台开发的，为智慧物流领域带来了新的解决方案。

本系统通过深度学习、计算机视觉等技术实现仓储管理的自动化、智能化，能够显著提高仓储效率和准确性，降低运营成本。未来，百度 AI 开放平台将继续优化和完善本系统，探索更多应用场景和可能性，如智能分拣、智能路径规划等，为智慧物流领域的发展贡献更多的力量。同时，百度 AI 开放平台期待与更多物流企业和合作伙伴携手共进，共同推动智慧物流的快速发展和普及。

百度 AI 开放平台介绍汇总见表 2-4。

表 2-4　百度 AI 开放平台介绍汇总

| 名称 | 百度 AI 开放平台 |
|---|---|
| 定位 | 百度 AI 开放平台是百度公司面向全球开发者、企业及科研机构推出的综合性 AI 服务平台，旨在通过提供丰富的 AI 技术和能力，加速 AI 技术的普及与应用，推动产业升级与创新 |
| 目标用户 | （1）开发者：提供 AI 技术工具与资源，助力开发者快速构建 AI 应用。<br>（2）企业：提供 AI 解决方案，助力企业智能化转型。<br>（3）科研机构：拥有 AI 研究成果，促进学术交流与合作。<br>（4）教育机构：支持 AI 教育普及，培养 AI 人才 |
| 服务内容 | （1）基础 AI 服务：包括语音识别、图像识别、自然语言处理等基础 AI 服务，支持开发者直接调用。<br>（2）定制解决方案：根据用户需求，提供定制化 AI 解决方案，涵盖智能制造、智慧城市等多个领域。<br>（3）AI 工具与平台：提供 AI 开发工具和平台，降低 AI 技术门槛。<br>（4）技术与咨询服务：提供 AI 技术咨询、培训与支持服务，帮助用户更好地应用 AI 技术。<br>（5）AI 生态合作：构建 AI 生态合作体系，促进产业链上下游合作与共赢 |
| 使用方法 | （1）注册与登录：访问百度 AI 开放平台官网，完成注册并登录账号。<br>（2）创建应用：在百度 AI 开放平台上创建新的应用项目，获取 API 密钥和安全密钥用于 API 调用验证。<br>（3）选择并调用 API：根据需求选择合适的 AI 能力接口，参照 API 文档进行接口调用。<br>（4）集成与开发：将 API 集成到你的应用或服务中，进行必要的开发和测试。<br>（5）部署与上线：完成开发后，将应用或服务部署到生产环境，并进行实际业务场景的应用与验证 |
| 应用领域 | （1）智能制造：工业机器人控制、智能质检、预测性维护等，提升生产效率和产品质量。<br>（2）智慧城市：城市交通管理、智能安防、环保监测等，提升城市管理智能水平。<br>（3）智慧金融：风险评估、智能投顾、反欺诈等，保障金融安全与服务质量。<br>（4）智慧医疗：辅助诊断、病历分析、药物研发等，提高医疗服务效率与质量。<br>（5）智慧教育：个性化教学、智能评测、学习资源推荐等，提升教育质量。<br>（6）零售电商：商品推荐、智能客服、库存管理等，提升购物体验和运营效率。<br>（7）智能媒体：内容创作、智能分发、个性化推荐等，实现内容生产的智能化与个性化。<br>（8）智能家居：智能家电控制、家庭安全监控、环境监测等，打造智慧生活空间。<br>（9）安防监控：人脸识别、行为分析、异常检测等，提高安防系统的精准度与效率。<br>（10）智慧物流：物流路径规划、货物跟踪、智能仓储等，降低物流成本并提升服务质量 |

## 2.2.2　腾讯优图

腾讯优图作为腾讯公司旗下领先的计算机视觉技术产品，致力于计算机视觉领域的前沿研究

与开发。依托腾讯公司深厚的数据积累与强大的技术实力，腾讯优图在人脸识别、图像识别、视频分析等多个领域均取得了显著成就。其技术广泛应用于安全监控、智慧金融、智慧医疗、零售电商等多个行业，为企业和用户提供高效、精准的视觉解决方案。腾讯优图不断推动 AI 技术的创新与落地，引领视觉识别技术的发展。腾讯优图如图 2-5 所示。

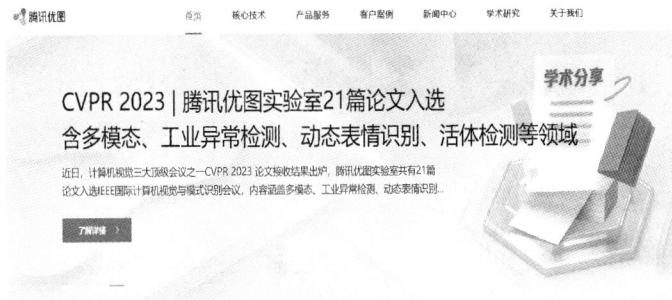

图 2-5　腾讯优图

### 1. 腾讯优图的目标用户

（1）开发者。腾讯优图深受希望将计算机视觉技术融入产品或应用的开发者青睐。它提供了丰富的 API 和软件开发工具包，让开发者能够轻松集成人脸识别、物体检测、图像识别等前沿计算机视觉技术。无论是初创企业还是成熟应用的升级，开发者都能通过腾讯优图快速构建出具有竞争力的计算机视觉功能，提升产品价值，满足市场需求。

（2）企业。对于寻求通过计算机视觉技术提升运营效率、优化用户体验、驱动业务创新的企业而言，腾讯优图是不可或缺的合作伙伴。企业可以利用腾讯优图强大的计算机视觉技术，在多个业务场景中实现智能化升级，如智能安防、零售电商、智慧金融等。通过自动化和智能化处理图像和视频数据，企业能够显著降低运营成本，提升服务质量，增强市场竞争力。

（3）研究机构。科研机构及学术单位在图像处理、图像识别等领域的研究中，也需要腾讯优图的支持。腾讯优图不仅提供了先进的算法和模型，还提供了丰富的数据集和实验环境，帮助研究人员快速验证理论假设，推动学术研究的进步。同时，腾讯优图积极与科研机构合作，共同探索计算机视觉技术的新应用场景，促进产学研用深度融合。

### 2. 腾讯优图的服务内容

腾讯优图的服务内容包括图像识别、视频分析、人脸识别、自定义模型训练、API 与软件开发工具包接入等。

（1）图像识别。腾讯优图的图像识别服务以高度的精准性著称，能够支持多种复杂物体的识别需求。无论是商品识别、助力电商平台的智能化推荐与库存管理，还是光学字符识别（Optical Character Recognition，OCR）、优化信息录入流程、提升工作效率，腾讯优图都展现出了强大的应用能力。通过先进的图像处理技术，实现对图片内容的深度解析，为企业带来前所未有的便捷与高效。

（2）视频分析。在视频分析领域，腾讯优图提供了全面的解决方案。从视频内容的深度理解，到场景的精准识别，再到复杂行为的分析与预测，都体现了腾讯优图卓越的技术实力。这一服务被广泛应用于安防监控、智慧城市、娱乐传媒等多个领域，帮助用户从海量视频中挖掘有价值的信息，实现智能化管理与决策。

（3）人脸识别。腾讯优图的人脸识别技术以高效、准确著称。无论是人脸检测、关键点定位，还是人脸比对、活体检测，都能在短时间内完成，并且准确率极高。这一服务在身份验证、安全监控、智能客服等领域发挥着重要作用，为企业构建了安全、便捷的用户体验环境。

（4）自定义模型训练。为满足用户多样的业务需求，腾讯优图提供了自定义模型训练服务。用户可以根据数据特点与业务需求，上传数据并训练出专属的 AI 模型。这一服务不仅降低了 AI 技术的使用门槛，还帮助用户实现了更加精准的业务应用与决策支持。

（5）API 与软件开发工具包接入。为了方便用户快速集成腾讯优图的各项服务，腾讯优图提供了丰富的 API 和软件开发工具包。这些工具简单易用，能够轻松与用户的现有系统进行对接，实现无缝的智能化升级。无论是大型企业的复杂系统，还是初创公司的简单应用，都能轻松享受到腾讯优图带来的便捷与高效。

### 3. 腾讯优图的使用方法

（1）注册与登录。要使用腾讯优图提供的服务，需要访问其官网或腾讯云官网。在首页或相关页面上，单击"注册"或"登录"按钮，根据提示填写相关信息完成注册流程。如果已有腾讯云账号，可直接使用该账号登录。登录成功后，将访问腾讯云控制台，进一步探索和使用腾讯优图服务。

（2）创建项目。在腾讯云控制台中，根据页面引导找到"腾讯优图"服务入口。进入服务页面后，单击"创建项目"按钮，创建新的项目。在创建项目的过程中，需要填写项目名称、描述等信息，并根据项目需求选择合适的服务。腾讯优图提供了多种服务，如人脸识别、图像识别、图像处理等，可以根据项目实际需求进行选择。

（3）获取 API 密钥。项目创建完成后，进入项目设置页面。在项目设置页面中，可以找到"API 密钥"或"访问控制"等选项。选择相应选项后，腾讯优图将生成一组 API 密钥。这组密钥是在后续调用 API 时进行身份验证的重要凭证，务必妥善保管，避免泄露。

（4）调用 API。获取到 API 密钥后，就可以开始调用腾讯优图提供的服务了。首先，需要参照腾讯优图的 API 文档，了解各个 API 的使用方法、请求参数、返回结果等信息。然后，根据开发环境和语言偏好，选择合适的开发工具和框架，编写代码或使用软件开发工具包来调用 API。在调用 API 时，应确保已经在请求头中正确设置 API 密钥，以便进行身份验证。

（5）集成与开发。成功调用 API 后，需要将这些接口集成到应用或服务中。根据项目需求，进行必要的数据处理、逻辑判断、界面设计等工作。同时，为了确保 API 的正确性和稳定性，需要进行充分的测试工作。通过单元测试、集成测试等方式，验证 API 在不同场景下的表现和性能，确保集成后的应用或服务能够正常运行。

（6）部署与上线。完成集成和开发后，创建的应用或服务已经具备了上线的条件。此时，需要将应用或服务部署到生产环境中，并进行实际业务场景的应用与验证。在部署过程中，应遵循腾讯云提供的部署指南和最佳实践，确保应用或服务的安全和稳定。同时，需要关注应用或服务的运行状态和用户反馈，及时进行优化和改进。通过持续的迭代和升级，不断提升应用或服务的性能和用户体验。

### 4. 腾讯优图的应用领域

腾讯优图的应用领域包括零售电商、智慧金融、智慧医疗、智慧教育、智慧城市、安防监控、娱乐传媒和智能制造等。

（1）零售电商。腾讯优图在零售电商领域中发挥重要作用，通过精准推荐商品提升用户购物体验，智能客服 24 小时在线服务，优化库存管理，降低成本，同时借助防盗防损技术保障商品安全，推动电商行业智能化升级。

（2）智慧金融。在智慧金融领域，腾讯优图助力金融机构实现高效身份验证、精准风险评估，以及智能监控提升安全性。其技术应用于金融业务的各个环节，保障交易安全，提升服务效率。

（3）智慧医疗。在智慧医疗领域，腾讯优图助力病历电子化管理，辅助医生进行精准诊断，并可识别药物确保用药安全。其智能化解决方案为医疗行业带来便捷与高效，提升医疗服务水平。

（4）智慧教育。在智慧教育领域，腾讯优图助力实现课堂自动化考勤，个性化学习路径推荐，提升教学质量与效率。其技术赋能教育，让学习更加个性化、智能。

（5）智慧城市。在智慧城市建设中，腾讯优图应用于交通监控、城市管理与环境监测，提高城市管理效率，保障城市安全，推动城市可持续发展。

（6）安防监控。在安防监控领域，腾讯优图提供人脸识别、异常行为检测与周界防范解决方案，保障公共安全，提升安全防范能力。

（7）娱乐传媒。在娱乐传媒领域，腾讯优图支持内容审核、智能推荐与虚拟形象生成，提升内容质量与传播效率，丰富用户娱乐体验。

（8）智能制造。在智能制造领域，腾讯优图助力工业质检、自动化生产与智能制造管理，提高生产效率与产品质量，推动制造业向智能化、自动化转型。

【例 2-5】基于腾讯优图的智能教育解决方案。

**1. 项目背景**

在教育领域，传统的教学方式往往依赖教师手动批改作业和讲解知识点，这不仅耗费了大量的时间和精力，而且批改作业的准确性和效率也受到限制。随着人工智能技术的不断发展，智慧教育成为教育领域的新趋势。腾讯优图凭借先进的人工智能技术和丰富的行业经验，推出了智能教育解决方案，旨在通过 OCR、深度学习等先进技术，实现作业的智能批改、学习路径的个性化推荐等功能，提升教学质量与效率，让学习更加个性化、智能。

**2. 解决方案内容**

（1）速算批改。速算批改通过 OCR 技术，旨在减轻教师和家长的批改作业的负担。学生只需简单拍照上传作业，智能教育解决方案便能自动分析作业图片，识别并批改 K12 范围内的多种题目，如加减乘除、竖式、分式、脱式等，识别精度高达 91%，从而实现作业批改的自动化和高效化。

（2）英语手写作文批改。英语手写作文批改利用深度学习算法，旨在辅助教师快速且准确地进行英语手写作文的阅卷和批改。智能教育解决方案能够自动识别和分析学生提交的英语手写作文，进而提供详细的批改建议和分数，有效提升批改效率和准确性。

（3）拍照搜题。拍照搜题旨在解决家长辅导作业的难题，学生通过拍照上传题目，智能教育解决方案随即利用图像识别技术快速匹配并展示相关的解题思路和答案，从而帮助学生自主解决问题。

（4）智能阅卷。智能阅卷通过 OCR 技术，实现教育资源的数字化管理，方便教师对教学素材的沉淀和管理。智能教育解决方案能够自动识别和分析试卷内容，完成自动阅卷和归档工作，提高教育管理的效率和便捷性。

**3. 应用效果**

（1）提高批改效率。智能教育解决方案能够大幅减轻教师和家长的批改作业的负担，提高

批改效率和准确性。

（2）个性化学习。通过对学生学习数据的分析，智能教育解决方案能够推荐个性化的学习路径和资源，帮助学生更好地掌握知识。

（3）优化教学资源。智能阅卷功能能够实现教育资源的数字化管理，方便教师对教学素材的沉淀和管理。

### 4. 总结与展望

基于腾讯优图的智能教育解决方案通过 OCR、深度学习等先进技术，实现了作业的智能批改、学习路径的个性化推荐等功能，为教育领域带来了便捷与高效。未来，随着人工智能技术的不断发展，腾讯优图将继续优化和完善智能教育解决方案，探索更多应用场景和可能，如智能辅导、智能评估等，为智慧教育的发展贡献更多的力量。同时，腾讯优图期待与更多教育机构和合作伙伴携手共进，共同推动智慧教育的快速发展和普及。

腾讯优图介绍汇总见表 2-5。

表 2-5　腾讯优图介绍汇总

| 名称 | 腾讯优图 |
|---|---|
| 定位 | 腾讯优图是基于腾讯公司深厚的 AI 技术实力和海量数据资源打造的计算机视觉服务平台，致力于为企业和用户提供高效、精准的图像识别、视频分析、人脸识别等计算机视觉技术，助力各行业实现数字化转型与智能化升级 |
| 目标用户 | （1）开发者：将计算机视觉技术融入产品或应用的开发者。<br>（2）企业：寻求通过计算机视觉技术提升运营效率、优化用户体验、驱动业务创新的企业。<br>（3）研究机构：需要进行图像处理、图像识别等研究的科研机构及学术单位 |
| 服务内容 | （1）图像识别：支持多种物体的精准识别，如商品识别、OCR 等。<br>（2）视频分析：提供视频内容理解、场景识别、行为分析等服务。<br>（3）人脸识别：高效准确的人脸检测、关键点定位、人脸比对、活体检测等。<br>（4）自定义模型训练：支持用户根据业务需求，上传数据并训练专属的 AI 模型。<br>（5）API 与软件开发工具包接入：提供丰富的 API 和软件开发工具包，便于快速集成到用户的应用中 |
| 使用方法 | （1）注册与登录：访问腾讯优图官网或腾讯云官网，完成注册并登录账号。<br>（2）创建项目：在腾讯云控制台中创建新的项目，根据项目需求选择合适的服务。<br>（3）获取 API 密钥：在项目设置中，获取 API 密钥，用于 API 调用时的身份验证。<br>（4）调用 API：参照 API 文档，编写代码或使用软件开发工具包调用所需的 API 接口。<br>（5）集成与开发：将 API 集成到应用或服务中，进行必要的开发和测试，确保功能正常。<br>（6）部署与上线：完成集成开发后，将应用或服务部署到生产环境，进行实际业务场景的应用与验证 |
| 应用领域 | （1）零售电商：商品推荐、智能客服、库存管理、防盗防损。<br>（2）智慧金融：身份验证、风险评估、智能监控。<br>（3）智慧医疗：病历管理、辅助诊断、药物识别。<br>（4）智慧教育：课堂考勤、个性化学习路径推荐。<br>（5）智慧城市：交通监控、城市管理、环境监测。<br>（6）安防监控：人脸识别、异常行为检测、周界防范。<br>（7）娱乐传媒：内容审核、智能推荐、虚拟形象生成。<br>（8）智能制造：工业质检、自动化生产、智能制造管理 |

## 2.2.3  阿里云视觉智能开放平台

阿里云视觉智能开放平台是阿里巴巴倾力打造的综合性计算机视觉技术服务平台。该平台汇聚了阿里巴巴在深度学习、图像识别、OCR 等领域的核心技术和丰富实践经验，通过提供一系列易用、高性能的视觉智能 API 服务，助力企业和开发者快速构建和集成视觉智能应用。无论是零售电商、智慧金融、智慧医疗，还是智慧城市、安防监控、娱乐传媒等领域，阿里云视觉智能开放平台都能为企业提供强有力的技术支持和解决方案，推动产业智能化升级。阿里云视觉智能开放平台如图 2-6 所示。

图 2-6  阿里云视觉智能开放平台

### 1. 阿里云视觉智能开放平台的目标用户

（1）开发者。阿里云视觉智能开放平台是开发者的理想选择。它提供了一套易于集成且功能强大的视觉智能 API 和软件开发工具包，让开发者能够轻松地将人脸识别、图像识别、视频分析等前沿技术快速融入自己的产品或应用中。无论是初创团队还是成熟企业，开发者都能借助该平台，加速产品开发进程，提升产品竞争力，快速响应市场需求。

（2）企业。对于寻求通过视觉智能技术优化流程、提升效率、增强用户体验并驱动业务创新的企业而言，阿里云视觉智能开放平台提供了强有力的支持。通过该平台，企业可以轻松获得先进的视觉智能技术解决方案，并将其应用于智能制造、智慧零售、智慧金融等多个领域，实现流程自动化、决策智能化，从而显著提升运营效率和用户满意度，推动企业持续发展。

（3）科研机构。科研机构在图像处理、计算机视觉等领域的研究和探索中，也离不开阿里云视觉智能开放平台的支持。该平台不仅提供了丰富的数据集和预训练模型，还提供了先进的算法和工具，为科研人员提供了良好的实验环境和资源。通过该平台，科研机构可以更加高效地进行视觉智能技术的研发和创新，推动相关领域的学术研究和技术进步。

### 2. 阿里云视觉智能开放平台的服务内容

阿里云视觉智能开放平台的服务内容包括基础视觉能力、高级视觉分析和定制化服务等。

（1）基础视觉能力。阿里云视觉智能开放平台的基础视觉能力具有人脸识别、图像识别与 OCR 文字识别等核心功能。人脸识别高效、准确，助力企业实现快速身份验证；图像识别能精准识别各类图像内容，满足基础视觉处理需求；OCR 文字识别则能有效提取图片中的文字信息，为信息录入与处理提供便利。这些基础视觉能力共同构成了该平台稳固的基石，为企业提供坚实的技术支持。

（2）高级视觉分析。阿里云视觉智能开放平台的高级视觉分析功能进一步拓展了视觉智能的应用边界。商品检测功能能够精准识别商品信息，助力电商行业的智能化管理；视频分析功能则

能深入分析视频内容，提取有价值的信息，被应用于安防监控、智能推荐等多种应用场景；场景识别功能则能识别并理解图像中的复杂场景，为城市管理、旅游推荐等领域提供有力支持。这些高级视觉分析功能满足了复杂场景下的视觉智能需求，助力企业实现更高级别的智能化应用。

（3）定制化服务。阿里云视觉智能开放平台还提供定制化服务，以满足企业的特殊需求。针对企业在不同行业、不同业务场景下的独特需求，该平台能够提供定制化的视觉 AI 解决方案，这些方案结合了企业的具体需求与该平台的技术优势，通过定制化开发实现特定功能的优化与集成。定制化服务不仅能够帮助企业解决实际问题，还能够加快企业在独特业务场景下的智能化进程，实现更高效的业务运作与更优质的服务。

### 3. 阿里云视觉智能开放平台的使用方法

（1）注册与登录。要使用阿里云视觉智能开放平台，首先需要访问阿里云官方网站。在网站首页，找到并单击"注册"按钮，按照页面提示填写相关信息，完成账号注册。注册成功后，使用账号信息登录阿里云控制台。阿里云控制台是管理阿里云所有服务的统一入口。

（2）开通服务。登录阿里云控制台后，可以通过搜索功能快速找到"视觉智能开放平台"。单击该服务进入详情页面，阅读并同意服务条款后，按照页面提示开通所需的服务。在开通服务时，可能需要选择服务版本、购买时长等选项，应根据实际需求进行选择。

（3）创建应用。服务开通成功后，需要在阿里云视觉智能开放平台中创建新的应用。创建应用时，需要填写应用名称、描述等信息，并设置应用的访问权限。完成应用创建后，系统将为你分配一个唯一的访问密钥，该密钥是后续调用 API 时进行身份验证的重要凭证，应妥善保管访问密钥，避免泄露。

（4）调用 API。获取到访问密钥后，可以开始调用阿里云视觉智能开放平台提供的 API。首先，需要参照该平台提供的 API 文档，了解各个 API 的功能、请求参数、返回结果等信息。然后，根据自己的开发环境和语言偏好，选择合适的软件开发工具包或自行编写代码来调用 API。在调用 API 时，应确保在请求中正确设置了访问密钥等认证信息。

（5）集成与开发。成功调用 API 后，需要将 API 集成到应用或服务中。根据项目需求，进行必要的数据处理、逻辑判断、界面设计等工作。为了确保 API 的正确性和稳定性，需要进行充分的测试工作。通过单元测试、集成测试等方式，验证 API 在不同场景下的表现和性能，确保集成后的应用或服务能够正常运行。

（6）部署与上线。完成集成和开发后，创建的应用或服务已经具备了上线的条件。此时，需要将应用或服务部署到生产环境中，并进行实际业务场景的应用与验证。在部署过程中，应遵循阿里云提供的部署指南和最佳实践，确保应用或服务的安全和稳定。同时，需要关注应用或服务的运行状态和用户反馈，及时进行优化和改进。通过持续的迭代和升级，不断提升应用或服务的性能和用户体验。

### 4. 阿里云视觉智能开放平台的应用领域

阿里云视觉智能开放平台的应用领域包括零售电商、智慧金融、智慧医疗、智慧城市、安防监控、娱乐传媒和智能制造等。

（1）零售电商。在零售电商领域，阿里云视觉智能开放平台通过图像识别技术，精准识别用户偏好，优化商品推荐算法，提升购物转化率。同时，该技术还应用于库存管理，实现库存实时监控与智能预警，有效减少库存积压与缺货等情况，为电商企业带来更高效的运营模式与更优质的用户体验。

（2）智慧金融。智慧金融领域利用阿里云视觉智能开放平台的人脸识别与 OCR 技术，增强了身份验证的可靠性，有效防范欺诈行为。同时，这些技术被应用于风险评估，通过分析用户行为数据与交易记录，为金融机构提供更精准的风险评估模型，保障金融安全，促进金融行业的创新与发展。

（3）智慧医疗。智慧医疗领域是阿里云视觉智能开放平台的重要应用领域之一。该平台提供的辅助诊断、病历管理与药物识别等功能，为医疗机构带来了更高的工作效率与服务质量。通过智能化手段，医生可以更快速、准确地诊断病情，患者也能享受到更加便捷、高效的医疗服务。

（4）智慧城市。在智慧城市建设中，阿里云视觉智能开放平台发挥着重要作用。该平台通过交通监控、城市管理与环境监测等功能，实现城市数据的实时采集与分析，为城市管理者提供科学的决策支持。同时，这些功能助力优化城市交通、保护环境与提升公共服务质量，推动城市向更加智能、绿色、宜居的方向发展。

（5）安防监控。安防监控领域是阿里云视觉智能开放平台的另一个重要应用领域。该平台提供的人脸识别门禁、异常行为检测等技术，为公共安全提供了强有力的技术保障。通过智能化手段，安防系统能够实时监测并预警潜在的安全隐患，有效预防犯罪与恐怖袭击等事件的发生，为人民群众的生命和财产安全保驾护航。

（6）娱乐传媒。娱乐传媒领域也充分利用了阿里云视觉智能开放平台的优势。该平台提供的智能推荐、内容审核与虚拟形象生成等功能，为娱乐内容创作者与平台带来了更多的创作灵感与商业机会。通过智能化手段，娱乐内容能够更加精准地推送给目标受众，满足用户的多元化需求，丰富娱乐内容生态。

（7）智能制造。在智能制造领域，阿里云视觉智能开放平台推动了制造业的智能化升级。该平台提供的工业质检、自动化生产等功能，实现了生产过程的自动化与智能化管理。通过智能化手段，制造企业能够提升生产效率与产品质量，降低生产成本与能耗，为制造业的可持续发展注入新的动力。

【例 2-6】基于阿里云视觉智能开放平台的交通监控系统。

**1. 项目背景**

随着城市化进程的加速，交通拥堵、交通事故等问题日益突出，对城市的交通管理提出了更高的要求。阿里云视觉智能开放平台凭借先进的图像识别与深度学习技术，为智慧城市中的交通监控系统提供强大的技术支持。交通监控系统通过实时监控与分析城市的交通数据，为城市管理者提供科学的决策支持，有效提升了城市交通管理的效率与水平。

**2. 系统介绍**

交通监控系统基于阿里云视觉智能开放平台的图像识别与深度学习技术，通过在城市关键交通节点安装高清摄像头，实时采集交通数据，并进行深度分析与挖掘。交通监控系统能够自动识别交通违法行为、车辆类型、交通流量等关键信息，为城市管理者提供全面的交通监控与分析服务。

**3. 系统功能**

（1）识别交通违法行为。交通监控系统能够自动识别闯红灯、逆行、压线行驶等交通违法行为，并实时记录违法行为证据，为交通管理部门提供执法依据。

（2）识别车辆类型。通过对车辆图像的深度分析，交通监控系统能够准确识别车辆类型，如轿车、货车、公交车等，为交通规划与管理提供数据支持。

（3）监测交通流量。交通监控系统能够实时监测各个交通节点的交通流量，分析交通拥堵情况，为交通管理部门提供实时的交通状况信息。

（4）分析与预测交通数据。通过对历史交通数据的挖掘与分析，交通监控系统能够预测未来的交通流量与拥堵情况，为交通管理部门提供科学的决策支持。

### 4．应用效果

（1）提升交通管理效率。交通监控系统能够实时监测交通违法行为与交通状况，为交通管理部门提供及时、准确的信息，有效提升交通管理效率。

（2）优化交通规划。通过对交通数据的深度分析与挖掘，交通监控系统能够为交通规划部门提供科学的依据，优化交通网络布局，缓解交通拥堵问题。

（3）提升公众出行体验。交通监控系统的应用能够提升城市交通的流畅度与安全性，为公众提供更加便捷、安全的出行体验。

（4）助力智慧城市建设。交通监控系统作为智慧城市的重要组成部分，为城市管理者提供了全面的交通数据，助力城市向更加智能、绿色、宜居的方向发展。

### 5．总结与展望

基于阿里云视觉智能开放平台的交通监控系统作为智慧城市领域的重要应用之一，为城市交通管理带来了革命性的变化。通过智能化手段，该系统提升了交通管理的效率与水平，为公众提供了更加便捷、安全的出行体验。未来，随着技术的不断进步与应用的不断深化，交通监控系统将在智慧城市建设中发挥更加重要的作用，为城市的可持续发展注入新的动力。

阿里云视觉智能开放平台介绍汇总见表 2-6。

表 2-6　阿里云视觉智能开放平台介绍汇总

| 名称 | 阿里云视觉智能开放平台 |
|---|---|
| 定位 | 阿里云视觉智能开放平台旨在为企业提供一站式、高效、便捷的视觉智能解决方案，助力企业快速实现数字化转型与智能化升级 |
| 目标用户 | （1）开发者：希望将视觉智能技术快速集成到自身产品或应用的开发者。<br>（2）企业：寻求通过视觉智能技术优化流程、提升效率、增强用户体验并驱动业务创新的企业。<br>（3）科研机构：在图像处理、计算机视觉等领域进行研究和探索的学术单位及研究机构 |
| 服务内容 | （1）基础视觉能力：包括人脸识别、图像识别、OCR 文字识别等核心功能，能满足基础的视觉处理需求。<br>（2）高级视觉分析：提供商品检测、视频分析、场景识别等功能，支持复杂场景下的视觉智能应用。<br>（3）定制化服务：针对特殊需求，提供定制化视觉 AI 解决方案，助力企业实现独特业务场景下的智能化 |
| 使用方法 | （1）注册与登录：访问阿里云官网，完成账号注册并登录阿里云控制台。<br>（2）开通服务：在阿里云控制台中搜索并找到"视觉智能开放平台"，按照提示开通所需服务。<br>（3）创建应用：在阿里云视觉智能开放平台中创建新的应用，获取 API 访问权限和必要的认证信息（如访问密钥）。<br>（4）调用 API：参照 API 文档，使用软件开发工具包或自行编写代码来调用 API。<br>（5）集成与开发：将 API 集成到应用或服务中，进行必要的开发和测试，确保功能正常。<br>（6）部署与上线：完成集成和开发后，将应用或服务部署到生产环境，进行实际业务场景的应用与验证 |

续表

| 应用领域 | （1）零售电商：利用图像识别技术，优化商品推荐算法、库存管理，提升用户购物体验。<br>（2）智慧金融：将人脸识别、OCR 技术应用于身份验证、风险评估，增强金融安全。<br>（3）智慧医疗：用于辅助诊断、病历管理、药物识别等，提升医疗服务效率与质量。<br>（4）智慧城市：在交通监控、城市管理、环境监测等方面发挥重要作用，推动城市智能化进程。<br>（5）安防监控：通过人脸识别门禁、异常行为检测等技术，提升公共安全保障能力。<br>（6）娱乐传媒：利用智能推荐、内容审核、虚拟形象生成等功能，丰富娱乐内容生态。<br>（7）智能制造：用于工业质检、自动化生产等，推动制造业智能化升级 |
| --- | --- |

## 2.3  自然语言处理工具

### 2.3.1  阿里云 NLP 开放平台

阿里云 NLP 开放平台是阿里云提供的强大的自然语言处理服务平台。该平台集成了分词、词性标注、命名实体识别、情感分析等基础及高级 NLP 功能，旨在为企业和开发者提供高效、精准的文本处理与分析能力。通过阿里云 NLP 开放平台，用户可以轻松实现文本数据的智能解析与理解，推动业务创新与发展。阿里云 NLP 开放平台如图 2-7 所示。

图 2-7  阿里云 NLP 开放平台

#### 1. 阿里云 NLP 开放平台的目标用户

（1）开发者。阿里云 NLP 开放平台是软件开发者实现 NLP 技术快速集成的理想工具。对于希望将智能文本处理、语义分析等功能融入应用或产品的开发者而言，该平台提供了丰富的 API、软件开发工具包和详细的开发文档，极大地降低了技术门槛和集成成本。开发者可以轻松调用该平台上的 NLP 服务，快速构建出具备自然语言处理功能的应用或产品，满足市场日益增长的需求。

（2）企业。阿里云 NLP 开放平台是企业优化内容管理、增强用户互动、提升业务效率和推动创新的得力助手。无论是电商、金融、教育还是其他行业，企业都可以通过该平台利用 NLP 技术实现自动化内容审核、智能客服、情感分析等功能，从而优化用户体验，提高运营效率。同时，

57

阿里云 NLP 开放平台能助力企业挖掘数据的价值,洞察市场趋势,为企业的创新发展和战略决策提供有力支持。

(3)科研机构。阿里云 NLP 开放平台是科研机构在语言学、人工智能、数据挖掘等领域进行研究和探索的重要资源。该平台不仅提供了丰富的数据集和预训练模型,还开放了先进的算法和工具,为科研机构提供了广阔的实验空间和众多的研究机会。科研机构可以利用这些资源深入探索 NLP 技术的最新进展,开展前沿研究,推动学科交叉融合和创新发展。同时,通过与阿里云 NLP 开放平台合作,科研机构能将研究成果转化为实际应用,为社会经济发展贡献力量。

**2. 阿里云 NLP 开放平台的服务内容**

阿里云 NLP 开放平台的服务内容包括但不限于文本分析服务、语义理解服务、智能问答系统、模型训练与定制、模型训练与定制、开发工具与软件开发工具包。

(1)文本分析服务。阿里云 NLP 开放平台提供全面的文本分析服务,涵盖分词、词性标注、命名实体识别、情感分析等基础文本处理功能。这些功能可帮助用户快速解析文本内容,提取关键信息,为后续的数据分析和业务应用奠定坚实基础。无论是对文本内容的深入理解还是对数据的结构化处理,阿里云 NLP 开放平台都能提供高效、准确的支持。

(2)语义理解服务。阿里云 NLP 开放平台支持文本相似度计算、语义角色标注、篇章关系分析等高级语义分析功能,这些功能可帮助用户深入挖掘文本的含义和逻辑关系。这些功能在智能推荐、内容审核、舆情监测等领域具有广泛应用,能够显著提升业务决策的智能化水平。用户可以通过调用阿里云 NLP 开放平台的 API,轻松实现复杂的语义理解和分析任务。

(3)智能问答系统。阿里云 NLP 开放平台提供智能问答系统解决方案,助力企业构建自动化、智能化的客服系统。智能问答系统支持自动问答、知识库检索等功能,能够准确理解用户问题,提供快速、准确的回答,对于提升客户服务质量、优化用户体验具有重要意义。同时,智能问答系统能根据用户反馈不断优化升级,提升服务效能。

(4)模型训练与定制。阿里云 NLP 开放平台提供模型训练平台和数据集资源,支持用户根据自身业务需求训练和优化 NLP 模型。用户可以利用阿里云 NLP 开放平台提供的算法框架和计算资源,进行模型调参、评估和优化工作。此外,阿里云 NLP 开放平台开放丰富的数据集资源,帮助用户快速构建高质量的训练样本集。这一服务为用户提供了高度的灵活性和自主性,满足多样化的 NLP 应用需求。

(5)开发工具与软件开发工具包。为方便用户快速集成和部署 NLP 服务,阿里云 NLP 开放平台提供丰富的 API、软件开发工具包及开发工具。这些工具不仅简化了开发流程、降低了技术门槛,还提高了开发效率和系统稳定性。用户可以根据技术栈选择合适的软件开发工具包进行开发,轻松实现 NLP 服务的集成和应用。同时,阿里云 NLP 开放平台提供详尽的开发文档和技术支持,确保用户能够顺利上手并高效利用该平台的资源。

**3. 阿里云 NLP 开放平台的使用方法**

(1)注册与登录。要使用阿里云 NLP 开放平台,需要访问阿里云官方网站,单击页面上的"注册"按钮,根据提示填写相关信息,完成账号注册。注册成功后,使用用户名和密码登录阿里云控制台。阿里云控制台是管理所有阿里云产品和服务的中心平台。

(2)开通服务。登录阿里云控制台后,在搜索框中输入"NLP"或"自然语言处理",找到 NLP 开放平台服务。单击进入服务详情页面,按照页面上的提示完成服务的开通。在开通过程中,可能需要选择服务版本、配置服务参数等,应根据实际需求进行选择。

（3）创建应用。服务开通后，你需要在阿里云 NLP 开放平台中创建一个新的应用。通过应用，可以获取到调用 API 所需的访问权限和认证信息（如访问密钥）。在该平台的应用管理页面中，单击"创建应用"按钮，填写应用名称、描述等相关信息，完成应用的创建。创建成功后，系统会生成一组访问密钥，应妥善保管，这是调用 API 时的重要身份凭证。

（4）调用 API。在调用 API 之前，应确保已经阅读并理解了相关的 API 文档。API 文档详细地描述了各个 API 的功能、参数、返回值等信息，是进行 API 调用的重要参考。可以选择使用阿里云 NLP 开放平台提供的软件开发工具包来调用 API，也可以自行编写代码进行调用。无论采用哪种方式，都需要按照 API 文档中的要求构造请求参数，并通过（超文本传送协议 HTTP）请求的方式发送给 NLP 服务。

（5）集成与开发。成功调用 API 后，需要将 NLP 服务集成到创建的应用或服务中。这通常涉及在应用代码中添加调用 NLP 服务的 API 的逻辑，并根据 API 返回的结果进行相应的处理。在集成过程中，应确保进行充分的测试，以确保 NLP 服务的各项功能正常、稳定。

（6）部署与上线。完成集成与开发后，可以将应用或服务部署到生产环境中，进行实际业务场景的应用与验证。在部署过程中，应注意配置好环境变量、数据库连接等关键信息，并确保应用或服务的安全性、稳定性和可扩展性。同时，建议监控应用的运行状态和性能指标，以便及时发现并解决问题。

### 4. 阿里云 NLP 开放平台的应用领域

阿里云 NLP 开放平台的应用领域包括但不限于智能客服、智慧金融、智能营销、智慧城市、教育科研、智能制造和智慧医疗。

（1）智能客服。阿里云 NLP 开放平台在智能客服领域大展身手，通过自动问答系统迅速响应客户；情绪识别功能准确捕捉用户情绪，提供个性化服务；智能推荐系统则基于对用户行为的分析，精准推送信息，显著提升客服效率与客户满意度，提供更加人性化、智能化的服务。

（2）智慧金融。在智慧金融领域，NLP 技术成为守护金融安全的得力助手。阿里云 NLP 开放平台助力信贷审批过程，高效分析申请材料，避免人为错误。欺诈检测与风险评估功能通过深度分析文本，识别潜在风险，为金融机构筑起坚固防线，保障业务安全、稳健运行。

（3）智能营销。面对激烈的市场竞争，智能营销成为企业制胜的关键。阿里云 NLP 开放平台提供用户画像构建服务，深入分析消费者行为偏好，助力企业实现精准广告投放。同时，舆情监测系统实时捕捉市场动态，为企业决策提供有力支持，推动营销策略的持续优化与创新。

（4）智慧城市。在智慧城市建设中，阿里云 NLP 开放平台发挥着重要作用。政务服务自动化流程简化办事步骤，提高政府服务效率。舆情分析功能助力政府及时了解民意，优化决策。智能问答系统则 24 小时在线解答市民疑问，增强政府与公众互动，提升公众的满意度与信任度。

（5）教育科研。教育科研领域同样受益于阿里云 NLP 开放平台。论文分析与文献检索功能助力学者快速获取研究资料，提高研究效率。智能助教系统则通过自然语言交互，为学生提供个性化学习指导，促进教育公平与质量提升。NLP 技术的应用正逐步推动教育科研领域的创新和发展。

（6）智能制造。在制造业向智能化转型的过程中，NLP 技术不可或缺。阿里云 NLP 开放平台提供文档自动化处理服务，减轻企业文档管理负担。产品描述分析与生产日志解析功能则帮助企业深入了解产品特性与生产流程，优化资源配置，提升生产效率与产品质量，推动制造业智能化升级。

（7）智慧医疗。在智慧医疗领域，阿里云 NLP 开放平台致力于提升医疗服务效率与质量。病

历分析系统辅助医生快速掌握患者的病史与病情发展情况，提高诊疗准确性。药物说明书理解功能帮助医护人员准确理解药物用途与注意事项，保障用药安全。智能问诊系统则通过自然语言交互方式，为患者提供便捷、高效的诊疗服务。

**【例 2-7】**基于阿里云 NLP 开放平台的智能客服系统。

**1. 项目背景**

随着互联网的快速发展，客户服务需求日益增长，传统的人工客服模式已难以满足高效、个性化的服务要求。阿里云 NLP 开放平台凭借先进的自然语言处理技术，为智能客服领域带来了创新性的解决方案。通过自动问答系统与情绪识别功能，智能客服系统能够迅速响应客户，提供个性化服务，显著提升客服效率与客户满意度。

**2. 系统介绍**

智能客服系统基于阿里云 NLP 开放平台的自然语言处理技术，通过深度学习与机器学习算法，实现了自动问答、情绪识别、智能推荐等功能。该系统能够与客户进行自然语言交互，理解客户的意图，提供准确、及时的服务。

**3. 系统功能**

（1）自动问答功能。智能客服系统能够自动识别和理解客户的问题，并从知识库中检索相关信息，给出准确的回答。对于复杂或未预见的问题，智能客服系统能够引导客户进行进一步的描述，或转接至人工客服处理。智能客服系统支持多轮对话，能够根据客户的反馈进行智能调整，提供连续、流畅的服务。

（2）情绪识别功能。智能客服系统能够分析客户的语言内容、语气、语速等特征，准确识别客户的情绪，如高兴、愤怒、悲伤等。根据客户的情绪，智能客服系统能够调整服务策略，提供更加贴心、个性化的服务。智能客服系统还能够将情绪识别结果作为数据分析的依据，帮助企业了解客户情绪分布，优化服务流程。

（3）智能推荐功能。智能客服系统能够基于客户的历史行为、偏好等信息，进行智能推荐，如产品、服务、优惠活动等。推荐算法系统能够实时更新，根据客户的最新需求进行精准推送，提高客户满意度与转化率。

**4. 应用效果**

（1）提升客服效率。自动问答系统能够处理大量常见问题，减轻人工客服负担，提高客服效率。

（2）增强客户体验。情绪识别功能使智能客服系统能够根据客户情绪调整服务策略，提供更加贴心、个性化的服务，增强客户满意度。

（3）优化业务流程。智能推荐系统能够根据客户需求进行精准推送，提高客户转化率与业务效益。

（4）降低运营成本。通过自动化与智能化手段，智能客服系统能够降低企业的人力与时间成本，提高整体运营效率。

**5. 实施案例**

某大型电商企业引入了基于阿里云 NLP 开放平台的智能客服系统，实现了自动问答、情绪识别与智能推荐等功能。该系统上线后，客服效率显著提升，客户满意度与转化率均得到大幅提高。同时，企业通过情绪识别功能了解了客户情绪分布，对服务流程进行了优化，进一步提升了客户体验与业务效益。

### 6. 总结与展望

基于阿里云 NLP 开放平台的智能客服系统作为智能客服领域的重要应用之一，为企业提供了高效、个性化的服务解决方案。通过自动问答、情绪识别与智能推荐等功能，该系统显著提升了客服效率与客户满意度，降低了运营成本。未来，随着技术的不断进步与应用的不断深化，智能客服系统将在更多领域中发挥重要作用，为企业创造更大的价值。

阿里云 NLP 开放平台介绍汇总见表 2-7。

表 2-7　阿里云 NLP 开放平台介绍汇总

| 名称 | 阿里云 NLP 开放平台 |
| --- | --- |
| 定位 | 阿里云 NLP 开放平台致力于为企业提供先进、易用、可定制化的自然语言处理技术与解决方案 |
| 目标用户 | （1）开发者：希望将 NLP 技术快速集成到应用或产品中的开发者。<br>（2）企业：寻求通过 NLP 技术优化内容管理、增强用户互动、提升业务效率和推动创新的企业。<br>（3）科研机构：在语言学、人工智能、数据挖掘等领域进行研究和探索的学术单位及研究机构 |
| 服务内容 | （1）文本分析服务：提供分词、词性标注、命名实体识别、情感分析等基础文本处理功能。<br>（2）语义理解服务：支持文本相似度计算、语义角色标注、篇章关系分析等高级语义分析功能。<br>（3）智能问答系统：构建智能问答系统解决方案，实现自动问答、知识库检索等功能。<br>（4）模型训练与定制：提供模型训练平台和数据集资源，支持用户根据特定需求训练和优化 NLP 模型。<br>（5）开发工具与软件开发工具包：提供丰富的 API、软件开发工具包及开发工具，方便用户快速集成和部署 NLP 服务 |
| 使用方法 | （1）注册与登录：访问阿里云官网，完成账号注册并登录阿里云控制台。<br>（2）开通服务：在阿里云控制台中搜索并找到 NLP 开放平台服务，按照提示开通所需服务。<br>（3）创建应用：在阿里云 NLP 开放平台中创建新的应用，获取 API 访问权限和必要的认证信息（如访问密钥）。<br>（4）调用 API：参照 API 文档，使用软件开发工具包或自行编写代码调用 API。<br>（5）集成与开发：将 API 集成到应用或服务中，进行必要的开发和测试，确保功能正常。<br>（6）部署与上线：完成集成与开发后，将应用或服务部署到生产环境，进行实际业务场景的应用与验证 |
| 应用领域 | （1）智能客服：自动问答、情绪识别、智能推荐等，提升客服效率与客户满意度。<br>（2）智慧金融：信贷审批、欺诈检测、风险评估等，通过 NLP 技术增强金融安全。<br>（3）智能营销：用户画像构建、精准广告投放、舆情监测等，助力企业精准营销。<br>（4）智慧城市：政务服务自动化、舆情分析、智能问答，提升政务服务效率与公众满意度。<br>（5）教育科研：论文分析、文献检索、智能助教等，支持教育与科研工作的创新发展。<br>（6）智能制造：文档自动化处理、产品描述分析、生产日志解析等，推动制造业的智能化转型。<br>（7）智慧医疗：病历分析、药物说明书理解、智能问诊等，提升医疗服务效率与质量 |

## 2.3.2　腾讯云小微

腾讯云小微作为腾讯公司旗下的人工智能助手平台，致力于通过前沿的 NLP、语音识别与合成、知识图谱等 AI 技术，为用户提供智能、便捷、个性化的服务。它不仅能够实现高效的人机交互，还能深度融入各种生活与产业场景，成为连接用户与服务的桥梁，推动智能时代的加速到来。腾讯云小微如图 2-8 所示。

图 2-8　腾讯云小微

### 1. 腾讯云小微的目标用户

（1）互联网企业。腾讯云小微为互联网企业，尤其是致力于提升用户体验与满意度的企业，提供了强大的智能交互解决方案。这类企业往往追求高效的人机互动，希望通过智能化手段快速响应用户需求，优化服务流程，从而在激烈的市场竞争中脱颖而出。腾讯云小微以先进的自然语言处理技术和灵活的定制服务，助力互联网企业实现这一目标，增强用户黏性，促进业务增长。

（2）传统行业企业。面对数字化转型的浪潮，传统行业企业正积极探索智能化升级之路。腾讯云小微特别关注这些寻求智能化解决方案，以提升自身竞争力的传统行业企业。通过提供从智能客服到业务流程自动化的全方位支持，腾讯云小微帮助这些企业打破传统桎梏，实现业务流程的智能化改造，提升运营效率，增强市场竞争力，从而在数字化转型中占据先机。

（3）开发者与创业者。对于追求创新、渴望快速构建智能应用的开发者与创业者而言，腾讯云小微无疑是他们的理想选择。腾讯云小微提供了丰富的 API、软件开发工具包及开发工具，极大地降低了开发智能应用的技术门槛。无论是开发者还是创业者，都能利用腾讯云小微快速构建出功能强大、交互流畅的智能应用。这不仅缩短了产品开发周期，还降低了研发成本，为开发者与创业者提供了强有力的技术支撑。

### 2. 腾讯云小微的服务内容

腾讯云小微的服务内容包括但不限于语音识别、语义理解、对话管理、语音合成和定制化服务。

（1）语音识别。腾讯云小微以高精度语音识别技术著称，能够准确识别用户语音，即便在复杂环境中也能保证信息的准确无误。腾讯云小微支持多语言与方言识别，打破语言障碍，确保全球用户都能享受到流畅的语音交互体验，为信息传递搭建起坚实的桥梁。

（2）语义理解。腾讯云小微通过先进的语义理解技术，精准理解用户的意图，实现真正意义上的"懂你"。无论是简单询问还是复杂指令，腾讯云小微都能给出即时且准确的回应，让人机交互更加自然流畅，提升用户体验至新高度。

（3）对话管理。灵活多变的对话流程设计是腾讯云小微的一大亮点。企业可根据自身需求，轻松定制对话逻辑与场景，打造独一无二的个性化用户体验。无论是客户服务、产品咨询还是业务办理，腾讯云小微都能实现无缝对接，让每一次对话都充满惊喜且更加便捷。

（4）语音合成。腾讯云小微的语音合成技术以自然、流畅著称。不仅音色多样，还支持语速调节，能满足不同场景下的需求。无论是温馨提醒、严肃通知还是趣味互动，腾讯云小微都能通过合适的语音表达，让信息传递更加生动有力，增强用户的情感共鸣。

（5）定制化服务。腾讯云小微深谙企业之需，提供一站式定制化解决方案。从模型调优到行业模板定制，全方位满足企业的个性化需求。专业团队深入企业业务场景，量身定制合适的智能语音交互系统，助力企业实现数字化转型与升级，开启智能新时代。

### 3. 腾讯云小微的使用方法

（1）注册与登录。要使用腾讯云小微，需要访问腾讯云官网，单击页面上的"注册"按钮，根据提示填写相关信息，完成账号注册。注册成功后，使用用户名和密码登录腾讯云控制台。腾讯云控制台是管理所有腾讯云产品和服务的中心平台，提供了丰富的功能和服务。

（2）开通服务。登录腾讯云控制台后，在其顶部或侧边的搜索框中输入"小微"或"智能对话机器人"，找到腾讯云小微服务。单击进入服务详情页面，按照页面上的提示完成服务的开通。在开通过程中，可能需要选择服务版本、配置服务参数等，根据实际需求进行选择即可。

（3）创建机器人。服务开通后，可以在腾讯云小微中创建新的机器人。进入腾讯云小微后，单击"创建机器人"按钮，按照页面提示填写机器人名称、描述等基础信息，并设置机器人的语言、领域等属性。完成配置后，机器人将被创建并显示在列表中。

（4）构建知识库。知识库是腾讯云小微提供智能服务的基础。需要上传或输入企业知识内容，以便机器人能够准确回答用户的问题。在腾讯云小微中，找到知识库管理模块，单击"添加知识"或类似按钮，根据页面提示输入或上传知识内容。为了提升机器人回答的准确性，建议对知识进行详细的分类、设置标签，并进行必要的训练与优化。

（5）API 集成。为了将腾讯云小微服务集成到企业应用中，需要获取 API 访问权限。在腾讯云小微中，找到 API 管理模块，申请 API 访问密钥，并按照 API 文档中的说明进行集成。可以使用腾讯云提供的软件开发工具包简化集成过程，也可以自行编写代码调用 API。

（6）测试与部署。在将机器人部署到生产环境之前，务必进行充分的功能测试。通过模拟用户提问，检查机器人的回答是否准确、流畅，并评估其性能和表现。在测试过程中，可以根据实际需求调整机器人的配置和知识库。测试无误后，可以将机器人部署到生产环境，使其能够正式为用户提供服务。

（7）监控与优化。机器人部署完成后，需要持续监控其表现，并根据用户反馈和业务需求进行优化和调整。腾讯云小微提供了丰富的监控工具和报表功能，能帮助你了解机器人的运行状态、性能指标和用户满意度等信息。根据监控结果，可以对机器人的知识库、回答策略等进行优化，以提升用户体验和服务质量。同时，可以根据业务发展需求，扩展机器人的功能和应用场景。

### 4. 腾讯云小微的应用领域

腾讯云小微的应用领域包括智能客服、智能家居、智慧医疗、智慧教育、智慧城市和智能制造等。

（1）智能客服。腾讯云小微在电商、金融、电信等行业中大放异彩，其智能客服系统实现了自动问答，显著提升服务效率。同时，通过情绪识别技术，腾讯云小微更精准地把握用户需求与情绪，优化用户体验，提升用户满意度与忠诚度。

（2）智能家居。将腾讯云小微融入智能家居系统，用户仅凭语音指令即可操控家居设备，如调节空调温度、开关灯等，极大提升了生活便捷性与舒适度。智能互联让家更"懂"你。

（3）智慧医疗。在智慧医疗领域，腾讯云小微助力病历分析、智能问诊等环节，通过大数据分析与 AI 技术辅助诊断，提升医疗服务效率与质量，为医生减负，为患者提供更精准的治疗方案。

（4）智慧教育。针对在线教育平台，腾讯云小微实现智能化升级，为学生提供个性化学习辅导。根据学生的学习情况与兴趣爱好，腾讯云小微推送定制化学习资源，促进教育公平与个性化发展。

（5）智慧城市。腾讯云小微在智慧城市建设中发挥着重要作用，应用于政务服务、公共服务等方面。通过大数据与 AI 技术，提升政府决策效率与治理水平，推动城市治理现代化进程。

（6）智能制造。在智能制造领域，腾讯云小微助力生产信息快速处理，实现生产流程的智能化优化。通过实时监控与数据分析，提升生产效率与产品质量，推动制造业向智能化、高端化转型。

【例 2-8】基于腾讯云小微的智能家居语音操控系统。

### 1. 项目背景

随着科技的飞速发展，智能家居已成为现代家庭的重要组成部分。通过智能化手段，实现家居设备的远程控制、自动运行及个性化设置，已成为提升生活品质的重要趋势。腾讯云小微作为腾讯在智能家居领域的重要布局，凭借强大的语音识别、自然语言处理及云计算能力，为智能家居系统带来了革命性的改变。

### 2. 系统介绍

基于腾讯云小微的智能家居语音操控系统是一套基于云计算和 AI 技术的智能家居解决方案。该系统通过语音交互的方式，实现了对家居设备的远程控制，如调节空调温度、开关灯、控制窗帘等。用户只需通过简单的语音指令，即可轻松实现家居设备的智能化操作，极大地提升了生活的便捷性和舒适度。

### 3. 系统功能

（1）语音交互。用户可以通过自然语言与智能家居语音操控系统进行交互，如"打开客厅的灯""将空调温度调至 26 摄氏度"等。智能家居语音操控系统能够准确识别用户的语音指令并快速响应，实现对家居设备的远程控制。

（2）设备互联。智能家居语音操控系统支持多种家居设备的互联，包括灯、空调、窗帘、音响等。用户可以通过该系统实现对家居设备的统一管理，提高家居生活的智能化水平。

（3）个性化设置。用户可以根据自己的喜好和需求，对智能家居语音操控系统进行个性化设置。例如，设置特定的场景模式（如回家模式、离家模式），通过语音指令快速切换。

（4）智能学习。智能家居语音操控系统具备智能学习功能，能够根据用户的使用习惯和偏好不断优化和改进服务。例如，通过分析用户的语音指令，自动调整家居设备的运行状态，提高服务的智能化和个性化水平。

### 4．应用效果

（1）提升生活便捷性。用户无须手动操作家居设备，只需通过语音指令即可实现远程控制，极大地提升了生活的便捷性。

（2）增强用户体验。智能家居语音操控系统能够准确识别用户的语音指令并快速响应，为用户带来流畅、自然的交互体验。

（3）促进智能家居的普及。基于腾讯云小微的智能家居语音操控系统的推出，降低了智能家居的使用门槛，促进了智能家居的普及和应用。

### 5．实施案例

某高端小区引入了基于腾讯云小微的智能家居语音操控系统。该系统上线后，居民纷纷表示通过语音指令即可轻松实现对家居设备的远程控制，极大地提升了生活的便捷性和舒适度。同时，智能家居语音操控系统支持多种家居设备的互联和统一管理，为居民带来了更加智能、个性化的家居生活体验。此外，智能家居语音操控系统具备智能学习功能，能够根据居民的使用习惯和偏好，不断优化和改进服务，为居民提供更加贴心、个性化的服务。

### 6．总结与展望

基于腾讯云小微的智能家居语音操控系统作为智能家居领域的重要应用之一，为居民带来了诸多便利和智能化体验。通过语音交互、设备互联、个性化设置及智能学习等功能，该系统提升了家居生活的便捷性和舒适度。未来，随着技术的不断进步和应用的不断深化，基于腾讯云小微的智能家居语音操控系统将在更多领域中发挥重要作用，为智能家居领域的智能化转型和高质量发展贡献力量。

腾讯云小微介绍汇总见表 2-8。

表 2-8　腾讯云小微介绍汇总

| 名称 | 腾讯云小微 |
| --- | --- |
| 定位 | 智能对话与交互平台，助力企业数字化转型，优化用户体验，提升运营效率 |
| 目标用户 | （1）互联网企业：追求高效的人机互动，提升用户满意度的企业。<br>（2）传统行业企业：寻求智能化解决方案，提升竞争力的传统行业企业。<br>（3）开发者与创业者：需要快速构建智能应用的开发者与创业者 |
| 服务内容 | （1）语音识别：高精度识别，支持多语言与方言识别，确保信息准确传递。<br>（2）语义理解：深度理解用户意图，实现自然的人机交互。<br>（3）对话管理：灵活定制对话流程，打造个性化用户体验。<br>（4）语音合成：自然、流畅的语音合成技术，支持多种音色与语速调节。<br>（5）定制化服务：根据企业需求，提供模型调优、行业模板定制等一站式解决方案 |
| 使用方法 | （1）注册与登录：访问腾讯云官网，注册账号并登录腾讯云控制台。<br>（2）开通服务：在腾讯云控制台中搜索并开通腾讯云小微服务。<br>（3）创建机器人：在腾讯云小微平台中创建新的机器人，配置基础信息。<br>（4）构建知识库：上传或输入企业知识内容，进行训练与优化。<br>（5）API 集成：获取 API 访问权限，将腾讯云小微服务集成到企业应用中。<br>（6）测试与部署：进行功能测试，确保无误后部署到生产环境。<br>（7）监控与优化：持续监控机器人表现，根据反馈进行优化调整 |

续表

| 应用领域 | （1）智能客服：在电商、金融、电信等行业中，实现自动问答、情绪识别等。<br>（2）智能家居：通过语音指令控制家居设备，提升生活便捷性。<br>（3）智慧医疗：应用于病历分析、智能问诊等，提升医疗服务效率。<br>（4）智慧教育：在线教育平台的智能化升级，提供个性化学习辅导。<br>（5）智慧城市：应用于政务服务、公共服务等方面，助力城市治理现代化。<br>（6）智能制造：应用于生产信息快速处理，推动制造业向智能化转型 |
| --- | --- |

学习提示：随着技术不断进步与市场需求变化，AI 开发工具的名称、定位、目标用户、服务内容、使用方法及应用领域可能不断出现调整。为确保获得最佳体验与准确信息，建议在使用任何 AI 开发工具前，先访问其官方网站或咨询专业技术团队。这样不仅能及时掌握最新的功能更新动态，还能避免因信息滞后导致的不便，让 AI 技术真正为你的业务与生活助力。

# 【扩展阅读】

## AI 开发工具的主要应用场景

随着人工智能技术的飞速发展，AI 开发工具在各个领域的应用日益广泛，为各行业的转型升级提供了强大动力。

1. 机器学习工具的主要应用场景

（1）金融风控与预测。机器学习工具在金融领域中的应用极为广泛，包括信用评分、风险预测、股票价格预测、欺诈检测等。通过对大量金融数据进行分析和建模，机器学习工具能够准确发现潜在风险，提高金融机构的风险管理能力。

（2）广告推荐与用户画像。在电商和社交媒体平台，机器学习工具通过分析用户的浏览记录、购买行为等数据，构建精准的用户画像，并据此实现个性化广告推荐，提升用户体验和平台收益。

（3）智慧医疗。机器学习工具在智慧医疗领域中的应用包括疾病诊断、药物研发、医疗图像分析等。通过对医疗数据的深度挖掘，机器学习工具能够辅助医生做出更准确的诊断和治疗决策，提高医疗效率和质量。

（4）优化交通与物流。在交通领域，机器学习工具用于交通预测、智能交通管理、路径规划等，优化交通流量，缓解交通拥堵问题。在物流领域，机器学习工具则用于物流优化、库存管理等，提高物流管理效率和准确性。

（5）市场营销。市场营销领域也广泛应用机器学习工具，包括用户行为分析、广告定向投放、销售预测等。通过对市场数据的深入分析，企业能够制定更加精准的市场策略，提升市场竞争力。

2. 计算机视觉工具的主要应用场景

（1）自动驾驶。计算机视觉技术是自动驾驶技术的核心之一。在自动驾驶汽车中，计算机视觉工具用于识别和跟踪其他车辆、行人、路标和障碍物等，确保汽车能够安全、准确地行驶。

（2）工业自动化。在工业自动化领域，计算机视觉工具用于质量控制、物料分类、机器人视觉等方面，帮助提高生产效率和产品质量。例如，通过视觉检测系统对生产线上的产品进行实时检测，及时发现并剔除不合格产品。

（3）医疗影像分析。医生可以使用计算机视觉工具来分析医疗影像，如 X 光片、磁共振和 CT 等，以检测病变部位、识别病灶和诊断疾病。计算机视觉工具的精确性和高效性为医疗诊断提供了有力支持。

（4）安防监控。在安防监控领域，计算机视觉工具用于视频监控、人脸识别、行为分析等，为公共安全提供有力保障。通过智能分析视频内容，计算机视觉工具能够及时发现异常情况并报警。

（5）零售业。在零售业中，计算机视觉工具可以用于人脸识别支付、商品识别和智能柜台等场景，提高顾客的购物体验和效率。例如，通过人脸识别技术实现快速支付，减少排队等待时间。

3. 自然语言处理工具的主要应用场景

（1）智能客服。利用自然语言处理工具实现智能问答系统、自动回复、智能客服等服务，提高客户满意度和效率。智能客服能够 24 小时不间断地为客户提供服务。

（2）搜索引擎优化。自然语言处理工具可以帮助搜索引擎更好地理解和分析用户输入的自然语言，提高搜索的准确性和相关性。通过优化搜索算法和结果可视化方式，提升用户体验。

（3）机器翻译。自然语言处理工具能够实现人机、机器之间的跨语种翻译，为国际交流提供支持，在跨境电商、跨国会议等场景中发挥着重要作用。

（4）社交媒体分析。自然语言处理工具可以识别社交媒体中的各种信息，如舆情、品牌声誉、用户需求等，从而支持社交媒体的营销和管理。通过分析用户反馈和行为数据，企业可以制定更加精准的营销策略。

（5）信息提取。自然语言处理工具可以从大量文本中提取出有用的信息，如新闻事件、产品属性、科研文献等，为用户提供及时、准确的信息。自然语言处理工具在新闻聚合、产品推荐等领域有着广泛应用。

综上所述，AI 开发工具在各个领域中的应用场景十分丰富，为各行业的数字化转型和智能化改造提供了有力支持。随着技术的不断进步和应用场景的不断拓展，AI 开发工具的应用前景将更加广阔和美好。

思考问题

1. 大学生在学习过程中，如何利用 AI 开发工具提升学习效率？

2. 在高等教育中，AI 如何助力实现教学方式的创新与优化？

# 【项目实训】

项目实训工单

| 实训题目 | AI 开发工具应用场景模拟与策划 | | | | |
|---|---|---|---|---|---|
| 学生姓名 | | 班级 | | 学号 | |
| 组长姓名 | | 同组同学 | | | |
| 实训地点 | | 学时 | | 日期 | |
| 实训目的 | （1）知识理解：深入理解各类 AI 开发工具的功能、特点与应用场景。<br>（2）技能提升：掌握 AI 开发工具在解决实际问题中的应用策略与策划能力。<br>（3）创新思维：培养创新思维，能够针对特定需求设计合理的 AI 应用解决方案。<br>（4）团队协作：培养团队协作能力，共同完成策划与实施过程 | | | | |

续表

| | |
|---|---|
| 实训内容 | （1）**平台调研**：调研阿里云 PAI、华为云 ModelArts、百度飞桨等机器学习工具，百度 AI 开放平台、腾讯优图、阿里云视觉智能开放平台等计算机视觉工具，以及阿里云 NLP 开放平台、腾讯云小微等自然语言处理工具。<br>（2）**应用场景选择**：根据调研结果，选择一个或多个具有实际意义的 AI 应用场景，如智能客服、智能安防、个性化推荐等。<br>（3）**策划与实施计划**：制订详细的策划与实施计划，包括 AI 开发工具的选择、应用场景的描述、实施步骤、预期效果等 |
| 实训步骤 | （1）**分组与选题**：学生分组，每组选择一个 AI 应用场景进行策划。<br>（2）**平台调研与选择**：调研各 AI 开发工具，根据应用场景需求选择合适的 AI 开发工具。<br>（3）**策划方案设计**：设计详细的策划方案，包括应用场景描述、AI 开发工具应用策略、实施步骤等。<br>（4）**方案讨论与修订**：小组内讨论策划方案，根据反馈进行修订和完善。<br>（5）**方案展示与答辩**：向教师及全班同学展示策划方案，进行答辩交流 |
| 实训要求 | （1）**团队协作**：小组成员须分工明确，协作完成策划方案。<br>（2）**创新性**：策划方案需具有一定的创新性，能够针对特定需求提出合理的 AI 应用解决方案。<br>（3）**实用性**：策划方案需具有实际可行性，能够在真实环境中得到有效应用。<br>（4）**报告撰写**：撰写详细的实训报告，包括调研过程、策划方案、实施步骤、预期效果及实际成果等 |
| 实训评价 | （1）**策划方案质量**：评价策划方案的创新性、实用性及完整性。<br>（2）**团队协作表现**：评价小组成员的分工协作情况，以及团队整体表现。<br>（3）**报告撰写质量**：评价实训报告的条理性、逻辑性及完整性。<br>（4）**答辩表现**：评价学生在答辩过程中的表达能力、应变能力及对问题的回答情况 |

# 【归纳与提高】

本项目聚焦于机器学习、计算机视觉及自然语言处理三大领域的 AI 开发工具，深入探讨了阿里云 PAI、华为云 ModelArts、百度飞桨等机器学习工具，百度 AI 开放平台、腾讯优图、阿里云视觉智能开放平台等计算机视觉工具，以及阿里云 NLP 开放平台、腾讯云小微等自然语言处理工具。通过对本项目的学习与实践，学生不仅可以掌握各类 AI 开发工具的基本功能与特点，还可以学会如何根据实际需求选择合适的 AI 开发工具，为未来的 AI 应用与开发奠定坚实基础。

未来，AI 技术将持续快速发展，各类 AI 开发工具也将不断更新与升级。本项目将继续关注 AI 技术的最新进展，不断更新教学内容与实践案例，为学生提供更多前沿的 AI 知识与实践机会。同时，鼓励学生积极参与 AI 技术的探索与应用，为推动 AI 技术的普及与发展贡献自己的力量。

# 【知识巩固】

一、填空题

1. 阿里云 PAI 为开发者提供了从_____到_____，再到模型部署的全方位 AI 开发流程支持。
2. 华为云 ModelArts 的目标用户包括开发者和_____。

3. 华为云 ModelArts 支持_____的模型部署，适用于云端和边缘端场景。

4. 百度 AI 开放平台旨在为广大_____和_____提供人工智能技术能力和解决方案。

5. 开发者可以通过_____快速集成百度 AI 开放平台的功能。

6. 腾讯优图提供的_____服务可以帮助企业从海量视频中挖掘有价值的信息。

7. 阿里云 NLP 开放平台旨在提供_____处理与分析能力。

8. 腾讯云小微通过_____、语音识别与合成等技术，提供智能服务。

9. 阿里云 NLP 平台支持文本_____、语义角色标注等高级功能。

10. 腾讯云小微特别关注寻求_____的传统行业企业。

## 二、选择题

1. 以下哪项不是阿里云 PAI 的服务内容？（　　　）
   A. 数据标注　　　　　　　　　　　B. 网络安全防护
   C. 模型部署　　　　　　　　　　　D. 推理优化

2. 使用华为云 ModelArts 进行 AI 开发时，首先需要做的是（　　　）。
   A. 购买硬件设备　　　　　　　　　B. 编写算法代码
   C. 注册并登录华为云账号　　　　　D. 寻找投资人

3. 华为云 ModelArts 的核心优势包括（　　　）。
   A. 低成本存储　　　　　　　　　　B. 全面的 AI 开发解决方案
   C. 社交媒体营销　　　　　　　　　D. 游戏开发平台

4. 百度 AI 开放平台不包括以下哪项服务？（　　　）
   A. 定制化解决方案　　　　　　　　B. 物流快递服务
   C. 基础 AI 服务　　　　　　　　　D. AI 生态合作

5. 以下哪个不是腾讯优图的目标用户？（　　　）
   A. 研究机构　　　　　　　　　　　B. 普通消费者
   C. 企业　　　　　　　　　　　　　D. 开发者

6. 以下哪项技术不是百度 AI 开放平台在智能制造中的应用？（　　　）
   A. 智能质检　　　　　　　　　　　B. 工业机器人控制
   C. 自动驾驶　　　　　　　　　　　D. 预测性维护

7. 腾讯优图的人脸识别技术主要应用于以下哪个场景？（　　　）
   A. 娱乐游戏　　　　　　　　　　　B. 身份验证
   C. 天气预报　　　　　　　　　　　D. 外卖配送

8. 阿里云 NLP 开放平台的目标用户不包括（　　　）。
   A. 开发者　　　　　　　　　　　　B. 消费者
   C. 企业　　　　　　　　　　　　　D. 科研机构

9. 腾讯云小微的核心技术不包括（　　　）。
   A. 自然语言处理　　　　　　　　　B. 机器学习
   C. 语音识别　　　　　　　　　　　D. 语音合成

10. 阿里云 NLP 开放平台中，用于提取文本关键信息的服务是（　　　）。
    A. 文本分析服务　　　　　　　　　B. 情感分析
    C. 语义理解服务　　　　　　　　　D. 模型训练与定制

三、判断题

1. 阿里云 PAI 旨在降低 AI 开发的门槛，提升开发效率。（　　　）

2. 华为云 ModelArts 只适用于大型企业，不适合初创公司和个人开发者。（　　　）

3. 阿里云 PAI 支持多种主流深度学习框架，如 TensorFlow 和 PyTorch。（　　　）

4. 华为云 ModelArts 的 AI Gallery 是一个用于学习和交流的平台，提供了大量开源大模型。
（　　　）

5. 百度 AI 开放平台只面向大型企业提供 AI 技术服务。（　　　）

6. 腾讯优图在智慧金融领域中没有应用。（　　　）

7. 通过百度 AI 开放平台，开发者可以快速构建 AI 应用场景，无须从零开始研发。（　　　）

8. 腾讯优图提供的自定义模型训练服务可以帮助用户训练出专属的 AI 模型。（　　　）

9. 阿里云 NLP 开放平台主要服务于大型跨国公司，与中小企业无关。（　　　）

10. 腾讯云小微通过深度学习技术实现高效的人机交互。（　　　）

四、问答题

1. 简述阿里云 PAI 如何助力企业实现数字化转型。

2. 华为云 ModelArts 在模型训练方面有哪些主要特点和优势？

3. 简述百度 AI 开放平台在智能制造领域中的应用。

4. 简述阿里云 NLP 开放平台如何助力企业提升业务效率。

5. 腾讯云小微在智能客服领域的主要应用有哪些？

# 项目 3

# 认识 AI 大模型产品应用

## 【思维导图】

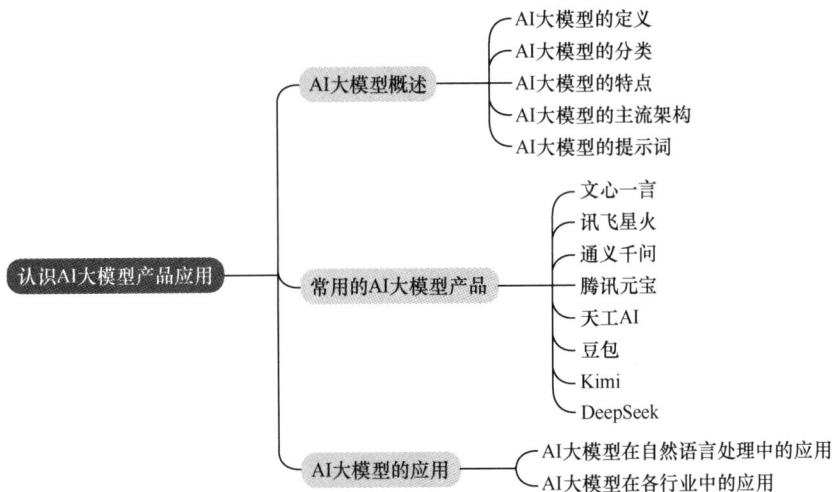

## 【学习目标】

### 知识目标

（1）掌握 AI 大模型的定义、分类及特点。

（2）了解 AI 大模型的主要架构与提示词。

（3）熟悉文心一言等常用的 AI 大模型。

（4）理解 AI 大模型在自然语言处理中的应用。

（5）了解 AI 大模型在各行业中的应用。

## 技能目标

（1）熟练操作 AI 大模型进行文本生成与问答。
（2）应用 AI 大模型解决实际问题。

## 素质目标

（1）培养创新思维与解决问题的能力。
（2）提升团队协作与沟通能力。

# 【导入案例】

想象你正在撰写学术论文，对自然语言处理的复杂算法感到困惑；或者你是一名创业者，渴望提升产品的智能水平；又或者你期待智能助手为你规划旅行。这时，AI 大模型将成为你的得力助手。小明是一个 AI 爱好者，他在学习和创业过程中深刻体会到了 AI 大模型的魅力。他利用文心一言迅速理解复杂算法，用讯飞星火和通义千问提升产品智能化水平，还通过天工 AI 规划旅行。AI 大模型还包括腾讯元宝、豆包和 Kimi 等，AI 大模型擅长自然语言处理，广泛应用于医疗、教育、娱乐等多个领域。本项目将深入探索 AI 大模型的定义、分类、特点、主要架构及提示词，并详细介绍常用的 AI 大模型及其在自然语言处理和各行业中的应用，让读者全面了解 AI 大模型的影响力，感受智能时代的便捷与乐趣。

# 【知识探索】

## 3.1 AI 大模型概述

### 3.1.1 AI 大模型的定义

AI 大模型是指拥有极大规模参数、能够处理海量数据并展现出卓越学习能力的人工智能模型。这些模型通常通过深度学习框架构建，包括但不限于卷积神经网络、循环神经网络、Transformer（一种基于自注意力机制的神经网络模型架构）等结构，并在超大规模数据集上进行训练，以捕捉数据的复杂规律和模式。与小型或中型模型相比，AI 大模型在模型容量、泛化能力、任务适应性等方面具有显著优势。

例如，GPT（Generative Pre-trained Transformer，生成式预训练变换器）系列模型是自然语言处理领域的 AI 大模型代表，其中 GPT-3 拥有超过 1750 亿个参数，在文本生成、问答系统、机器翻译等多个任务中展现出惊人的能力。GPT-3 不仅能够生成流畅、连贯的自然语言文本，还能根据上下文进行智能推理和回答,极大地推动了 AI 技术在自然语言处理领域中的应用和发展。

　　在国内,百度推出的"文心一言"是 AI 大模型的一个杰出实例。该模型基于百度强大的自然语言处理技术,由庞大的中文数据集训练而成,拥有深厚的语言理解和文本生成能力。它不仅能够在对话过程中提供流畅、自然的交互体验,还能在文学创作、知识问答等领域展现出巨大的应用潜力。百度"文心一言"的成功,标志着国内 AI 大模型已经达到国际领先水平,为我国的科技创新和社会发展注入了新的活力。

　　AI 大模型的出现,标志着人工智能技术在复杂性和智能性方面迈出了重要一步,为未来的科技创新和社会发展提供了强大的动力。

## 3.1.2　AI 大模型的分类

### 1. 按技术路线分类

　　(1) 自然语言处理大模型。自然语言处理是 AI 领域的重要分支,致力于使计算机能够理解和生成自然语言。自然语言处理大模型作为 AI 大模型领域的核心力量,凭借强大的语言处理能力,在文本生成、语言翻译、情感分析、问答系统等多个方面取得了显著成就。具有代表性的模型有 GPT 系列模型(如 GPT-3、GPT-4)等,其通过深度学习技术不断进化,展现出极高的文本生成质量和语言理解能力。

　　(2) 计算机视觉大模型。计算机视觉是研究如何让计算机"看懂"世界的科学,而计算机视觉大模型是实现这一目标的重要工具。计算机视觉大模型专注于对图像和视频等视觉信息进行处理和分析,广泛应用于图像识别、物体检测、场景理解、视频内容分析等领域。残差网络、Efficient Network(高效网络)和 Vision Transformer(视觉变换器)等模型以卓越的性能和创新的设计思路,在计算机视觉领域取得了显著成就。它们通过深度学习和复杂的网络结构,实现了对视觉信息的精准理解和高效处理。

　　(3) 多模态大模型。随着人工智能技术的不断发展,单一的模态数据已难以满足复杂应用场景的需求。多模态大模型能够结合文本、图像、语音等多种模态的数据进行联合学习和推理,以实现更全面的智能感知和交互。DALL·E(一种深度学习模型)和 CLIP(Contrastive Language-Image Pre-Training,预训练模型)等模型是多模态大模型的典型代表。DALL·E 通过结合文本和图像,实现了惊人的图像生成能力;而 CLIP 通过跨模态检索技术,实现了文本和图像之间的精准匹配和高效交互。多模态大模型的出现,为人工智能技术在多模态感知和交互方面的应用开辟了新的道路。

　　(4) 强化学习大模型。强化学习是一种通过不断试错和优化策略来解决决策问题的方法。在游戏 AI、自动驾驶、机器人控制等领域,强化学习大模型展现出了卓越的性能和极强的适应能力。AlphaGo 和 AlphaStar(阿尔法星)等模型是强化学习大模型的杰出代表。它们通过模拟真实世界的复杂环境,不断学习和优化自身的策略,最终实现了在围棋和《星际争霸》等游戏中的不凡表现。强化学习大模型的成功,不仅证明了强化学习技术的巨大应用潜力,也为人工智能技术在复杂决策系统中的应用提供了有力支持。

### 2. 按模型架构分类

　　(1) Transformer 基模型。Transformer 基模型是现代 AI 领域中一颗璀璨的明珠,其核心是 Transformer 架构。这一架构通过自注意力机制来捕获序列数据中的依赖关系,无须依赖序列中的位置信息,从而实现了对序列数据的深度理解和处理。由于其强大的性能,Transformer 基模型在

自然语言处理和计算机视觉领域均得到了广泛应用。GPT 系列模型均基于 Transformer 架构，展现了卓越的语言理解和文本生成能力。而在计算机视觉领域，Vision Transformer 等模型证明了 Transformer 架构在处理图像数据方面的潜力。

（2）卷积神经网络基模型。卷积神经网络基模型是计算机视觉领域中最经典的模型架构之一。它以卷积层为主要组件，通过局部连接和权值共享的方式来提取图像中的特征信息。这种设计使得卷积神经网络在处理图像数据时具有较高的效率和准确性，成为计算机视觉任务中的主流模型。残差网络、VGG（Visual Geometry Group，视觉几何组，一种深度卷积神经网络结构）等著名的卷积神经网络基模型，通过不断优化网络结构和提升训练技巧，在图像识别、物体检测等任务中取得了卓越的性能。

（3）循环神经网络及其变种。循环神经网络及其变种（如长短时记忆神经网络、门控循环单元）是专门用于处理序列数据的模型。这类模型通过引入"记忆"机制，能够捕捉序列数据中的长期依赖关系，从而在语音识别、自然语言处理等领域展现出强大的能力。卷积神经网络的基本思想是将序列中的每个元素依次输入网络，并通过隐藏状态来保存历史信息。而长短时记忆神经网络和门控循环单元等变种通过引入门控机制来改进循环神经网络的"记忆"机制，提高了模型在处理长序列时的效率和稳定性。

（4）图神经网络。图神经网络是近年来兴起的一种新型神经网络结构，它专门用于处理图结构数据。图结构数据在现实世界中广泛存在，如社交网络、知识图谱等。图神经网络通过节点之间的消息传递和聚合机制来捕获节点之间的复杂关系，从而实现对图结构数据的深度理解和分析。这种模型架构在社交网络分析、推荐系统等领域具有广阔的应用前景。随着图结构数据规模的不断扩大和应用场景的日益复杂，图神经网络的研究和应用也将迎来更加广阔的发展空间。

## 3. 按训练方式分类

（1）监督学习大模型。监督学习大模型是在预先标记好的数据集上进行训练的。这种训练方式的核心在于让模型学习输入到输出的映射关系，即模型根据输入数据预测出对应的输出数据。由于需要大量的标记数据，监督学习大模型通常能够准确捕捉数据间的规律，并在类似的数据集上表现出色。在自然语言处理和计算机视觉领域，大多数大模型，如图像分类模型、物体检测模型及语言翻译模型等，均采用了监督学习的训练方式。这些大模型通过不断优化预测数据与真实数据之间的差异，实现对复杂任务的高效处理。

（2）无监督学习大模型。与监督学习大模型不同，无监督学习大模型利用未标记的数据进行训练。这类大模型的目标是发现数据中的内在结构和特征，而无须依赖外部标签。自编码器和生成对抗网络是无监督学习大模型的代表。自编码器通过编码器将输入数据压缩成低维表示，再通过解码器重构原始数据，以此学习数据的有效表示。而生成对抗网络通过生成器和判别器的对抗训练，生成与真实数据相似的新样本。无监督学习大模型在数据降维、异常检测、数据生成等领域展现出了广阔的应用前景。

（3）自监督学习大模型。自监督学习大模型结合了监督学习大模型和无监督学习大模型的特点，通过设计预训练任务来学习数据的通用表示。这些预训练任务通常与下游任务相关，但不需要额外的标签。例如，在自然语言处理领域，GPT 系列模型通过掩码语言模型等预训练任务学习语言的通用表示；在计算机视觉领域，自监督学习方法可能包括图像重建、颜色化等任务。自监督学习大模型的优势在于能够利用大量未标记的数据进行预训练，从而显著提高大模型在下游任务中的性能和泛化能力。此外，通过微调技术，自监督学习大模型可以轻松地满足各种具体的任务需求。

（4）多任务学习大模型。多任务学习大模型旨在同时学习多个相关任务，并通过共享表示层来提高模型的泛化能力和效率。这种训练方式利用任务间的相关性来优化模型的学习过程，使得模型能够在不同任务之间迁移知识。多任务学习大模型在实际应用中往往展现出更强的综合能力，因为它能够同时处理多种类型的输入数据并生成多种类型的输出数据。例如，在自然语言处理领域，一个多任务学习大模型可能同时处理问答系统、情感分析、命名实体识别等多个任务。通过共享底层的语言表示层，这些任务能够相互促进，共同提高模型的整体性能。

### 4. 按部署方式分类

（1）云侧大模型。云侧大模型作为人工智能的云端"巨人"，依托强大的服务器集群和海量数据资源，展现出强大的计算能力与较高的算法精度。它集中处理复杂任务，如深度学习训练、自然语言处理等，为用户提供高效、准确的服务。云侧大模型的优势在于资源无限、算法先进，适用于大规模数据处理和复杂应用场景，是企业级 AI 解决方案的首选。

（2）端侧大模型。与云侧大模型相对，端侧大模型强调在设备本地进行智能处理。端侧大模型被精心优化以适应移动设备、嵌入式系统等资源受限的环境。端侧大模型通过轻量化设计和高效算法，实现即时响应和低功耗运行，保护用户隐私，减少数据传输需求。在物联网、智能家居、自动驾驶等领域，端侧大模型展现出独特魅力，推动智能化服务向更广泛的边缘设备延伸。

### 5. 按应用领域分类

（1）通用大模型。通用大模型作为人工智能领域的基石，旨在跨越行业界限，提供广泛、适用的智能解决方案。它由大规模数据集训练而成，拥有强大的泛化能力和高度的灵活性，能够处理多种类型的任务，如文本生成、语音识别、图像分类等。通用大模型的优势在于普适性和可扩展性，为企业和个人提供了便捷、高效的智能服务，推动了人工智能技术的普及和应用。

（2）行业大模型。相较于通用大模型的普适性，行业大模型则更加注重垂直领域的深度挖掘和定制化服务。它针对特定行业的需求和痛点，结合行业知识和数据，通过精细化训练和优化，构建出高度专业的智能模型。行业大模型在智慧医疗、智慧金融、智慧教育、智能制造等领域展现出强大的应用价值，不仅提高了工作效率，还推动了行业的智能化转型和升级。通过深入理解和解决行业问题，行业大模型为企业带来了更加精准、高效的智能服务。

AI 大模型的分类方式多种多样，不同的分类标准反映了 AI 大模型的不同特性和应用场景。随着技术的不断进步和创新，AI 大模型将在更多领域中发挥更大的作用，推动人工智能技术的持续发展和进步。

## 3.1.3　AI 大模型的特点

### 1. 海量数据处理能力

AI 大模型通常具备处理海量数据的能力。AI 大模型能够处理 PB 级甚至更大规模的数据集，从中提取有用的信息和特征，用于模型的训练和优化。这种海量数据处理能力使得 AI 大模型能够在复杂、多变的数据环境中保持稳定和高效的表现。以阿里巴巴的达摩院为例，其研发的 AI 大模型能够轻松处理 PB 级甚至更庞大的数据集。在电商领域，阿里巴巴每天处理着数以亿计的交易数据、用户行为数据等，这些数据规模庞大且复杂多变。达摩院研发的 AI 大模型通过高效的分布式计算架构和先进的优化算法，能够迅速从这些海量数据中提取出关键信息和特征，用于

商品推荐、用户画像构建等核心业务的优化。这种强大的海量数据处理能力不仅提升了业务效率，还为用户提供了更加个性化和精准的购物体验。

## 2. 深度学习与复杂建模

AI 大模型往往采用深度学习技术，通过构建深层次的神经网络结构来模拟人类的学习过程。这种复杂的建模方式使得 AI 大模型能够捕捉数据中的非线性和高阶特征，从而实现更精确和智能的预测和决策。在探索 AI 大模型的深度与智慧时，不得不提及腾讯在 AI 领域的突破性进展。腾讯的某款 AI 大模型正是深度学习与复杂建模能力的典范。该模型采用了深度神经网络结构，模拟了人脑神经元间的复杂连接，通过多层次的网络结构，逐层提取数据的深层特征。这种复杂的建模方式让模型能够捕捉到传统方法难以发现的数据间非线性关系和高阶特征，从而在图像识别、自然语言处理等领域实现更精准、更智能的预测和决策。在医学影像分析中，该模型能够准确识别出微小的病变区域，为医生提供辅助诊断的可靠依据。

## 3. 跨领域适应性

AI 大模型具有很强的跨领域适应性。它们不仅可以在特定领域内发挥作用，还可以通过迁移学习和领域适应等技术，将学到的知识和能力应用到其他相关领域中。这种跨领域适应性使得 AI 大模型具有更广阔的应用前景和更高的商业价值。AI 大模型的跨领域适应性在字节跳动公司的应用中得到了生动体现。字节跳动公司旗下的推荐系统基于强大的 AI 大模型，不仅在新闻资讯领域实现了个性化推荐，还成功地将这一能力迁移到了短视频、社交娱乐等多个领域。通过迁移学习和领域适应技术，AI 大模型能够迅速适应不同领域的数据特点，捕捉用户偏好，为用户提供精准、多样化的内容推荐。这种跨领域适应性不仅拓宽了 AI 大模型的应用场景，也为字节跳动公司带来了巨大的商业价值和高度的用户黏性。

## 4. 高度的泛化能力

AI 大模型在训练过程中会学习到大量的数据特征和规律，这使得它们在面对未见过的数据时仍能保持较好的性能。高度的泛化能力是 AI 大模型在实际应用中的重要优势之一，它使得 AI 大模型能够处理更加复杂和多变的情况。以华为研发的某 AI 大模型为例，该模型在语音识别领域展现了卓越的泛化能力。在训练阶段，该模型通过学习海量语音数据，掌握了丰富的语音特征和语言规律。当面对新的、未在训练集中出现过的语音数据时，该模型能准确识别并理解其中的内容，即使在有噪声或口音干扰的情况下也能保持较高的识别准确率。这种高度的泛化能力使得该模型在复杂、多变的应用场景中表现出色，如智能客服、智能家居等，为用户提供了更加便捷和高效的交互体验。

## 5. 实时性与交互性

随着技术的进步，AI 大模型在实时性和交互性方面取得了显著提升。它们能够在短时间内处理大量数据并给出反馈，满足用户对实时性和准确性的需求。同时，AI 大模型能够与用户进行交互，理解用户的意图并生成相应的响应，为用户提供更加智能和便捷的服务。以京东的智能客服系统为例，该系统搭载了先进的 AI 大模型，实现了秒级响应的实时交互。用户在购物过程中遇到疑问时，只需通过文字或语音输入问题，智能客服系统便能迅速理解用户的意图，并从海量数据中检索相关信息，给出准确且人性化的回答。这种即时反馈的交互方式，不仅提高了用户体验，还大幅减轻了人工客服的负担，让购物过程更加顺畅和高效。京东的智能客服系统的成功应用，充分展示了 AI 大模型在实时性与交互性方面的巨大潜力。

## 6. 持续优化与迭代

AI 大模型的训练和优化是一个持续的过程。随着新数据不断产生和算法不断改进，AI 大模型能够不断优化自身性能，提高准确性和效率。这种持续优化与迭代的能力使得 AI 大模型能够保持领先的技术水平和市场竞争力。以百度研发的文心大模型为例，该模型自推出以来，便持续接收海量用户反馈和新数据。百度团队不断对文心大模型进行算法优化和结构调整，以适应不断变化的数据环境和用户需求。这种持续优化与迭代的过程，使得文心大模型在文本生成、语言理解等多个方面取得了显著的提升。它不仅在准确性上更加可靠，还在处理速度和效率上实现了飞跃。正是这种不断追求卓越的精神，让文心大模型在激烈的市场竞争中保持领先地位，为用户提供了更加智能和高效的服务。

AI 大模型以其海量数据处理能力、深度学习与复杂建模、跨领域适应性、高度的泛化能力、实时性与交互性，以及持续优化与迭代等特点，在人工智能领域中占据重要地位。随着技术的不断发展和应用的深入拓展，AI 大模型将在更多领域内发挥重要作用，为社会发展注入新的活力和动力。

## 3.1.4　AI 大模型的主流架构

AI 大模型的主流架构是 Transformer 架构，其主要思想是通过自注意力机制获取输入序列的全局信息，并将全局信息通过网络层进行传递。Transformer 架构的优势在于特征提取能力和并行计算效率。

Transformer 架构主要由输入部分、编码器、解码器及输出部分组成，如图 3-1 所示。

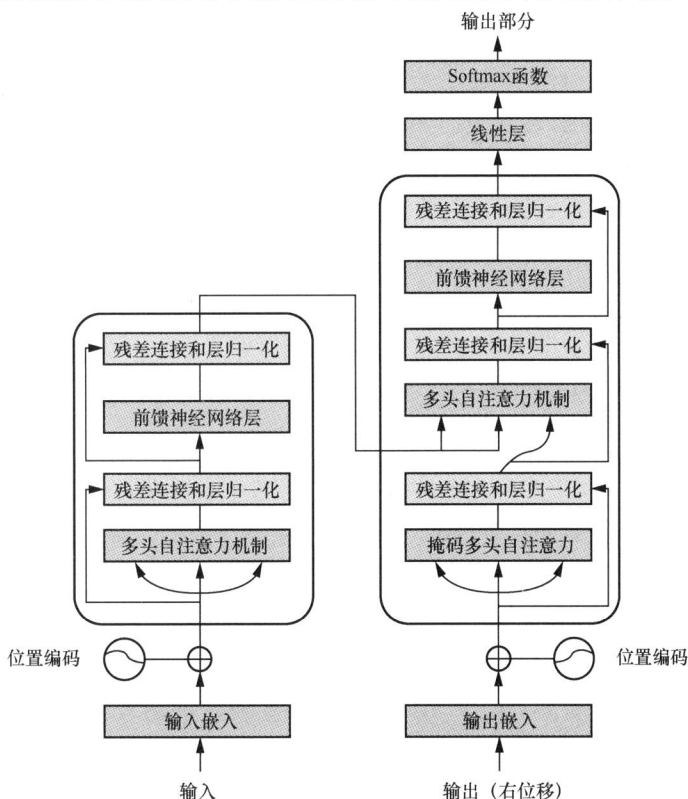

图 3-1　Transformer 架构

### 1. 输入部分

Transformer 架构的输入部分负责对原始文本数据进行预处理,将其转换为模型能够处理的格式。这一过程通常包括将文本分词成词元,将词元映射为对应的嵌入向量,以及添加位置编码以保留单词在句子中的顺序信息。位置编码的加入解决了 Transformer 架构无法直接理解序列顺序的问题,使得模型能够捕捉到文本中的时序特征。

### 2. 编码器

编码器是 Transformer 架构中的"理解"模块,负责将输入数据转换成一种高层次的、包含丰富信息的表示形式。每个编码器都由多头自注意力机制和前馈神经网络层两个主要部分组成,并且这两个部分都采用了残差连接和层归一化技术以提升模型的稳定性和训练效率。多头自注意力机制是 Transformer 架构的核心,它允许模型在处理某个词时能够关注到句子中的其他所有词,从而捕捉到词与词之间的依赖关系,无论它们在句子中的距离有多远。

### 3. 解码器

解码器是 Transformer 架构中的"生成"模块,它基于编码器的输出,逐步生成目标序列的每个词。与编码器类似,解码器也包含多个相同的层,但每层的结构略有不同。除了多头自注意力机制和前馈神经网络层,解码器还包含一个额外的编码器-解码器注意力机制,这使得解码器在生成每个词时能够参考整个编码器的输出,从而捕捉到源语言与目标语言之间的对应关系。此外,为了防止解码器在生成过程中"作弊",即提前看到未来的信息,解码器在多头自注意力机制中采用了掩码技术,确保每个位置的输出只能依赖于该位置之前的输出。

### 4. 输出部分

输出部分负责将解码器生成的隐藏状态转换为最终的输出序列。在大多数应用中,这通常涉及将解码器最后一个位置的输出通过一个线性层和 Softmax 函数转换为概率分布,从而得到目标词汇表中每个词成为下一个生成词的概率。根据这些概率,可以选择概率最大的词作为下一个生成词,或者采用更复杂的解码策略来生成整个序列。

Transformer 架构以其独特的多头自注意力机制和编码器-解码器结构,在自然语言处理领域展现出了强大的性能和广阔的应用前景。随着技术的不断进步和应用的不断拓展,Transformer 架构将在未来发挥更加重要的作用。

## 3.1.5 AI 大模型的提示词

### 1. 提示词的定义

提示词是指用户为了引导 AI 大模型执行特定任务或生成符合期望的输出,而输入的文本或指令。它不仅是任务描述的载体,也是模型理解用户意图的桥梁。良好的提示词能够激发模型的内在能力,使其更加精准地完成任务。

### 2. 提示词的作用

(1)明确任务。提示词通过具体的文本描述,向 AI 大模型清晰地传达了用户希望执行的任务和要求。这有助于模型准确理解用户意图,并生成符合期望的输出。

(2)引导输出。提示词中的词汇、语法和上下文等信息,可以引导 AI 大模型生成符合特定要求的输出。通过精心设计的提示词,用户可以控制模型的输出风格、内容结构和信息点等。

(3)激发模型能力。良好的提示词能够激发 AI 大模型的潜在能力,使其更加精准地完成任务。通过设计合理的提示词，用户可以利用 AI 大模型的强大功能，实现复杂和多样的任务需求。

### 3. 提示词与结果的关系

（1）质量决定输出。一个优质的提示词能够帮助 AI 大模型准确理解用户意图，高效完成任务，生成高质量、符合预期的输出。相反，如果提示词不够清晰、具体或存在歧义，AI 大模型生成的结果可能偏离用户的初衷，甚至产生误导性或有害的内容。

（2）影响生成效率。明确的提示词可以使 AI 大模型更快地聚焦于特定任务，减少无效输出和重复尝试，从而提高生成效率。模糊的提示词则可能导致 AI 大模型在生成输出的过程中迷失方向，需要更多时间和资源来寻找正确的输出。

（3）促进迭代和优化。在创作过程中，用户可以根据 AI 大模型生成的初步结果，对提示词进行优化和调整，使输出更符合预期。通过不断迭代和优化提示词，用户可以逐步提升 AI 创作的质量和准确性。

### 4. 提示词的设计原则

（1）简洁明了。提示词应该尽量简洁明了，避免冗余和复杂的描述。这有助于 AI 大模型更快地理解用户意图，并生成更加高效的输出。

（2）具体明确。提示词应该具体明确，包含足够的信息以指导 AI 大模型完成任务。这有助于避免 AI 大模型产生歧义或误解用户意图的情况。

（3）适应性强。提示词应该具有一定的适应性，能够应对不同的任务和场景。通过设计合理的提示词，用户可以灵活调整 AI 大模型的行为和输出，以满足不同的需求。

（4）可测试性。提示词应该具有可测试性，以便用户能够验证 AI 大模型的输出是否符合期望。这有助于用户及时发现并纠正提示词中的问题，提高 AI 大模型的性能和准确性。

### 5. 提示词的设计示例

（1）课程学习与资源推荐。

**提示词**：我正在学习××专业课程，但感觉有些吃力。请推荐一些优质的在线课程、学习资料或学习技巧，帮助我更好地掌握这门课。

（2）职业规划与实习机会。

**提示词**：我对××行业很感兴趣，但不清楚我的专业是否适合。请根据我的专业、技能和兴趣，提供一些职业规划建议及相关的实习机会信息。

（3）技能提升与认证。

**提示词**：为了提高我的就业竞争力，我想获得××技能认证。请告诉我获得这项技能认证需要准备哪些内容、有哪些考试资源，以及这项技能认证在就业市场上的认可度如何。

（4）校园生活与心理支持。

**提示词**：最近我在校园生活中遇到了一些挑战，感觉压力很大。请提供一些释放压力的方法、校园心理健康资源，或者与我进行对话，帮助我缓解情绪。

（5）行业趋势与未来发展。

**提示词**：我对××行业的未来发展很感兴趣，想了解这个行业的最新趋势、热门岗位及未来几年的发展前景。请提供一些行业报告、专家观点或预测数据，帮助我更好地了解这个行业。

这些提示词旨在帮助用户更有效地利用 AI 大模型来获取课程学习、职业规划、技能提升、心理支持及行业趋势等方面的信息，从而做出更明智的决策。

## 3.2　常用的 AI 大模型产品

### 3.2.1　文心一言

文心一言是百度公司推出的生成式 AI 大模型产品，其基于深度学习平台和知识增强大模型，对海量数据进行学习，具备高效理解用户需求和生成准确、有用信息的能力。该产品能够在多个领域应用，如文学、新闻、音乐、设计等，提供高效、专业的生成服务。其特点包括强大的上下文理解与生成能力、激发创造力、支持多领域应用、快速响应与高容错等。文心一言如图 3-2 所示。

图 3-2　文心一言

#### 1. 文心一言的目标用户

（1）内容创作者。文心一言针对内容创作者，如作家、编辑、自媒体人等，提供了强大的支持。内容创作者在日常工作中需要高效的创作工具和源源不断的灵感来源。文心一言不仅能辅助生成高质量的文本，还能根据创作需求进行改写、润色，极大地提升创作效率。同时，文心一言的智能对话功能能为内容创作者带来新奇的创意和灵感，助力其创作出更加引人入胜的作品。

（2）职场人士。对于职场人士而言，处理大量文档、会议记录及邮件回复是日常工作的重要组成部分。文心一言的出现，为职场人士带来了极大的便利。文心一言能够快速、准确理解指令，自动生成符合要求的文档内容，大大减轻职场人士的工作负担。此外，文心一言的智能分析功能还能帮助优化文档结构，提高表达效果，让职场人士在繁忙的工作中也能保持高效与专业。

（3）学生。学生在学习过程中常常会遇到知识解答和作业辅导等问题。文心一言作为智能助手，能够为学生提供及时、准确的知识解答，帮助他们解决学习中的难题。同时，文心一言丰富的知识库和强大的创作能力，能为学生提供优质的作业辅导服务，助力他们提高学习成绩和综合素质。

（4）科研人员。科研人员在进行文献检索、数据分析及论文撰写等工作时，对信息的准确性和高效性有着极高的要求。文心一言凭借先进的信息检索技术和智能分析能力，能够为科研人员提供精准、全面的数据支持。此外，文心一言的创作辅助功能能帮助科研人员更加高效地完成论文撰写工作，提升科研成果的质量和影响力。

（5）普通网民。对于广大普通网民而言，智能对话和信息获取是他们日常生活中不可或缺的一部分。文心一言以其自然、流畅的对话交互和准确、高效的信息检索能力，赢得了广大网民的喜爱。无论是聊天解闷、获取新闻资讯，还是查询生活常识，文心一言都能提供及时、准确的服务，满足网民的多样化需求。

**2. 文心一言的服务内容**

（1）智能对话。文心一言的智能对话功能以其自然、流畅的交互体验著称。文心一言能够深入理解用户意图，无论是日常闲聊还是专业咨询，都能迅速捕捉要点，并给出个性化、贴切的回应。这种高度智能的交互模式不仅可提升用户体验，也可让用户感受到前所未有的便捷与高效。

（2）信息检索。在信息爆炸的时代，文心一言利用先进的信息检索技术，为用户提供了一站式的解决方案。无论是学术资料的查找，还是生活常识的获取，用户只需简单输入关键词，文心一言便能快速、准确地筛选出相关信息，大大节省用户的时间和精力，让信息获取变得轻松高效。

（3）辅助创作。对于内容创作者而言，文心一言的辅助创作功能无疑是一大福音。文心一言不仅具备强大的文本生成能力，还能根据用户需求进行改写、润色等操作，有效提升创作效率和质量。无论是小说、新闻稿还是商业文案，文心一言都能成为用户得力的助手，助力其创作出更加优秀的作品。

（4）知识问答。基于庞大的知识图谱，文心一言能够准确解答用户提出的各类问题。无论是专业知识、历史文化，还是科技前沿、生活常识，文心一言都能迅速给出权威、准确的答案。这种即时、高效的知识问答服务不仅满足了用户的求知欲，也进一步提升了文心一言在用户心中的地位。

（5）多模态支持。未来，文心一言的服务内容将不断拓展。其中，多模态支持将是一个重要的方向。通过引入图像、语音等多模态数据处理技术，文心一言将进一步丰富用户交互方式，提升用户体验。无论是视觉识别、语音识别，还是其他多模态融合应用，都将为文心一言带来更加广阔的发展空间。

**3. 文心一言的使用方法**

（1）访问平台。要使用文心一言的服务，需要找到正确的访问入口。可以通过百度官网、百度 App 和合作平台 3 种方式访问。

（2）注册登录。在首次使用文心一言的服务前，需要完成注册流程并登录账号。对于老用户而言，只需在登录页面输入账号信息，即可直接登录，使用文心一言的服务。

（3）输入指令。登录成功后，将进入文心一言的服务页面。在服务页面的输入框内可以输入相关的提示词。

（4）等待响应。输入提示词后，耐心等待，文心一言将利用其先进的自然语言处理技术和知识库，对提示词进行智能分析和处理。处理时间可能因提示词的复杂程度和网络状况而有所不同，但一般情况下都能在短时间内完成。

（5）查看与交互。文心一言处理完成后，将生成相应的回答、内容或建议，并在页面上展示给用户。用户可以仔细阅读返回的结果，评估其是否满足需求。

根据需要，用户可以进一步与文心一言进行交互，直到得到满意的答案为止。

### 4. 文心一言百宝箱

文心一言百宝箱是文心一言提供的一个集成多种功能和模板的工具箱，能帮助用户快速生成高质量的内容并提高工作效率，如图 3-3 所示。

图 3-3　文心一言百宝箱

### 5. 文心一言的应用领域

（1）教育领域。在教育领域，文心一言作为学习助手，用于辅助学生解答疑惑、完成作业。它能够根据学生的学习需求，提供精准的知识解答和个性化的学习建议，有效提升学生的学习效率与兴趣，成为学生学习路上的得力伙伴。

（2）职场办公。在职场办公中，文心一言展现了强大的辅助能力。它能够快速记录会议要点、撰写报告和邮件，极大提升工作效率。无论是处理烦琐的文档，还是进行高效的信息整理，文心一言都能为职场人士提供有力支持。

（3）内容创作。对于作家、编辑等内容创作者而言，文心一言不仅是灵感的源泉，更是内容创作的得力工具。它能够根据创作需求，提供丰富的文本生成、改写和润色功能，助力内容创作者轻松应对各类创作挑战，提升作品质量。

（4）智能客服。在企业服务领域，文心一言化身为 24 小时智能客服，为客户提供即时、专业的服务。其强大的语义理解和智能问答能力，能够有效解决客户的问题，提升客户满意度，为企业创造更多价值。

（5）科学研究。在科学研究领域，文心一言协助科研人员进行文献检索、数据分析及研究论文撰写等工作。它能够快速获取并整理海量科研资料，为科研人员提供有力的数据支持，助力科研工作的顺利开展和科研成果的快速产出。

（6）日常生活。在日常生活中，文心一言扮演着个人助手的角色。它不仅能提供信息查询服务，满足用户的日常需求，还能与用户进行自然、流畅的对话，为用户带来轻松愉快的聊天体验，成为用户在日常生活中的贴心伙伴。

文心一言介绍汇总见表 3-1。

表 3-1   文心一言介绍汇总

| 名称 | 文心一言 |
| --- | --- |
| 定位 | 文心一言是百度公司开发的智能语言模型，旨在提供高效、精准的对话与创作支持，满足用户多样化需求，提升信息处理能力 |
| 目标用户 | （1）内容创作者：作家、编辑、自媒体人等需要高效的创作工具和灵感来源的内容创作者。<br>（2）职场人士：需要处理大量文档、会议记录及邮件回复的职场人士。<br>（3）学生：在学习过程中寻求知识解答、作业辅导的学生。<br>（4）科研人员：需要进行文献检索、数据分析及论文撰写等工作的科研人员。<br>（5）普通网民：对智能对话、信息获取感兴趣的广大网民 |
| 服务内容 | （1）智能对话：支持自然、流畅的对话交互，理解用户意图并提供个性化回应。<br>（2）信息检索：利用先进的信息检索技术，快速、准确地为用户提供所需信息。<br>（3）辅助创作：提供文本生成、改写、润色等功能，助力用户高效完成创作任务。<br>（4）知识问答：基于庞大的知识图谱，解答用户提出的各类问题。<br>（5）多模态支持：未来可能拓展至图像、语音等多模态数据的处理 |
| 使用方法 | （1）访问平台：通过百度官网、百度 App 或合作平台访问文心一言。<br>（2）注册登录：新用户需完成注册流程并登录账号，老用户直接登录即可。<br>（3）输入指令：在输入框内输入提示词。<br>（4）等待响应：系统将自动处理提示词，并生成相应的回答、内容或建议。<br>（5）查看与交互：用户可查看返回的结果，并根据需要进一步与系统进行交互 |
| 应用领域 | （1）教育领域：作为学习助手，辅助学生解答疑惑、完成作业。<br>（2）职场办公：提升工作效率，如记录会议要点、撰写报告和回复邮件等。<br>（3）内容创作：为作家、编辑等内容创作者提供创作灵感和工具支持。<br>（4）智能客服：为企业提供 24 小时智能客服服务，提升客户满意度。<br>（5）科学研究：协助科研人员进行文献检索、数据分析及研究论文撰写等工作。<br>（6）日常生活：作为个人助手，提供信息查询、聊天解闷等服务 |

## 3.2.2   讯飞星火

讯飞星火是科大讯飞推出的人工智能助手，具备强大的自然语言处理能力和跨领域的知识理解能力。它可以完成语言理解、知识问答、逻辑推理、解决数学问题、理解和编写代码等复杂任务，并通过智能应用或平台为用户提供实时、专业的信息支持和服务。讯飞星火不仅是一个 AI 助手，更是一个随身携带的智能"大脑"，能满足用户在工作、生活、学习等不同场景下的需求。讯飞星火如图 3-4 所示。

1.   讯飞星火的目标用户

（1）学生。讯飞星火为广大学生量身打造，助力他们轻松应对学习挑战。讯飞星火不仅能快速解答各个学科中的难题，还提供个性化的学习方案，帮助学生查漏补缺，显著提升学习效率，让学习之路更加顺畅。

（2）职场人士。在繁忙的职场中，讯飞星火成为职场人士的得力助手。无论是烦琐的会议记录，还是专业的报告撰写，它都能迅速完成，让职场人士从重复的工作中解脱出来，专注于更高层次的工作，大幅提升工作效率和职场竞争力。

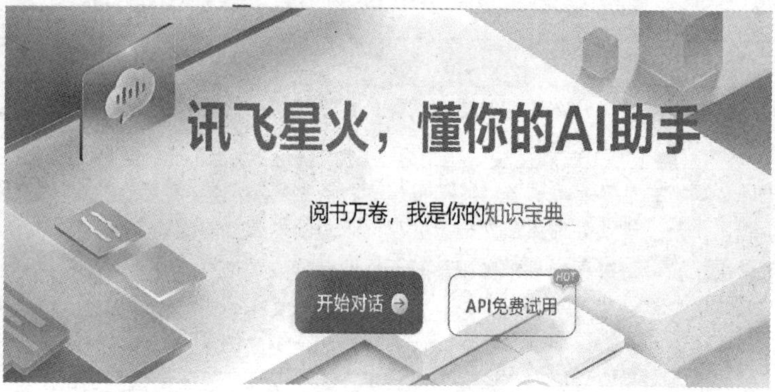

图 3-4　讯飞星火

（3）内容创作者。对于内容创作者而言，讯飞星火不仅是创作灵感的源泉，更是强大的辅助工具。它能根据内容创作者的需求，提供多样化的文案、故事，并辅助进行文字润色，让创作过程更加高效。无论是广告文案、连载小说，还是其他形式的文字创作，讯飞星火都能为内容创作者带来前所未有的创作体验。

（4）科研人员。在科研领域，讯飞星火同样展现出非凡的价值。它协助科研人员快速检索海量文献，精准分析数据，并自动生成研究论文框架和初稿，极大地减轻了科研人员的负担。同时，其强大的自然语言处理能力能帮助科研人员更好地理解和表达研究成果，推动科研工作的深入发展。

（5）普通用户。对于广大普通用户而言，讯飞星火是日常生活中不可或缺的智能助手。无论是查询天气、交通信息，还是进行娱乐互动，它都能迅速响应，满足用户多样化的需求。同时，讯飞星火具备高度的智能化和个性化的特点，能够根据用户的习惯和兴趣提供定制化的服务，让用户的日常生活更加便捷、有趣。

## 2. 讯飞星火的服务内容

讯飞星火的服务内容包括但不限于自然语言理解、知识问答、文本生成、语音交互、任务执行、创作辅助和个性化推荐。

（1）自然语言理解。讯飞星火具备卓越的自然语言理解功能，能够准确无误地理解用户输入的每条指令或每个问题。无论是复杂的问题表述还是简单的日常对话，它都能迅速分析语义，准确理解用户意图，为后续服务打下坚实基础。这一功能确保了人机交互的顺畅与高效，让沟通变得无界限。

（2）知识问答。依托强大的知识库系统，讯飞星火能够回答各类知识性问题，涵盖科学、技术、文化、生活等多个领域。无论是专业探讨还是广泛的常识，它都能提供详尽、准确的答案，满足用户对于知识的渴求。这一功能展现了讯飞星火在信息检索与整合方面的强大实力。

（3）文本生成。根据用户的个性化需求，讯飞星火能够灵活地生成文章、邮件、报告等多种文本。其生成的文本不仅语言流畅、逻辑清晰，而且符合行业规范与标准。无论是商业策划案、学术论文还是日常邮件，用户都能得到高质量、高效率的文本输出支持，大大节省时间与精力。

（4）语音交互。讯飞星火支持流畅的语音输入与输出功能，为用户提供前所未有的交互体验。用户只需通过简单的语音指令即可完成各类操作。同时，讯飞星火能以清晰、自然的语音回应用户的需求与提问。这一功能不仅简化了操作流程，还提高了用户的使用体验与满意度。

（5）任务执行。讯飞星火能够执行多样化的任务，如安排日程、查询天气、翻译等。用户只需简单地描述任务需求，讯飞星火即可自动完成相应操作，并将结果及时反馈给用户。这一功能极大地提高了用户的生活与工作效率，让用户能够更加专注于重要的事务上。

（6）创作辅助。对于内容创作者而言，讯飞星火是一款不可多得的创作辅助工具。它能够提供创意激发、文本润色等全方位的创作支持。在内容创作过程中，讯飞星火能够提供新颖的观点、优美的语句及合理的结构建议，帮助用户突破创作瓶颈，提升作品质量。

（7）个性化推荐。根据用户的日常习惯与兴趣爱好，讯飞星火能够提供个性化的内容推荐服务。无论是新闻资讯、视频、音乐还是商品，它都能精准把握用户需求，推荐符合用户需求的内容。这一功能不仅增强了用户与平台之间的黏性，还为用户带来了更加个性化的使用体验。

## 3. 讯飞星火的使用方法

（1）注册与登录。访问讯飞星火官方网站或相关应用平台，注册一个账号，如果已有讯飞星火账号则可直接登录。

（2）了解界面与功能。登录后，熟悉讯飞星火的界面布局，了解各个功能模块的位置。可以通过官方文档或帮助中心了解讯飞星火各个功能模块的具体功能和用途。

（3）输入指令或问题。在讯飞星火的主界面或输入框中输入指令、问题或描述，讯飞星火会根据用户的输入提供相关的内容、答案或建议。

（4）选择插件与模板。讯飞星火提供了多种插件和模板，如 PPT 生成、简历生成等。根据需求，选择相应的插件或模板，并输入具体的需求描述。

（5）自定义与调整。用户可以根据需要对讯飞星火提供的内容进行自定义和调整。例如，修改生成的文本、调整 PPT 的布局或样式等。

（6）保存与分享。完成内容生成后，可以将结果保存到本地或云存储中。同时，讯飞星火支持将生成的内容直接分享到社交媒体或其他平台。

## 4. 讯飞星火的智能体中心

讯飞星火的智能体中心的功能丰富，涵盖了自然语言处理、多模态交互、知识问答、逻辑推理、数学问题解答及编程相关的问题解决等多个方面，如图 3-5 所示。

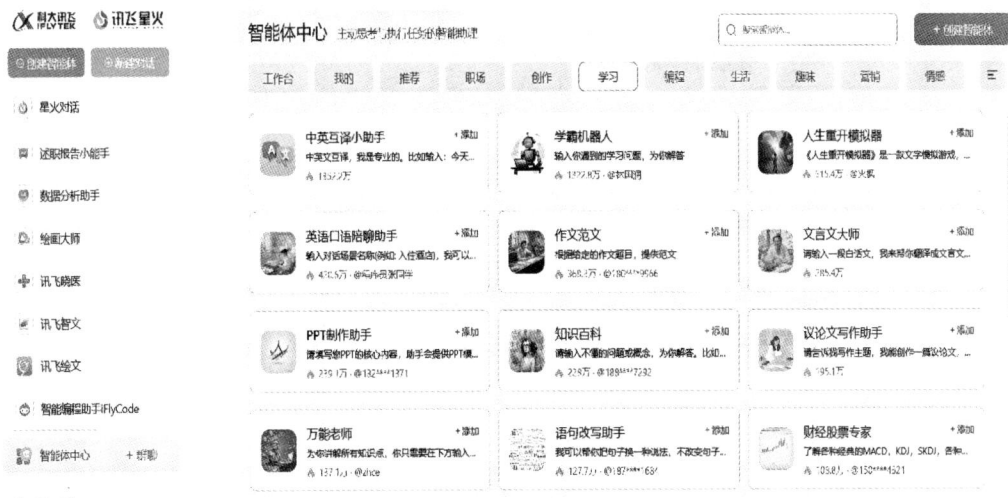

图 3-5　讯飞星火的智能体中心

### 5. 讯飞星火的应用领域

讯飞星火的应用领域包括但不限于智慧教育、职场办公、内容创作、智能客服、科学研究、日常生活、智能家居和智慧医疗。

（1）智慧教育。讯飞星火在智慧教育领域成为学生的得力助手。它不仅能辅助学习，解答各类难题，还能协助完成作业，让学习更加高效、轻松。通过制订个性化学习方案，讯飞星火助力每位学生发掘潜能，提升成绩。

（2）职场办公。在职场办公中，讯飞星火展现出卓越的能力。它助力职场人士大幅提升工作效率，无论是会议记录、报告撰写还是邮件回复，都能迅速完成，让职场人士有更多时间专注于核心工作。讯飞星火是职场成功的加速器。

（3）内容创作。对于作家、编辑等内容创作者而言，讯飞星火是不可多得的灵感源泉和工具。它能提供多样的创作思路，辅助文案、小说等创作，让作品更加丰富多彩。讯飞星火是创意无限的伙伴。

（4）智能客服。讯飞星火为企业提供 24 小时智能客服服务，能够即时响应客户，解答疑问，提升客户满意度。讯飞星火高效、精准的服务能为企业赢得更多客户的信赖。

（5）科学研究。在科学研究领域，讯飞星火也是一把"利器"。它协助科研人员快速检索文献、分析数据，并辅助撰写研究论文，让科研过程更加顺畅、高效。讯飞星火是科研创新的助推器。

（6）日常生活。作为个人助手，讯飞星火在日常生活中扮演着重要角色。它提供信息查询、健康管理、聊天解闷等服务，让生活更加便捷、有趣。讯飞星火是生活的小助手。

（7）智能家居。讯飞星火与智能家居设备联动，实现语音控制家居设备。无论是调节灯光、控制空调还是查询家电状态，只需简单的语音指令即可轻松完成。讯飞星火是智慧生活的核心。

（8）智慧医疗。在智慧医疗领域，讯飞星火同样发挥着重要作用。它辅助医疗咨询、健康管理、病历记录等，为患者和医生提供高效、准确的信息支持。讯飞星火是健康守护的得力助手。

讯飞星火介绍汇总见表 3-2。

表 3-2　讯飞星火介绍汇总

| 名称 | 讯飞星火 |
|---|---|
| 定位 | 讯飞星火是科大讯飞打造的人工智能助手，集成先进技术，提供高效智能交互，助力用户工作、学习、创作，实现精准成果 |
| 目标用户 | （1）学生：帮助解决学习难题，提高学习效率。<br>（2）职场人士：提升工作效率，如会议记录、报告撰写等。<br>（3）内容创作者：提供创作灵感和工具，辅助文案、小说等创作。<br>（4）科研人员：协助文献检索、数据分析及研究论文撰写。<br>（5）普通用户：作为日常生活中的智能助手，提供信息查询、娱乐互动等服务 |
| 服务内容 | （1）自然语言理解：准确理解用户输入的指令和问题。<br>（2）知识问答：基于强大的知识库系统，回答各类知识性问题。<br>（3）文本生成：根据用户需求生成文章、邮件、报告等文本。<br>（4）语音交互：支持语音输入与输出，提供流畅的语音交互体验。<br>（5）任务执行：如安排日程、查询天气、翻译等多样化任务。<br>（6）创作辅助：提供创意激发、文本润色等创作支持。<br>（7）个性化推荐：根据用户习惯和兴趣提供个性化的内容推荐 |

| | |
|---|---|
| 使用方法 | （1）注册与登录：访问官网或平台，注册或登录讯飞星火账号。<br>（2）了解界面与功能：熟悉界面布局，查阅官方文档了解功能。<br>（3）输入指令或问题：在主界面或输入框中输入指令，获取相关内容、答案。<br>（4）选择插件与模板：根据需要选择插件或模板，输入需求。<br>（5）自定义与调整：对生成的内容进行自定义和调整。<br>（6）保存与分享：保存结果到本地或云存储，支持分享 |
| 应用领域 | （1）智慧教育：辅助学习、解答疑惑、完成作业。<br>（2）职场办公：提升工作效率，如会议记录、报告撰写、邮件回复等。<br>（3）内容创作：为作家、编辑等内容创作者提供创作灵感和工具。<br>（4）智能客服：为企业提供 24 小时智能客服服务，提升客户满意度。<br>（5）科学研究：协助检索文献、分析数据及撰写研究论文。<br>（6）日常生活：作为个人助手，提供信息查询、健康管理、聊天解闷等服务。<br>（7）智能家居：与智能家居设备联动，实现语音控制家居设备。<br>（8）智慧医疗：辅助医疗咨询、健康管理、病历记录等 |

## 3.2.3　通义千问

通义千问是阿里云推出的千亿参数级别的 AI 大模型，致力于在 AI 时代成为推动技术进步的重要力量。通义千问在综合性能上超过 GPT-3.5，并加速追赶 GPT-4，同时在复杂指令理解、文学创作、通用数学、知识记忆、幻觉抵御等能力上均有显著提升。通义千问为用户提供更成熟、更好用的 AI 服务，是阿里云在云计算和人工智能领域深厚技术积累的体现。通义千问如图 3-6 所示。

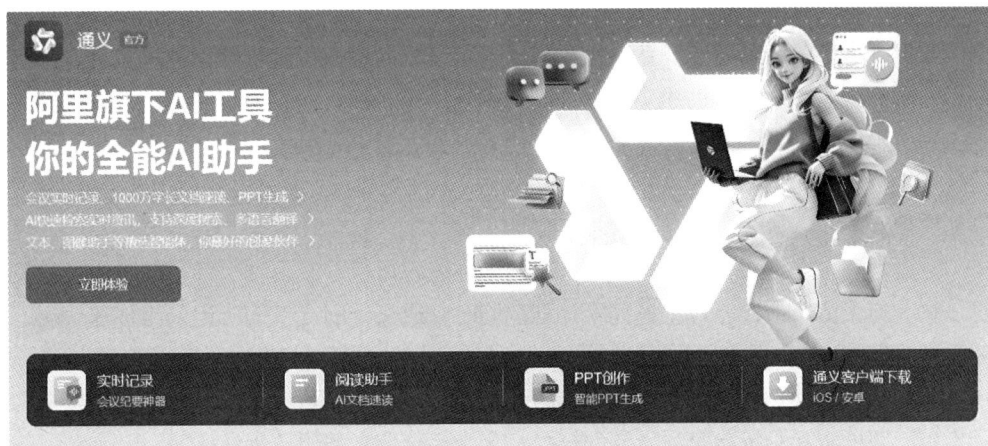

图 3-6　通义千问

### 1. 通义千问的目标用户

（1）研究人员。通义千问专为需要快速获取专业文献与数据支持的研究人员设计。它集成了广泛的学术资源库，支持跨领域、跨语言的文献检索，帮助研究人员迅速定位所需资料。同时，通义千问提供数据分析工具，助力研究过程中的数据处理与分析，加速科研成果的产出。

（2）职场人士。针对寻求高效办公解决方案的职场人士，通义千问提供了会议记录、报告撰写、邮件回复等一站式办公服务，通过智能识别与自动化处理，减少重复的工作，让职场人士有更多时间专注于核心业务。此外，它支持团队协作与项目管理，提升整体工作效率。

（3）内容创作者。作家、编辑等内容创作者在内容创作过程中常需灵感与工具。通义千问通过智能推荐、文本优化等功能，为内容创作者提供源源不断的创作灵感。同时，它集成的写作工具与素材库，让内容创作过程更加顺畅、高效，助力内容创作者产出高质量的作品。

（4）学生。对于学生而言，通义千问是辅助学习、解答疑惑、完成作业的得力助手。它拥有广泛的学科知识库，支持学生快速查找学习资料。同时，通过智能问答与解题功能，通义千问能帮助学生解决学习中的难题，提升学习效率与成绩。此外，通义千问提供时间管理与学习规划建议，助力学生全面发展。

（5）普通用户。对于日常生活中有健康管理、信息查询等需求的用户，通义千问同样提供了贴心服务。它集成了健康管理工具，帮助用户监测身体状况、制订健康计划。同时，通义千问支持多种信息查询功能，如天气、交通、新闻等，能满足用户日常生活所需。此外，通义千问还提供聊天解闷等娱乐功能，丰富用户的休闲时光。

## 2. 通义千问的服务内容

通义千问的服务内容包括但不限于智能问答、知识检索、数据分析、创作辅助、健康管理、智能家居联动和办公助手。

（1）智能问答。通义千问的核心服务之一是智能问答，它依托于先进的自然语言处理技术，能够准确理解用户提问的意图，并返回精准、即时的答案。无论是专业知识查询还是日常疑问解答，通义千问都能给出令人满意的回应，为用户带来便捷的信息获取途径。

（2）知识检索。通义千问构建了一个覆盖广泛领域的知识库，支持用户进行深度搜索与关联推荐。用户可以根据自身需求，轻松查找所需信息，同时通义千问能智能推荐相关资料，帮助用户拓宽知识面，深入理解知识。

（3）数据分析。针对科研与商业决策的需求，通义千问提供了基础数据分析工具。这些工具操作简单，功能强大，能够帮助用户快速处理数据，发现潜在规律，为决策提供有力支持。

（4）创作辅助。通义千问为作家、编辑等内容创作者提供了灵感激发、文本优化等服务。通过智能分析用户的创作风格与需求，通义千问能生成个性化建议，助力内容创作者突破创作瓶颈，提升作品质量。

（5）健康管理。在健康管理领域，通义千问同样表现出色。它提供个性化健康建议，根据用户的身体状况与生活习惯，制订专属健康计划。同时，通义千问支持病历记录与管理功能，方便用户随时查看健康数据，掌握健康状况。

（6）智能家居联动。通义千问与智能家居设备无缝对接，支持语音控制功能。用户只需简单的语音指令，即可实现对智能家居设备的操控，享受科技带来的便捷生活体验。

（7）办公助手。针对职场人士的需求，通义千问提供了会议记录、报告撰写、邮件回复等办公功能。这些功能旨在提升职场人士的工作效率，减少重复的工作，让职场人士有更多时间专注于核心业务。

## 3. 通义千问的使用方法

（1）注册登录。要使用通义千问的丰富服务，需要通过官方网站或官方 App 进行账号的注册与登录。访问官方网站或下载并安装 App 后，根据页面提示填写相关信息完成注册流程。注册成功后，使用注册的账号和密码进行登录，即可开始使用通义千问的便捷服务。

（2）输入问题。登录后，会看到搜索框或聊天界面，这是用户与通义千问进行交互的入口。在搜索框中输入想要查询的问题或关键词，或者直接在聊天界面中输入具体需求。通义千问能够智能识别输入的内容，并准备相应的回应。

（3）获取结果。提交问题或关键词后，通义千问会立即开始处理用户的请求。利用先进的自然语言处理技术和庞大的知识库，通义千问能够迅速找到与问题相关的答案、建议或操作指引，并即时返回。用户可以在界面上直接查看结果，并根据需要进行进一步的操作。

（4）深度交互。对于某些复杂或需要深入讨论的问题，通义千问支持多轮对话功能。如果初次回答未能完全满足需求，可以继续输入新的问题或提供更多关键词，通义千问会根据新的输入进一步分析并给出更准确的回应。通过多轮对话，用户可以逐步厘清需求，获得更加满意的答案。

（5）个性化设置。为了提升用户体验，通义千问提供了丰富的个性化设置选项。可以在系统设置或个人中心中，根据个人偏好设置通知提醒方式、偏好领域等。例如，可以选择关闭不必要的通知，以减少干扰；设置关注领域，以便通义千问能够更精准地推荐相关内容。通过个性化设置，可以让通义千问更加符合用户的使用习惯和需求。

### 4. 通义千问的智能体

通义千问的智能体是指基于通义千问这款由阿里云研发的超大规模语言模型所构建的具有一定自主性和交互性的智能代理。通义千问是一个强大的语言处理系统，能够理解和生成自然语言，并能够提供精准、详尽的问题解答服务。图 3-7 所示为通义千问的智能体。

图 3-7   通义千问的智能体

### 5. 通义千问的应用领域

通义千问的应用领域包括但不限于智慧教育、职场办公、内容创作、智能客服、科学研究、日常生活、智能家居和智慧医疗。

（1）智慧教育。在智慧教育领域，通义千问扮演着重要的辅助角色。它能够为学生提供个性化的学习支持，辅助学习、解答疑惑，并帮助完成各类作业。通过智能分析学生的学习需求与习惯，通义千问能精准推送学习资源，促进知识的吸收与掌握，提升学习效率与成绩。

（2）职场办公。在职场办公领域中，通义千问是提升工作效率的得力助手。它支持会议记录、报告撰写、邮件回复等多种办公场景，通过自动化处理减少重复的工作，让职场人士有更多时间专注于核心业务。同时，通义千问能提供项目管理、团队协作等功能，助力企业实现高效运作。

（3）内容创作。对于作家、编辑等内容创作者而言，通义千问是不可或缺的灵感源泉与工具。

它能根据内容创作者的风格与需求，提供个性化的创作建议与素材推荐，激发内容创作者的创作灵感。此外，通义千问具备文本优化功能，帮助内容创作者提升作品质量，满足市场需求。

（4）智能客服。通义千问为企业提供了 24 小时不间断的智能客服服务。它能够快速响应客户，解答疑问，提升客户的满意度与忠诚度。通过自然语言处理技术，通义千问能够智能识别客户的情绪与需求，提供个性化的服务方案，增强企业与客户的互动与联系。

（5）科学研究。在科学研究领域，通义千问是科研人员的得力助手。它支持文献检索、数据分析及研究论文撰写等工作，帮助科研人员快速获取研究资料，发现潜在规律。同时，通义千问能提供科研趋势预测、合作机会推荐等服务，助力科研人员把握科研前沿，推动科技进步。

（6）日常生活。在日常生活中，通义千问同样发挥着重要作用。它作为个人助手，提供信息查询、健康管理、聊天解闷等多种服务。无论是查询天气、交通信息，还是管理健康数据、寻找娱乐消遣，通义千问都能满足用户的不同需求，让日常生活更加便捷与多彩。

（7）智能家居。通义千问与智能家居设备无缝对接，实现了家居设备的智能控制。用户只需通过语音指令，即可实现对智能家居设备的操控与调节。无论是调节灯光亮度、控制空调温度，还是查看安防监控，通义千问都能轻松应对，为用户带来舒适、便捷的智能家居服务。

（8）智慧医疗。在智慧医疗领域，通义千问同样展现出独特的价值。它能够辅助医疗咨询与健康管理，提供个性化的健康建议与预防方案。同时，通义千问支持病历记录与管理功能，帮助用户随时查看健康数据与历史记录，为医生提供准确的诊断依据与治疗建议。此外，通义千问能提供心理健康咨询与支持服务，帮助用户释放压力与缓解焦虑。

通义千问介绍汇总见表 3-3。

表 3–3　通义千问介绍汇总

| 名称 | 通义千问 |
|---|---|
| 定位 | 通义千问是阿里云为个人用户打造的 AI 大模型，支持多轮对话、文案创作，助力个人用户提升工作效率与创造力 |
| 目标用户 | （1）研究人员：需要快速获取专业文献、数据支持的研究人员。<br>（2）职场人士：寻求高效办公解决方案的职场人士。<br>（3）内容创作者：作家、编辑等需要灵感和工具的内容创作者。<br>（4）学生：辅助学习、解答疑惑、完成作业的学生。<br>（5）普通用户：在日常生活中对健康管理、信息查询有需求的用户 |
| 服务内容 | （1）智能问答：基于自然语言处理技术，提供精准、即时的答案。<br>（2）知识检索：覆盖广泛领域的知识库，支持深度搜索与关联推荐。<br>（3）数据分析：提供基础数据分析工具，助力科研与商业决策。<br>（4）创作辅助：为作家、编辑等内容创作者提供灵感激发、文本优化等服务。<br>（5）健康管理：提供个性化健康建议以及病历记录与管理服务。<br>（6）智能家居联动：支持语音控制智能家居设备。<br>（7）办公助手：提供会议记录、报告撰写、邮件回复等办公功能 |
| 使用方法 | （1）注册登录：通过官方网站或官方 App 注册账号并登录。<br>（2）输入问题：在搜索框或聊天界面输入问题或提示词。<br>（3）获取结果：通义千问即时返回相关答案、建议或操作指引。<br>（4）深度交互：对于复杂问题，可通过多轮对话逐步厘清需求。<br>（5）个性化设置：根据个人偏好设置通知提醒方式、偏好领域等 |

续表

| 应用领域 | （1）智慧教育：辅助学习、解答疑惑、完成作业。<br>（2）职场办公：提升工作效率，支持会议记录、报告撰写、邮件回复等。<br>（3）内容创作：为作家、编辑等内容创作者提供创作灵感和工具。<br>（4）智能客服：为企业提供 24 小时的智能客服服务，提升客户满意度。<br>（5）科学研究：协助文献检索、数据分析及研究论文撰写。<br>（6）日常生活：作为个人助手，提供信息查询、健康管理、聊天解闷等服务。<br>（7）智能家居：与智能家居设备联动，实现语音控制家居设备。<br>（8）智慧医疗：辅助医疗咨询、健康管理、病历记录等 |
|---|---|

## 3.2.4 腾讯元宝

腾讯元宝是腾讯公司推出的 AI 原生应用，主打 AI 搜索、AI 对话、AI 阅读等场景，以提升用户办公、学习、生活、创作等效率为目标。腾讯元宝对标 ChatGPT，是腾讯公司在 AI 和大模型领域布局的重要一环。腾讯元宝集成了腾讯公司在 AI 技术上的多项成果，如混元大模型的技术能力，为用户提供高质量的 AI 服务体验。腾讯元宝如图 3-8 所示。

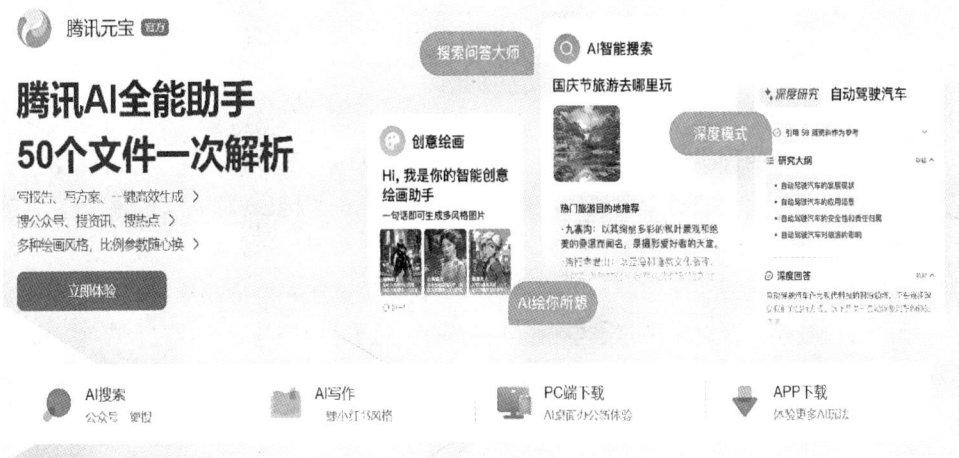

图 3-8 腾讯元宝

### 1. 腾讯元宝的目标用户

（1）年轻人与职场新人。腾讯元宝深刻理解年轻人与职场新人对科技与生活品质的高要求，他们既是科技产品的"尝鲜者"，也是生活品质的追求者。腾讯元宝通过提供前沿的科技服务和个性化的生活解决方案，满足用户在学习、工作、生活中的多样化需求，让用户在享受科技便利的同时，拥有高品质的生活。

（2）健康管理追求者。对于注重健康管理的用户而言，腾讯元宝是他们理想的健康伙伴，它能够精准记录用户的健康数据，包括运动步数、睡眠质量、饮食等，为用户提供科学的健康分析和个性化建议。通过腾讯元宝，用户可以更好地了解自己的身体状况，制订科学的健康计划，实现健康生活的目标。

（3）智能家居爱好者。智能家居爱好者对科技改变生活的理念深信不疑。腾讯元宝与多家智能家居品牌深度合作，为用户提供了一站式的智能家居解决方案。用户只需通过腾讯元宝，就能轻松控制家中的智能设备，实现灯光、空调、安防等的智能化管理。科技的力量让居家生活变得更加舒适和便捷。

（4）数字理财达人。数字理财达人对财务管理有着敏锐的洞察力和高效的执行力。腾讯元宝为他们提供了便捷的数字理财工具和服务，包括基金、股票、保险等金融产品的查询与推荐，以及支持个人财务管理功能。用户可以通过腾讯元宝轻松管理自己的资产，实现财富的稳健增长和有效增值。

（5）娱乐休闲探索者。在忙碌的学习和工作之余，娱乐休闲成为人们放松心情、享受生活的重要方式。腾讯元宝为娱乐休闲探索者提供了多元化的内容选择，包括热门音乐、高清视频、精彩游戏、有声书等。用户可以根据自己的兴趣和喜好，在腾讯元宝上探索新的娱乐方式，丰富自己的业余生活，享受更加多彩多姿的人生。

2. 腾讯元宝的服务内容

腾讯元宝的服务内容包括但不限于信息查询、健康管理、智能家居控制、金融理财、娱乐休闲和生活服务。

（1）信息查询。腾讯元宝提供全面的信息查询服务，包括实时天气预报、国内外新闻资讯、精准交通路况等。用户只需轻点屏幕，即可获取最新、最全的信息。无论是出行规划还是日常决策，腾讯元宝都能提供有效的支持。腾讯元宝致力于为用户提供便捷、高效的信息获取渠道，让生活更加轻松无忧。

（2）健康管理。健康管理是腾讯元宝的核心服务之一。通过智能穿戴设备或手机应用，腾讯元宝能够精准记录用户的健康数据，如运动步数、心率、睡眠质量等。同时，基于大数据分析，腾讯元宝为用户提供个性化的健康建议和心理咨询服务。无论是健康监测还是疾病预防，腾讯元宝都是用户的得力助手。

（3）智能家居控制。智能家居爱好者将腾讯元宝视为提升居家生活品质的利器。通过语音操控功能，用户可以轻松实现对家中灯、空调、安防等设备的远程控制。无论是调节室内温湿度，还是监控家庭安全，都能一键完成。腾讯元宝让智能家居触手可及，让用户在享受科技带来的便利的同时，感受到家的温馨与舒适。

（4）金融理财。腾讯元宝为用户提供全方位的金融理财服务。通过腾讯元宝，用户可以查询并了解基金、股票、保险等各类金融产品的详细信息。同时，腾讯元宝会根据用户的投资偏好和风险承受能力，提供专业的产品推荐和理财建议。用户还可以利用腾讯元宝的个人财务管理功能，轻松管理自己的资产和了解财务状况，实现财富的稳健增长。

（5）娱乐休闲。腾讯元宝汇集了丰富的娱乐休闲资源，包括热门音乐、高清视频、精彩游戏及有声书等多种内容。用户可以根据自己的兴趣和喜好，在腾讯元宝上发现新的娱乐方式并享受愉悦的体验。无论是放松身心还是寻求灵感，腾讯元宝都能满足用户的不同需求，让娱乐休闲成为生活中的美好时光。

（6）生活服务。除了以上服务，腾讯元宝还提供丰富的生活服务，包括外卖订餐、酒店预订、旅游规划等。用户只需在腾讯元宝上简单操作，即可享受到便捷、高效的生活服务。无论是忙碌的工作日还是悠闲的周末，腾讯元宝都能帮助用户轻松解决日常问题，让生活更加便捷和舒适。

### 3. 腾讯元宝的使用方法

（1）下载与注册。可以在腾讯应用宝等可信商店中搜索腾讯元宝并下载安装。然后，打开 App 选择注册或登录，注册时需填写手机号或邮箱，设置密码。完成注册后，即可使用手机号、邮箱或账号及密码登录腾讯元宝。

（2）个性化设置。登录成功后，进入 App 主界面。根据个人需求，进行个性化设置。

（3）语音交互。腾讯元宝支持语音交互功能，用户可通过手机语音助手和 App 内语音功能两种方式使用该功能。

（4）手动操作。除了语音交互，用户还可以在 App 主界面上通过手动操作完成信息查询、服务预约等各项任务。

（5）智能推荐。腾讯元宝具备智能推荐功能，能够根据用户的行为习惯和偏好自动推送相关信息和服务。

### 4. 腾讯元宝的智能体

腾讯元宝的智能体是基于混元大模型的，它允许用户创建个性化的智能体，以用于各种场景，如教育、娱乐、客户服务、内容创作等。图 3-9 所示为腾讯元宝的智能体。

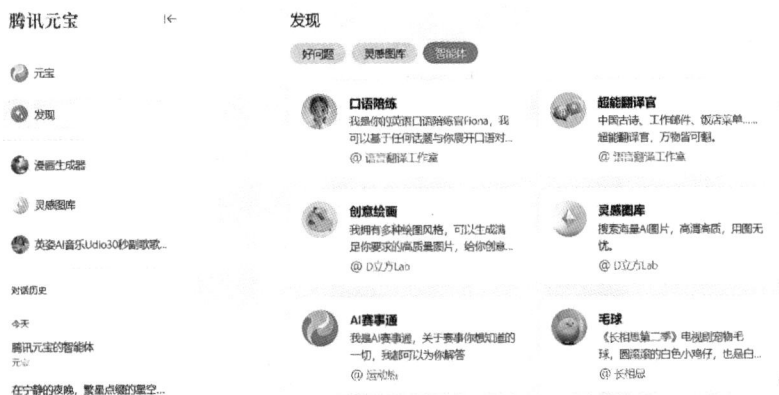

图 3-9　腾讯元宝的智能体

### 5. 腾讯元宝的应用领域

腾讯元宝的应用领域包括但不限于日常生活、健康管理、智能家居、金融理财、娱乐休闲、学习与工作。

（1）日常生活。腾讯元宝深入人们的日常生活，成为用户不可或缺的助手。它提供了一站式的生活服务解决方案，涵盖天气查询、实时交通导航、外卖订餐等功能。用户只需轻轻一点，即可获取所需信息，享受高效、便捷的日常生活服务。腾讯元宝让烦琐的日常事务变得简单、轻松，提高了生活品质。

（2）健康管理。在健康管理领域，腾讯元宝发挥着重要作用。它不仅能全面记录用户的个人健康数据，如运动步数、睡眠质量、饮食等，还能基于大数据分析，为用户提供个性化的健康建议。此外，腾讯元宝还关注疾病预防与健康促进，帮助用户建立科学的生活习惯，享受健康人生。

（3）智能家居。智能家居是腾讯元宝的一大应用领域。它实现了智能家居设备的统一管理与控制，用户只需通过腾讯元宝 App，就能轻松操控家中的灯、空调、安防设备等。这种智能的管理方式不仅提升了居家生活的品质，还为用户带来了前所未有的便捷与舒适。

（4）金融理财。腾讯元宝在金融理财领域同样表现出色。它为用户提供了便捷的金融投资渠道，包括基金、股票、保险等多种金融产品。同时，基于用户的投资偏好和风险承受能力，腾讯元宝能提供个性化的理财建议，帮助用户实现财富的稳健增长。

（5）娱乐休闲。腾讯元宝致力于丰富用户的业余生活，提供了多样化的娱乐内容。无论是热门音乐、高清视频，还是精彩游戏、有声书等，用户都能在腾讯元宝上找到自己喜欢的娱乐方式。这些丰富的娱乐资源不仅可让用户放松身心，还可拓宽视野和培养兴趣。

（6）学习与工作。在学习与工作方面，腾讯元宝也是用户的得力助手。它提供时间管理、日程安排等实用工具，帮助用户合理规划时间，提高工作效率。同时，腾讯元宝整合丰富的在线学习资源，包括课程视频、学习资料等，助力用户不断学习和成长。无论是自我提升还是职业发展，腾讯元宝都能为用户提供有力的支持。

腾讯元宝介绍汇总见表 3-4。

表 3-4　腾讯元宝介绍汇总

| 名称 | 腾讯元宝 |
| --- | --- |
| 定位 | 腾讯元宝是腾讯公司推出的全能 AI 助手，对标 ChatGPT，旨在提升用户在办公、学习、生活等方面的效率 |
| 目标用户 | （1）年轻人与职场新人：科技与生活品质并重。<br>（2）健康管理追求者：精准记录，提供科学建议。<br>（3）智能家居爱好者：科技赋能，居家更舒适。<br>（4）数字理财达人：便捷管理，财富增值。<br>（5）娱乐休闲探索者：多元选择，丰富生活 |
| 服务内容 | （1）信息查询：天气预报、新闻资讯、交通路况等。<br>（2）健康管理：健康数据记录、个性化健康建议、心理咨询服务。<br>（3）智能家居控制：对灯、空调、安防设备等进行语音操控。<br>（4）金融理财：基金、股票、保险等金融产品的查询与推荐，个人财务管理。<br>（5）娱乐休闲：音乐、视频、游戏、有声书等内容。<br>（6）生活服务：外卖订餐、酒店预订、旅游规划等 |
| 使用方法 | （1）下载与注册：在腾讯应用宝或其他应用商店中下载腾讯元宝，并完成账号注册与登录。<br>（2）个性化设置：根据个人需求，设置健康目标、智能家居设备连接、理财偏好等。<br>（3）语音交互：利用手机语音助手或 App 内语音功能，直接发出指令，如"查询明天的天气""调节卧室灯光为最暗"。<br>（4）手动操作：在 App 主界面上，通过点击、滑动等方式完成信息查询、服务预约等操作。<br>（5）智能推荐：根据用户的行为习惯和偏好，自动推送相关信息和服务 |
| 应用领域 | （1）日常生活：提供全方位的生活服务解决方案，如天气查询、交通导航、外卖订餐等。<br>（2）健康管理：个人健康数据管理、疾病预防与健康促进。<br>（3）智能家居：智能家居设备的统一管理与控制，提升居家生活的品质。<br>（4）金融理财：为用户提供便捷的金融投资渠道与个性化理财建议。<br>（5）娱乐休闲：丰富用户的业余生活，提供多样化的娱乐内容。<br>（6）学习与工作：提供时间管理、日程安排等实用功能及在线学习资源，助力个人成长与发展 |

### 3.2.5　天工 AI

天工 AI 是一个多模态的 AI 应用平台，集成了 AI 搜索、AI 文档分析、AI 画画、PPT 制作、音乐生成、视频转换、AI 写作、AI 语音对话等主流生成式人工智能的应用。天工 AI 支持处理文字、图片、声音、视频、文档等多种模态，是真正意义上的多模态生成式人工智能大模型。其目标是通过一站式服务解决用户在工作、生活与学习中的诸多问题。天工 AI 如图 3-10 所示。

图 3-10　天工 AI

#### 1. 天工 AI 的目标用户

（1）科技爱好者与早期采纳者。天工 AI 以前沿的 AI 技术和智能服务，吸引了众多科技爱好者与早期采纳者。他们热衷于探索新技术，追求高效、便捷的生活方式，天工 AI 正好满足了他们的需求，带来了前所未有的科技体验和便捷服务。

（2）企业与机构。对于企业和机构而言，天工 AI 是提升管理效率、优化运营流程的重要工具。它提供的智能管理、自动流程优化及数据分析等解决方案，帮助企业和机构快速响应市场变化，精准把握业务动态，降低人力成本，提高决策效率。

（3）学生与教师。天工 AI 在教育领域也展现出巨大价值。它为学生提供个性化的学习资源推荐，为教师提供智能辅助教学服务。通过大数据分析学生的学习行为和习惯，天工 AI 能够精准推送合适的学习资源，助力学生高效学习，提升教学质量和效率。

（4）健康管理追求者。天工 AI 还关注健康管理领域，为关注个人健康数据、寻求科学的健康管理方案的用户提供全方位的健康管理服务。通过记录并分析用户的健康数据，天工 AI 能够为用户提供个性化的健康建议和运动饮食指导，帮助他们实现科学、健康的生活方式。

#### 2. 天工 AI 的服务内容

天工 AI 的服务内容包括但不限于智能助手、数据分析、自动化流程、个性化推荐、健康管理和智能家居。

（1）智能助手。天工 AI 的智能助手集语音交互、日程管理、提醒服务于一体，是为用户打造的全方位生活与工作助手。用户可通过语音指令，轻松查询天气、设置闹钟、安排日程，甚至控制家居设备。同时，智能助手会根据用户习惯，自动发送重要事件提醒，确保用户不会错过任何关键信息，极大地提升生活的便捷性和工作效率。

（2）数据分析。针对企业需求，天工 AI 提供深度业务数据分析与市场趋势预测服务。天工 AI 通过对海量数据进行挖掘与分析，帮助企业精准洞察市场动态，发现潜在商机与风险。专业的数据分析报告为企业决策提供了强有力的数据支持，助力企业在激烈的市场竞争中占据先机，实现可持续发展。

（3）自动化流程。天工 AI 致力于帮助企业优化内部流程，实现自动化办公。通过集成先进的自动化技术，天工 AI 能够自动处理重复、烦琐的办公任务，如文件流转、数据录入等，显著提升工作效率。同时，自动化流程可降低发生人为错误的概率，提高工作质量，为企业节省大量的人力与物力成本。

（4）个性化推荐。基于对用户兴趣与行为数据的深度分析，天工 AI 能够为用户提供个性化的娱乐与学习资源推荐。无论是热门的电影、音乐，还是专业的书籍、课程，用户都能在天工 AI 的精准推荐下，快速找到满足自己需求的内容。这种个性化的推荐方式不仅丰富了用户的业余生活，还促进了知识的传播与学习的深入。

（5）健康管理。天工 AI 关注每一位用户的健康，提供全面的健康管理服务。通过智能穿戴设备等数据采集终端，天工 AI 能够实时记录并分析用户的健康数据，如运动步数、心率、睡眠质量等。基于这些数据，天工 AI 会为用户提供个性化的疾病预防建议、运动饮食指导，帮助用户建立科学的生活方式，提升健康水平。

（6）智能家居。天工 AI 的智能家居服务旨在通过统一的平台实现对各种智能家居设备的集中管理与控制。用户只需简单操作，即可轻松调整家中灯、空调、安防设备等的状态，享受智能家居带来的舒适与便捷。同时，天工 AI 还支持远程操控功能，让用户无论身在何处都能随时掌握家中情况，提升居住的安全感与幸福感。

3. 天工 AI 的使用方法

（1）下载与注册。访问天工 AI 的官方网站并搜索"天工 AI"，找到并下载官方 App。安装完成后，打开 App，根据提示完成账号注册流程。可以选择使用手机号、邮箱或社交媒体账号进行注册，并设置密码以确保账号安全。注册成功后，使用注册的账号和密码登录天工 AI。

（2）个性化设置。登录后，进入"设置"或"个人中心"界面，根据个人喜好和需求，设置语言、主题颜色、通知方式等。

（3）语音交互。在支持语音交互的设备上（如手机、智能音箱等），通过说出预设的唤醒词（如"你好，天工 AI"），激活语音助手。随后，直接说出需求或指令，如"查询明天的天气""设置明天早上 7 点的闹钟"等。天工 AI 将迅速响应并执行用户的指令。

（4）手动操作。打开天工 AI，通过滑动屏幕或点击底部导航栏，浏览不同的功能板块和服务项目。在相应功能板块内，可以通过点击、滑动等操作，查询所需信息，如新闻资讯、天气预报、健康管理数据等。对于需要预约的服务（如家政、医疗咨询等），可以在相应功能板块内找到预约入口，填写相关信息并提交预约请求。

（5）智能推荐。天工 AI 会根据用户的行为数据和偏好，自动推送相关信息和服务到首页或消息中心。如果用户有特定的需求或兴趣，也可以在天工 AI 的搜索框内输入关键词，手动搜索并获取相关信息和服务。

（6）集成服务。天工 AI 支持与众多第三方应用和服务进行无缝集成，以扩展其功能和实用性。在"集成服务"或"合作伙伴"功能板块中，可以查看已集成的第三方应用列表，并了解如何接入和使用这些应用。

### 4. 天工 AI 的智能体广场

天工 AI 的智能体广场的功能十分丰富，涵盖了 AI 搜索、写作、文档分析、多模态生成等多个方面。用户可以利用天工 AI 进行全网搜索、文件解析、资料整理、文本创作、代码编程、AI 画画、AI 音乐生成等，如图 3-11 所示。

图 3-11　天工 AI 的智能体广场

### 5. 天工 AI 的应用领域

天工 AI 的应用领域包括但不限于日常生活、健康管理、智能家居、金融理财、娱乐休闲、学习与工作、企业服务。

（1）日常生活。天工 AI 深度融入人们的日常生活，提供从天气预报到交通导航，再到外卖订餐的全方位生活服务。无论是早晨查询当日天气，规划最佳出行路线，还是午餐时间轻松下单美味佳肴，天工 AI 都以其精准的信息服务和便捷的操作流程，让我们的日常生活更加舒心与高效。

（2）健康管理。在健康管理领域，天工 AI 扮演着重要角色。它不仅能实时记录并分析用户的个人健康数据，如运动步数、心率、睡眠质量等，还能根据数据变化提供疾病预防建议和健康促进方案。用户通过天工 AI，可以更加科学地管理自身健康，享受更高质量的生活。

（3）智能家居。天工 AI 在智能家居领域展现出强大的控制能力。通过统一的平台，用户可以轻松实现对各类智能家居设备的集中管理与控制，如灯光调节、温度设置、安防监控等。这种智能化的家居体验不仅提升了居住的便利性，更让家充满了未来感和科技感。

（4）金融理财。天工 AI 为用户开启智慧金融理财的新篇章。它提供多元化的金融投资渠道和个性化的理财建议，帮助用户根据自身的风险承受能力和财务状况制订合理的投资计划。通过天工 AI，用户可以更加便捷地管理个人资产，实现财富的稳健增长。

（5）娱乐休闲。天工 AI 是用户娱乐休闲的好伙伴。它汇集了丰富的娱乐内容，包括最新、热门的音乐、视频、游戏等，满足用户多样化的娱乐需求。无论是独自享受音乐时光，还是与朋友一起畅玩游戏，天工 AI 都能为用户带来欢乐。

（6）学习与工作。在学习与工作方面，天工 AI 成为用户不可或缺的辅助工具。它提供时间

管理、日程安排等实用功能，帮助用户合理规划日常活动，提高工作效率。同时，天工 AI 整合了丰富的在线学习资源，包括课程视频、学习资料等，助力用户实现个人的成长与发展。

（7）企业服务。对于企业而言，天工 AI 更是提升市场竞争力的得力助手。它提供业务流程自动化、数据分析、客户关系管理等企业级解决方案，帮助企业实现运营效率的显著提升和成本的有效控制。通过天工 AI 的企业服务，企业能够更加精准地把握市场趋势和了解客户需求，从而在激烈的市场竞争中脱颖而出。

天工 AI 介绍汇总见表 3-5。

表 3–5　天工 AI 介绍汇总

| 名称 | 天工 AI |
| --- | --- |
| 定位 | 天工 AI 是一款集成先进人工智能技术的高效智能服务平台，旨在为用户提供个性化、智能化的解决方案，覆盖生活、工作、学习等多个方面，提升用户体验与效率 |
| 目标用户 | （1）科技爱好者与早期采纳者：追求新技术体验、寻求高效生活方式的用户。<br>（2）企业与机构：需要智能管理、自动流程优化、数据分析等解决方案的企业和机构。<br>（3）学生与教师：需要个性化学习资源推荐、智能辅助教学等服务的学生和教师。<br>（4）健康管理追求者：关注个人健康数据、寻求科学的健康管理方案的用户 |
| 服务内容 | （1）智能助手：提供语音交互、日程管理、提醒服务等功能。<br>（2）数据分析：为企业提供业务数据分析、市场趋势预测等服务。<br>（3）自动化流程：帮助企业优化内部流程，实现自动化办公。<br>（4）个性化推荐：根据用户兴趣和行为，推荐适合的娱乐、学习资源。<br>（5）健康管理：记录并分析健康数据，提供疾病预防建议、运动饮食指导。<br>（6）智能家居：实现智能家居设备的集中管理与控制，提升居住体验 |
| 使用方法 | （1）下载与注册：通过官方网站或在应用商店中下载天工 AI App，并完成账号注册与登录。<br>（2）个性化设置：根据个人需求，设置偏好、连接智能家居设备等。<br>（3）语音交互：利用手机语音助手或 App 内语音功能，直接发出指令进行操作。<br>（4）手动操作：在 App 中，通过点击、滑动等操作完成信息查询、服务预约等事项。<br>（5）智能推荐：自动根据用户行为推送相关信息和服务，用户也可主动搜索获取。<br>（6）集成服务：天工 AI 可与第三方应用和服务无缝集成，扩展更多功能 |
| 应用领域 | （1）日常生活：提供天气预报、交通导航、外卖订餐等全方位生活服务。<br>（2）健康管理：个人健康数据管理，提供疾病预防建议与健康促进方案。<br>（3）智能家居：实现智能家居设备的集中管理与控制，提升居住品质。<br>（4）金融理财：为用户提供金融投资渠道、个性化理财建议。<br>（5）娱乐休闲：提供多样化的娱乐内容，如音乐、视频、游戏等。<br>（6）学习与工作：提供时间管理、日程安排等实用工具及在线学习资源，助力个人的成长与发展。<br>（7）企业服务：提供业务流程自动化、数据分析、客户关系管理等企业级解决方案 |

### 3.2.6　豆包

豆包是字节跳动推出的免费 AI 对话工具，具备对话交流、图片生成等功能。豆包旨在通过智能服务提升用户体验，增加互动乐趣。豆包以智能体的形式呈现，能满足用户在不同应用场景下的使用需求。豆包在国内拥有较大的活跃用户规模，是目前国内活跃的 AI 产品之一。豆包如图 3-12 所示。

图 3-12　豆包

### 1. 豆包的目标用户

（1）年轻人群体。追求高效、便捷的生活的年轻人群体，尤其是大学生和职场新人，是豆包的核心用户。他们热衷于追求高效、便捷的生活方式，无论是日常琐事的处理还是学习、工作的安排，都希望能借助智能应用来简化流程，提升效率。豆包以其全面且贴心的服务，成为他们生活中不可或缺的一部分。

（2）健康管理爱好者。对健康管理有需求的用户，豆包提供个性化的健康数据管理与疾病预防服务。这些用户关注个人健康指标，通过豆包的数据追踪与分析功能，能够更好地了解自身健康状况，及时采取措施预防疾病，享受健康生活。

（3）智能家居追求者。智能家居追求者对智能家居设备充满热情，渴望通过科技的力量实现家居设备的智能互联与控制。豆包为他们提供了智能家居设备的统一管理平台，让家变得更加智能、便捷，满足了他们对未来生活的美好憧憬。

（4）理财规划者。理财规划者是指理财意识较强的个人用户，是豆包理财服务的主要受众。他们希望通过科学的理财规划实现财富的保值、增值，而豆包提供的个性化理财建议与金融投资渠道正是他们寻求专业指导、规避投资风险的重要途径。

（5）娱乐休闲探索者。娱乐休闲探索者热爱丰富的娱乐内容，从音乐到视频，从游戏到社交，豆包都能满足他们的需求。在这个平台上，用户可以轻松获取心仪的娱乐资源，享受愉悦的休闲时光，让生活更加多姿多彩。

（6）学习与工作需助力者。学习与工作需助力者是学习与工作需要辅助的个体，是豆包学习服务的主要用户。他们注重时间管理和日程安排，需要在线学习资源的支持来提升自己的能力和竞争力。豆包为他们提供了全方位的学习服务，助力他们在求知的道路上不断前行。

（7）中小型企业管理者。中小型企业管理者作为豆包企业服务的主要客户，面临着数字化转型的迫切需求。他们需要业务流程自动化、数据分析和客户关系管理等企业级服务来提升运营效率和管理水平。豆包以其专业的企业级服务解决方案，帮助这些企业顺利实现数字化转型，抢占市场先机。

### 2. 豆包的服务内容

豆包的服务内容包括日常生活、健康管理、智能家居、金融理财、娱乐休闲、学习与工作、企业服务等。

（1）日常生活。豆包在日常生活中提供了全面的服务，包括天气预报、交通导航和外卖订餐等。用户可以随时查看当日及未来几天的天气情况，为出行做好充分准备；利用精准的交通导航功能，轻松规划路线，避免拥堵。同时，豆包还整合了多家外卖平台，让用户享受一键订餐的便捷服务，满足日常饮食需求。

（2）健康管理。豆包深知健康管理的重要性，为用户提供了个人健康数据管理、疾病预防与健康促进的全方位服务。用户可以在豆包上记录并分析自己的健康数据，如体重、血压、运动量等，及时了解身体状况。同时，豆包还根据用户的健康数据提供个性化的疾病预防建议和健康促进方案，助力用户拥有更加健康的生活方式。

（3）智能家居。作为智能家居领域的佼佼者，豆包提供了智能家居设备的统一管理与控制服务。用户可以通过豆包轻松连接并管理智能家居设备，如智能灯具、智能安防、智能家电等，实现家居设备的智能互联与远程控制。这不仅提升了家居生活的便捷性，还为用户带来了更加舒适、安全的居住环境。

（4）金融理财。在金融理财方面，豆包为用户提供了专业的金融投资渠道推荐和个性化理财建议。用户可以在豆包上了解最新的金融市场动态和各类金融产品，并根据自己的风险承受能力和投资目标选择合适的投资渠道。同时，豆包还利用大数据和人工智能技术为用户提供个性化的理财建议，帮助用户实现财富的保值和增值。

（5）娱乐休闲。豆包深知娱乐休闲对于用户生活的重要性，因此提供了音乐、视频、游戏等多样化的娱乐内容。用户可以在豆包上畅享热门歌曲、高清视频和精彩游戏，满足自己的娱乐需求。此外，豆包还不断引入新的娱乐资源和功能，让用户始终能够享受到最新、优质的娱乐体验。

（6）学习与工作。针对学习与工作的需求，豆包提供了时间管理、日程安排和在线学习资源等服务。用户可以利用豆包的时间管理工具合理规划自己的学习和工作时间，提高学习和工作效率。同时，豆包还整合了丰富的在线学习资源，包括课程视频、学习资料等，帮助用户随时随地进行提升。

（7）企业服务。豆包也致力于为中小型企业提供全面的企业级解决方案。通过业务流程自动化、数据分析和客户关系管理等功能，豆包帮助企业提升运营效率和管理水平。企业可以利用豆包实现业务流程的自动化处理，减少人工操作成本和错误。同时，豆包还为企业提供数据分析服务，帮助企业洞察市场趋势和客户需求。此外，豆包还提供了客户关系管理工具，帮助企业更好地维护和管理客户关系。

### 3. 豆包的使用方法

（1）下载与安装。要使用豆包，需要将其安装到自己的设备上。打开应用商店，在搜索框中输入"豆包"或相关关键词，找到豆包 App 并点击下载。下载完成后，按照指示完成安装过程。安装成功后，可以在设备的应用列表中找到豆包 App 的图标。

（2）注册登录。启动豆包 App 后，将进入注册登录界面。这里有两种方式供用户选择：使用手机号注册或第三方账号（如微信、QQ 等）快速登录。如果选择使用手机号注册，应按照页面提示输入手机号，并设置密码，完成验证后即注册成功。如果选择第三方账号快速登录，只需点击对应的图标并授权登录即可。注册或登录成功后，将进入豆包的主界面。

（3）功能选择。豆包的主界面集成了多个功能模块，以满足不同用户的需求。在主界面上，可以看到各种服务入口，如"日常生活""健康管理""智能家居""金融理财""娱乐休闲""学习与工作""企业服务"等。根据个人需求，点击相应的功能模块即可进入对应的服务页面。

（4）个性化设置。在各个功能模块内，豆包提供了丰富的个性化设置选项，以便用户根据个人偏好调整服务。例如，在"智能家居"模块中，可以添加并管理智能家居设备，实现设备间的智能互联与控制；在"金融理财"模块中，可以设置自己的理财目标，并获取个性化的理财建议。通过个性化设置，可以让豆包更加满足用户的需求和生活习惯。

（5）开始使用。完成个性化设置后，就可以开始享受豆包提供的各项服务了。根据界面提示或语音指导，可以轻松完成各种操作，如查看天气预报、进行交通导航、订购外卖、管理健康数据、控制智能家居设备、投资理财产品、观看视频游戏、安排日程计划等。豆包的主界面简洁明了，操作流程简单易懂，能让用户在使用过程中感受到便捷与舒适。

（6）反馈与帮助。在使用豆包的过程中，如果遇到任何问题或需要帮助，可以通过多种渠道寻求解决方案。在 App 内，可以找到"帮助中心"或"客服支持"等入口，了解常见问题解决方案或联系客服。此外，豆包还提供了用户反馈渠道，用户可以在使用过程中随时提出宝贵意见或建议，帮助豆包不断改进和完善服务。

### 4. 豆包的应用领域

豆包的应用领域包括但不限于日常生活、健康管理、智能家居、智慧金融、娱乐休闲、教育学习和企业运营。

（1）日常生活。豆包在日常生活中发挥着重要作用，它深度融入并覆盖了日常生活的方方面面。从天气预报、交通导航到外卖订餐，豆包以其全面且细致的服务，极大地提升了用户的生活便捷性和舒适度。无论是出行规划还是居家生活，豆包是用户不可或缺的贴心助手。

（2）健康管理。在健康管理方面，豆包致力于成为用户的私人健康顾问。通过智能追踪和分析个人健康数据，豆包不仅帮助用户全面了解自身健康状况，还能根据健康数据提供个性化的疾病预防建议和健康促进方案。这种具有前瞻性的健康管理方式，让用户能够更有效地维护自身健康，享受更高品质的生活。

（3）智能家居。豆包在智能家居领域展现出了强大的影响力。它推动了智能家居领域的快速发展，通过统一的平台实现了家居设备的智能互联与控制。用户只需简单操作，即可轻松管理智能家居设备，享受人工智能带来的便捷与舒适。豆包的智能家居解决方案让未来生活触手可及。

（4）智慧金融。在智慧金融领域，豆包为用户提供了全方位的理财支持。它根据用户的财务状况和风险承受能力，提供个性化的理财建议和投资渠道，助力用户实现财富的稳健增长。同时，豆包还注重金融知识的普及和教育，帮助用户增强理财意识和能力。

（5）娱乐休闲。豆包在娱乐休闲方面也表现出色。它汇集了丰富的娱乐内容和社交互动平台，满足了用户多样化的娱乐需求。无论是观看热门视频、聆听流行音乐还是玩在线游戏，豆包都能为用户带来良好的娱乐体验。此外，豆包还鼓励用户进行社交互动，让用户在娱乐的同时能拓展社交圈子。

（6）教育学习。在教育学习领域，豆包是用户在学习之路上的得力助手。它提供了个性化的学习规划与时间管理方案，帮助用户高效安排学习时间和任务。同时，豆包还整合了丰富的在线学习资源，包括课程视频、学习资料等，让用户能够随时随地进行学习。这种灵活、便捷的学习方式，让用户能够更加轻松地掌握新知识和技能。

（7）企业运营。对于企业而言，豆包同样是一个不可或缺的智能工具。它针对中小型企业的实际需求，提供了业务流程自动化、数据分析和客户关系管理等企业级解决方案。这些解决方案能够显著提升企业的运营效率和管理水平，帮助企业更好地应对市场竞争和挑战。通过豆包，企业能够更加专注于核心业务的发展和创新。

豆包介绍汇总见表 3-6。

表 3-6　豆包介绍汇总

| 名称 | 豆包 |
|------|------|
| 定位 | 一款集日常生活、健康管理、智能家居控制、金融理财、娱乐休闲、学习与工作辅助，以及企业级服务于一体的综合性智能应用平台 |
| 目标用户 | （1）年轻人群体：特别是大学生和职场新人，追求高效、便捷的生活方式。<br>（2）健康管理爱好者：对健康管理有需求的用户，关注个人健康指标与疾病预防。<br>（3）智能家居追求者：对智能家居设备有浓厚兴趣的用户，希望实现家居设备的智能互联与控制。<br>（4）理财规划者：理财意识较强的个人用户，寻求个性化理财建议与金融投资渠道。<br>（5）娱乐休闲探索者：享受多样化的音乐、视频、游戏等娱乐内容。<br>（6）学习与工作需助力者：需要辅助学习与工作的个体，需要时间管理、日程安排及在线学习资源。<br>（7）中小型企业管理者：需要业务流程自动化、数据分析和客户关系管理等企业级服务 |
| 服务内容 | （1）日常生活：天气预报、交通导航、外卖订餐等。<br>（2）健康管理：个人健康数据管理、疾病预防与健康促进。<br>（3）智能家居：智能家居设备的统一管理与控制。<br>（4）金融理财：金融投资渠道推荐、个性化理财建议。<br>（5）娱乐休闲：音乐、视频、游戏等多样化娱乐内容。<br>（6）学习与工作：时间管理、日程安排、在线学习资源。<br>（7）企业服务：业务流程自动化、数据分析、客户关系管理等企业级解决方案 |
| 使用方法 | （1）下载与安装：通过应用商店下载豆包 App，并完成安装。<br>（2）注册登录：使用手机号或第三方账号注册并登录豆包 App。<br>（3）功能选择：根据个人需求，在豆包的主界面中选择相应的功能模块。<br>（4）个性化设置：在各功能模块内，根据个人偏好进行个性化设置，如添加并管理智能家居设备、设置理财目标等。<br>（5）开始使用：按照界面提示或语音指导，开始使用豆包提供的各项服务。<br>（6）反馈与帮助：在使用过程中遇到问题，可通过反馈渠道寻求帮助或提出建议 |
| 应用领域 | （1）日常生活：覆盖日常生活的各个方面，提升生活便捷性和舒适度。<br>（2）健康管理：帮助用户管理个人健康数据，预防疾病，促进健康。<br>（3）智能家居：推动智能家居领域的发展，实现家居设备的智能互联与控制。<br>（4）智慧金融：为用户提供个性化的理财建议和投资渠道，助力财富增长。<br>（5）娱乐休闲：满足用户的娱乐需求，提供多样化的娱乐内容和社交互动平台。<br>（6）教育学习：辅助用户进行学习规划与时间管理，提供丰富的在线学习资源。<br>（7）企业运营：为中小型企业提供企业级解决方案，提高运营效率和管理水平 |

### 3.2.7　Kimi

Kimi 是由北京月之暗面科技有限公司精心研发的智能助手，以卓越的 20 万字长文本处理能力引领业界。它还集成了联网搜索、代码编写、智能交互及多语种翻译等强大功能。无论是学术论文的深度解析，还是法律文书的精准翻译，Kimi 都游刃有余。Kimi 自 2023 年正式面世以来，持续迭代升级，特别是 2024 年推出的上下文缓存与浏览器插件，进一步提升了用户体验。Kimi 如图 3-13 所示。

图 3-13　Kimi

#### 1. Kimi 的目标用户

（1）学术界。Kimi 为学术研究人员量身打造。面对浩瀚的学术海洋，他们需要处理海量的文献资料，并经常涉及跨语言的研究。Kimi 以强大的文献处理与翻译能力，帮助他们高效完成文献阅读、翻译与整理工作，极大地提升研究效率与成果质量。

（2）法律界。在法律界，律师和法律顾问时常面对复杂的法律文件与案例，要求快速而准确地分析、判断。Kimi 凭借智能的法律文本解析与快速搜索能力，为他们提供即时的法律信息支持，助力律师和法律顾问迅速掌握案情，精准分析案件，有效提升工作效率与专业水平。

（3）IT 行业。针对 IT 行业的开发人员与程序员，Kimi 成为他们在编程路上的得力助手。在编程过程中，Kimi 能够辅助编程，提供代码建议与错误检查，减少编程错误，提高开发效率。同时，它还擅长理解技术文档，帮助开发人员快速掌握新技术，加速项目进展。

（4）普通用户。对于追求高效、便捷的生活方式的普通用户而言，Kimi 具备极高的使用价值。无论是信息查询、语言翻译，还是智能提醒、日程管理，Kimi 都能以用户需求为核心，提供个性化、智能化的服务，让日常生活更加轻松自在，尽享科技带来的便利与乐趣。

#### 2. Kimi 的服务内容

Kimi 的服务内容包括长文本处理、联网搜索、编写代码、智能交互、多语种翻译和专业辅助等。

（1）长文本处理。Kimi 凭借卓越的长文本处理能力，支持用户输入超长文本。无论是厚重的学术著作还是详尽的项目报告，Kimi 都能轻松应对。这一功能不仅简化了传统分段处理的繁琐流程，更显著提升了文本处理的效率与质量，为用户节省宝贵时间，让信息处理更加高效。

（2）联网搜索。Kimi 集成了先进的搜索引擎技术，为用户提供即时、全面的信息检索服务。只需输入关键词，Kimi 便能迅速连接互联网，精准抓取相关信息，并将结果以直观、有序的方式呈现给用户。无论是学术研究、工作需求还是日常生活，Kimi 都能成为用户获取信息的得力助手。

（3）编写代码。针对 IT 行业的开发人员与程序员，Kimi 提供了强大的代码编写功能。它不仅能够根据上下文提供智能的代码建议，帮助用户快速编写代码，还能进行错误检查，及时发现并纠正潜在的问题。这一功能极大地提高了编程效率，降低了出错率，使开发人员能够更加专注于创意与代码实现。

（4）智能交互。Kimi 采用先进的自然语言处理技术，实现了与用户之间的流畅对话。无论是提问、请求还是指令，Kimi 都能准确理解用户的意图，并以自然、人性化的方式进行回应。这种智能交互模式不仅提升了用户体验，还让用户享受到更加贴心、个性化的服务。

（5）多语种翻译。在全球化的今天，多语种翻译成为一项不可或缺的服务。Kimi 支持多种语言之间的互译，包括常用的英语、中文、法语、西班牙语等，以及更多小众语言。无论是与国际合作伙伴交流，还是阅读外文资料，Kimi 都能为用户提供精准、快速的翻译服务，满足用户的需求。

（6）专业辅助。除了以上通用功能，Kimi 还提供了专业辅助服务，如学术论文理解、法律问题分析等。针对特定领域的专业需求，Kimi 能够运用深度学习等先进技术，对复杂的专业文本进行深入分析，为用户提供有价值的见解与建议。这一功能不仅提升了专业人士的工作效率，还促进了知识的传承与创新。

### 3．Kimi 的使用方法

（1）下载与安装。安装 Kimi，可以通过访问 Kimi 官方网站，在"下载"或"产品"页面找到对应的下载链接，根据自己的设备类型（如手机、平板计算机等）选择合适的版本进行下载。另外，也可以在各大应用商店（如 App Store、Google Play、华为应用市场等）中搜索"Kimi"，下载并安装。安装完成后，应确保给予 Kimi 必要的权限，以便其正常运行。

（2）注册登录。安装好 Kimi 后，打开应用并进入注册登录界面。可以选择直接创建 Kimi 的新账户，按照提示填写相关信息（如用户名、密码、邮箱等），完成注册。此外，为了简化流程，Kimi 还支持通过第三方平台账号（如微信、QQ、Facebook 等）进行快速登录。只需点击对应的第三方平台登录按钮，并授权 Kimi 访问自己的基本信息。

（3）功能选择。登录成功后，将进入 Kimi 的主界面。在主界面上，会看到多个功能模块的入口，如"翻译""搜索""编写代码""智能交互"等。根据自己的需求，点击相应的功能模块即可进入该功能区域。如果对某个功能不太熟悉，可以点击功能模块旁边的"帮助"或"使用说明"按钮，查看详细的功能介绍和操作步骤。

（4）输入与交互。在选择所需的功能模块后，就可以开始与 Kimi 进行交互了。Kimi 支持多种输入方式，包括文本输入和语音输入。对于文本输入，可以直接在输入框中输入请求或问题；对于语音输入，只需点击主界面上的麦克风图标，并按照提示说出指令或问题。Kimi 将利用先进的自然语言处理技术对指令或问题进行解析，并给出相应的回复或结果。

在交互过程中，如果有任何疑问或需要进一步的帮助，可以点击主界面上的"客服"或"反馈"按钮与 Kimi 的客服团队取得联系。他们将解答问题并提供必要的支持。

### 4．Kimi 的应用领域

Kimi 的应用领域包括教育科研、法律服务、软件开发、日常生活和跨语言交流等。

（1）教育科研。在教育科研领域，Kimi 是研究人员和学者的得力助手。它不仅能够辅助学术研究，还能通过智能分析提供研究思路与方向，高效处理海量文献，实现快速翻译与整理，极大地提升科研效率。此外，Kimi 还具备教学辅助功能，帮助教师优化课件，实现互动式教学，提升教学质量与效果。

（2）法律服务。在法律服务领域，Kimi 凭借强大的文本处理与分析能力，为律师和法律顾问提供了极大的便利。它能够快速处理法律文件，精准提取关键信息，辅助案例分析，显著提升了处理与分析法律文件的效率。同时，Kimi 还支持多语种翻译，助力国际法律事务的顺利处理。

（3）软件开发。对于开发人员与程序员而言，Kimi 是编程与开发过程中的重要工具。它能够辅助编程，提供智能的代码建议与错误检查，帮助开发人员快速编写高质量的代码。此外，Kimi 还能帮助开发人员理解复杂的技术文档，加速开发流程，提升软件的整体质量。

（4）日常生活。在日常生活中，Kimi 以其便捷的信息查询、翻译与智能生活助手功能赢得了广大用户的喜爱。无论是查询天气、交通还是购物信息，Kimi 都能迅速给出答案。同时，它还支持多语种翻译，满足用户在不同场景下的语言需求。此外，Kimi 还能根据用户的习惯与偏好提供个性化服务，让生活更加便捷与舒适。

（5）跨语言交流。在全球化的今天，跨语言交流变得尤为重要。Kimi 凭借其多语种翻译功能，有效打破了语言障碍，促进了全球范围内的语言沟通与合作。无论是商务谈判、学术交流还是个人旅游，Kimi 都能提供精准的翻译服务，让不同国家和地区的人们能够自由交流思想、分享信息。

Kimi 介绍汇总见表 3-7。

表 3-7　Kimi 介绍汇总

| 名称 | Kimi |
|---|---|
| 定位 | Kimi 是高性能、多功能的智能助手，专注于提升用户工作与生活的效率与便捷性 |
| 目标用户 | （1）学术界：研究人员、学者，需要处理大量文献与翻译工作。<br>（2）法律界：律师、法律顾问，需快速分析法律文件与案例。<br>（3）IT 行业：开发人员、程序员，辅助编程与理解技术文档。<br>（4）普通用户：追求高效、便捷的生活方式的普通用户 |
| 服务内容 | （1）长文本处理：支持超长文本输入，提升处理效率。<br>（2）联网搜索：集成搜索引擎，提供即时、全面的信息检索。<br>（3）编写代码：辅助编程，提供代码建议与错误检查。<br>（4）智能交互：自然语言处理，实现流畅对话。<br>（5）多语种翻译：支持多种语言互译，满足全球化需求。<br>（6）专业辅助：如学术论文理解、法律问题分析等 |
| 使用方法 | （1）下载与安装：通过官方网站或应用商店下载并安装 Kimi。<br>（2）注册登录：创建账号或使用第三方平台账号登录。<br>（3）功能选择：根据需求选择相应的功能模块，如翻译、搜索等。<br>（4）输入与交互：通过文本输入、语音输入等方式与 Kimi 进行交互，获取结果 |
| 应用领域 | （1）教育科研：辅助学术研究、文献翻译与教学。<br>（2）法律服务：提升处理与分析法律文件的效率。<br>（3）软件开发：加速开发流程，优化代码质量。<br>（4）日常生活：提供便捷的信息查询、翻译与智能生活助手功能。<br>（5）跨语言交流：促进全球范围内的语言沟通与合作 |

### 3.2.8　DeepSeek

　　DeepSeek 是一款多功能人工智能平台，旨在为用户提供高效、智能的解决方案。它通过强大的自然语言处理和数据分析能力，帮助用户快速获取信息、解决问题并提升效率。DeepSeek 的服务内容包括智能问答、知识搜索、学习辅助、数据分析和技术支持等，覆盖教育、职场、科研、生活等多个领域。无论是个人用户、学生、专业人士还是企业，都能通过 DeepSeek 找到适合自己的工具和服务。此外，DeepSeek 还提供 API 接口，方便开发者将其功能集成到自己的应用中。凭借其灵活性和智能化，DeepSeek 正在成为用户日常生活和工作中的得力助手。DeepSeek 如图 3-14 所示。

图 3-14　DeepSeek

### 1.　DeepSeek 的目标用户

　　（1）个人用户。DeepSeek 的个人用户主要是那些希望通过 AI 技术快速解决日常问题或提升生活效率的普通人。无论是查找生活小技巧、规划旅行路线，还是获取健康建议，DeepSeek 都能提供即时、准确的帮助。它的智能问答和知识搜索功能让用户无需花费大量时间筛选信息，轻松获得所需答案，成为日常生活中的得力助手。

　　（2）学生群体。DeepSeek 的学生用户群体包括中小学生、大学生以及自学者。他们可以利用 DeepSeek 的学习辅助功能完成作业、理解复杂知识点或备考复习。例如，解答数学难题、解析科学概念或提供学习计划建议。DeepSeek 通过智能化的方式帮助学生提高学习效率，减轻学习压力，成为他们的"私人学习助手"。

　　（3）专业人士。DeepSeek 为各行各业的专业人士提供支持，包括市场分析师、工程师、医生、律师等。他们可以通过 DeepSeek 快速获取行业资讯、分析数据、查询技术文档或解决专业问题。例如，生成市场报告、调试代码或查找法律案例。DeepSeek 的高效性和精准性帮助专业人士节省时间，提升工作效率。

　　（4）企业用户。DeepSeek 的企业用户包括需要智能客服、自动化工具或数据分析支持的公司。

例如，电商企业可以使用 DeepSeek 的智能客服功能处理客户咨询，而金融公司可以利用其数据分析工具优化决策。DeepSeek 帮助企业降低运营成本、提升服务质量，并实现业务流程的智能化升级。

（5）开发者。DeepSeek 的开发者用户主要是那些需要 AI 技术支持的编程人员或技术团队。他们可以通过 DeepSeek 的 API 接口将智能问答、数据分析等功能集成到自己的应用中，从而为用户提供更强大的服务。例如，开发教育类 App、智能客服系统或数据分析工具。DeepSeek 为开发者提供了灵活的技术支持，助力创新应用的实现。

## 2. DeepSeek 的服务内容

（1）智能问答。DeepSeek 的智能问答功能是其核心服务之一，能够快速响应用户提出的各种问题。无论是日常生活中的小常识，还是专业领域的复杂问题，DeepSeek 都能通过自然语言处理技术提供准确、简洁的答案。用户只需输入问题，即可获得即时反馈，无需花费时间搜索和筛选信息，极大地提升了信息获取的效率。

（2）知识搜索。DeepSeek 的知识搜索功能帮助用户快速查找所需资料、文献或数据。它通过强大的搜索引擎和 AI 算法，从海量信息中筛选出最相关的内容，并以清晰的方式呈现给用户。无论是学术研究、工作需求还是个人兴趣，DeepSeek 都能为用户提供精准的知识支持，节省大量时间和精力。

（3）学习辅助。DeepSeek 为学习者和教育者提供全面的学习辅助服务。它可以帮助学生解答作业难题、解析复杂知识点，并提供个性化的学习建议。例如，针对数学、科学等学科，DeepSeek 能够逐步解析问题，帮助学生理解核心概念。此外，它还支持备考复习，提供学习计划和资源推荐，成为学生的"智能学习伙伴"。

（4）数据分析。DeepSeek 的数据分析功能为用户提供强大的数据处理和可视化工具。无论是企业用户还是个人用户，都可以通过 DeepSeek 对数据进行整理、分析和展示。例如，生成图表、统计报告或趋势预测。这一功能特别适合市场分析、科研数据处理和商业决策支持，帮助用户从数据中挖掘有价值的信息。

（5）技术支持。DeepSeek 为开发者和技术从业者提供全面的技术支持服务。它可以帮助用户解决编程问题、调试代码或查询技术文档。例如，提供代码示例、错误排查建议或 API 使用指南。无论是初学者还是资深开发者，都能通过 DeepSeek 获得高效的技术帮助，提升开发效率和质量。

（6）个性化推荐。DeepSeek 的个性化推荐功能根据用户的需求和兴趣，提供定制化的内容或解决方案。例如，推荐学习资源、行业资讯或生活建议。通过分析用户的行为和偏好，DeepSeek 能够精准匹配用户需求，帮助用户发现更多有价值的信息和机会，提升使用体验。

（7）智能客服。DeepSeek 为企业用户提供智能客服解决方案，帮助处理客户咨询、订单查询等常见问题。它通过自然语言处理技术，实现自动化响应，提升客户服务效率。同时，DeepSeek 的智能客服支持多语言和多渠道，能够满足不同企业的需求，降低运营成本并提高客户满意度。

## 3. DeepSeek 的使用方法

（1）网页端/移动端。用户可以通过浏览器或移动端 App 直接访问 DeepSeek，输入问题或需求即可获取答案。无论是查找信息、解答问题还是获取建议，DeepSeek 都能快速响应。网页端和移动端界面简洁易用，适合各类用户随时随地使用，满足日常学习、工作和生活的多样化需求。

（2）API 接口。开发者可以通过 DeepSeek 提供的 API 接口，将智能问答、数据分析等功能集成到自己的应用中。API 接口支持多种编程语言，文档详细，易于上手。开发者可以根据需求定制功能，例如在教育类 App 中集成学习辅助，或在企业系统中加入智能客服，提升应用智能化水平。

（3）语音交互。DeepSeek 支持语音输入功能，用户可以通过语音直接与系统对话，获取所需信息或服务。例如，询问天气、查找资料或设置提醒。语音交互功能特别适合在移动场景中使用，为用户提供更便捷、自然的交互体验，进一步提升使用效率。

（4）定制化服务。企业用户可以根据自身需求，定制 DeepSeek 的功能或解决方案。例如，定制智能客服系统、数据分析工具或行业知识库。DeepSeek 的技术团队会提供专业支持，帮助企业实现业务流程的智能化升级，提升运营效率和服务质量。

（5）多语言支持。DeepSeek 支持多语言交互，用户可以选择自己熟悉的语言使用服务。无论是中文、英文还是其他语言，DeepSeek 都能提供准确的回答和支持。这一功能特别适合国际化企业或多语言用户群体，打破语言障碍，提升使用体验。

（6）数据导入与分析。用户可以将本地数据导入 DeepSeek，利用其数据分析工具进行整理、分析和可视化。例如，上传 Excel 表格生成图表，或导入日志文件进行趋势分析。DeepSeek 的数据处理功能强大且易于操作，帮助用户从数据中挖掘有价值的信息。

（7）学习模式。DeepSeek 提供学习模式，用户可以通过互动问答的方式学习新知识。例如，学习外语、备考复习或掌握专业技能。学习模式会根据用户的学习进度和表现，提供个性化的学习建议和资源推荐，帮助用户高效达成学习目标。

### 4. DeepSeek 的应用领域

（1）教育领域。DeepSeek 在学习辅助和智能问答方面的功能，使其成为教育领域的强大工具。它可以帮助学生快速解答难题，解析复杂知识点，并提供个性化学习建议。同时，教师可以利用其知识搜索功能，快速查找教学资料，优化课程设计，提升教学效率。

（2）企业服务。在企业服务领域，DeepSeek 的智能客服和数据分析功能尤为重要。智能客服可以自动化处理客户咨询，提升服务效率，降低企业运营成本。数据分析功能则帮助企业进行市场分析和商业决策，优化业务流程，提升竞争力。

（3）科研与学术。DeepSeek 的知识搜索和数据分析功能在科研与学术领域具有重要价值。研究人员可以通过其精准查找文献和数据，节省大量时间。同时，其数据处理和可视化工具能够帮助科研人员分析实验数据，提升研究效率，推动学术成果的产出。

（4）软件开发。在软件开发领域，DeepSeek 的技术支持功能为开发者提供了极大便利。它可以帮助开发者快速解决编程问题，提供代码示例和技术文档，提升开发效率。同时，其智能问答功能也能辅助开发者快速获取技术解决方案，缩短开发周期。

（5）电子商务。DeepSeek 的个性化推荐功能在电子商务领域具有广泛应用。通过分析用户行为和偏好，它能够精准推荐商品，提升用户购物体验，增加转化率。同时，其智能客服功能可以自动化处理客户咨询，提升售后服务效率，增强用户满意度。

（6）媒体与内容平台。在媒体与内容平台领域，DeepSeek 的个性化推荐和知识搜索功能能够显著提升用户体验。通过分析用户兴趣，它可以推荐个性化内容，增加用户黏性。同时，其知识搜索功能帮助用户快速查找所需信息，提升内容获取效率，优化平台使用体验。

DeepSeek 介绍汇总见表 3-8。

表 3-8　DeepSeek 介绍汇总

| 名称 | DeepSeek |
| --- | --- |
| 定位 | 多功能 AI 平台，为用户提供智能问答、学习辅助、数据分析和技术支持。 |
| 目标用户 | （1）个人用户：普通人用 DeepSeek 解决日常问题，提升效率，轻松获取生活帮助。<br>（2）学生群体：学生用 DeepSeek 辅助学习，解答难题，备考复习，提高效率。<br>（3）专业人士：专业人士用 DeepSeek 获取行业资讯，分析数据，解决专业问题。<br>（4）企业用户：企业用 DeepSeek 实现智能客服、数据分析和自动化，优化运营。<br>（5）开发者：开发者用 DeepSeek API 集成智能功能，开发创新应用。 |
| 服务内容 | （1）智能问答：快速解答用户问题，提供准确答案，提升信息获取效率。<br>（2）知识搜索：精准查找资料、文献和数据，节省用户时间和精力。<br>（3）学习辅助：帮助学生解答难题、解析知识点，提供个性化学习建议。<br>（4）数据分析：提供数据处理和可视化工具，支持市场分析和商业决策。<br>（5）技术支持：帮助开发者解决编程问题，提供代码示例和技术文档。<br>（6）个性化推荐：根据用户需求推荐内容，提升使用体验和效率。<br>（7）智能客服：自动化处理客户咨询，提升服务效率，降低企业成本。 |
| 使用方法 | （1）网页端/移动端：通过浏览器或 App 访问，输入问题即可获取答案，随时随地使用。<br>（2）API 接口：开发者集成智能功能到应用中，支持多语言，文档详细易用。<br>（3）语音交互：支持语音输入，直接对话获取信息，适合移动场景使用。<br>（4）定制化服务：企业定制智能客服、数据分析等功能，提升运营效率。<br>（5）多语言支持：支持多语言交互，打破语言障碍，服务全球用户。<br>（6）数据导入与分析：导入本地数据，生成图表或分析趋势，挖掘数据价值。<br>（7）学习模式：互动问答学习新知识，提供个性化建议，助力高效学习。 |
| 应用领域 | （1）教育领域：DeepSeek 辅助学习，解答难题，提供个性化建议，帮助教师优化教学。<br>（2）企业服务：智能客服提升效率，数据分析优化决策，降低企业运营成本。<br>（3）科研与学术：精准搜索文献数据，辅助实验分析，提升科研效率与成果产出。<br>（4）软件开发：技术支持解决编程问题，提供代码示例，缩短开发周期。<br>（5）电子商务：个性化推荐提升购物体验，智能客服优化售后服务，增加转化率。<br>（6）媒体与内容平台：推荐个性化内容，增强用户黏性，快速搜索信息，优化用户体验。 |

# 3.3　AI 大模型的应用

## 3.3.1　AI 大模型在自然语言处理中的应用

AI 大模型在自然语言处理中的应用主要包括文本生成、信息抽取、信息检索、智能对话、指令代码生成及其他。

1. 文本生成

文本生成是指利用算法和人工智能技术，自动地生成人类可理解的、连贯的且有意义的文本的过程。这一过程涵盖了从简单的句子生成复杂的文章、故事，甚至对话的各个方面，广泛应用于内容创作、自动化客服、新闻报道等多个领域。文本生成的应用包括新闻/小说生成、广告文案生成、会议纪要生成、数据报告生成、直播脚本生成、周报/邮件生成等。

（1）新闻/小说生成。文本生成技术已深入新闻与小说创作领域，能够基于大数据分析和自然语言处理技术，自动撰写符合语法规范、逻辑清晰且富含创意的新闻和小说。这一技术不仅提高了内容生产的速度，还为创作者提供了无限的灵感。

（2）广告文案生成。在广告行业，文本生成成为营销人员不可或缺的得力助手。通过输入产品特点和目标受众等信息，AI能够快速生成多个有吸引力的广告文案，既符合品牌调性，又能有效触达消费者心弦，提升广告效果。

（3）会议纪要生成。会议纪要生成是文本生成技术在办公场景中的应用之一。它能在会议结束后，根据录音或文字资料自动整理出详细的会议纪要，准确提取会议要点和会议成果，为参会者节省大量时间和精力。

（4）数据报告生成。面对海量数据，文本生成技术能够智能分析并生成数据报告。文本生成技术能够将复杂的数据转化为易于理解的图表和文字说明，帮助决策者快速把握数据背后的趋势和规律，为制定决策提供有力支持。

（5）直播脚本生成。在直播行业，文本生成技术为主播提供了便捷的直播脚本生成工具。通过输入直播主题和关键词，AI能够自动生成包含互动环节、产品介绍和话题讨论的直播脚本，助力主播输出更加生动有趣的直播内容。

（6）周报/邮件生成。在职场沟通中，周报和邮件是必不可少的交流方式。文本生成技术能够根据用户的工作进度和成果，自动生成包含关键信息的周报和邮件草稿。这一功能不仅提高了工作效率，还能确保信息的准确性和完整性。

【例3-1】讯飞星火认知大模型在文档自动生成中的应用实例。

1. 背景介绍

在当今信息爆炸的时代，文档撰写成为各行各业不可或缺的环节。然而，传统的文档撰写方式往往耗时耗力，并且难以保证文档的准确性和创新性。科大讯飞推出的讯飞星火认知大模型凭借强大的文本生成能力，为文档自动生成提供了新的解决方案。

2. 讯飞星火认知大模型简介

讯飞星火认知大模型是科大讯飞推出的新一代认知大模型，具备文本生成、语言理解、知识问答、逻辑推理、数学能力、代码能力和多模态能力等七大核心能力。其中，文本生成尤为突出。讯飞星火认知大模型能够一键快速自动生成文档和PPT，大大提高了文档撰写的效率和准确性。

3. 应用实例

①应用场景。某公司需要撰写一份关于人工智能发展趋势的文档，以供内部员工学习和交流。由于该文档的内容复杂且具备较高的专业性，传统的文档撰写方式耗时且难以保证质量，因此该公司决定采用讯飞星火认知大模型的文档自动生成功能来完成这项任务。

②操作过程。用户首先在讯飞星火认知大模型中输入提示词"介绍一下人工智能的发展趋势"，该模型随后根据用户需求选择合适的文本生成模型。用户单击生成按钮后，讯飞星火认知大模型立即根据提示词和所选模型进行文本生成，几秒钟便自动生成了一份关于人工智能发展趋势的文档。用户还可以对生成的文档进行进一步的优化和调整，如修改措辞、调整段落结构等，以满足具体需求。

③应用效果。讯飞星火认知大模型的文档自动生成功能不仅将文档撰写的时间从原来的数小时甚至数天大幅缩短至几秒钟，从而极大提高了文档撰写效率，而且生成的文档内容准确全面、条理清晰，充分展示了人工智能的发展趋势和前景，保证了文档质量。此外，用户只需输入简单的提示词即可轻松获得高质量的文档，这一便捷的操作极大地提升了用户的体验和满意度。

④总结与展望。讯飞星火认知大模型在文档自动生成中的应用实例充分展示了 AI 大模型在文本生成领域的强大能力。通过提供高效、准确的文档生成服务，讯飞星火认知大模型为各行各业带来了极大的便利和效益。未来，随着技术的不断进步和应用场景的不断拓展，讯飞星火认知大模型将在更多领域发挥重要作用，推动人工智能技术的持续发展和创新。

## 2. 信息抽取

信息抽取是一种数据处理技术，旨在从文本数据中自动识别并提取出结构化的信息。它涉及自然语言处理、机器学习等多个领域，通过算法分析非结构化或半结构化的文本，将关键信息如实体名称、属性、关系及事件等转化为易于查询和处理的格式。信息抽取被广泛应用于情报分析、知识图谱构建、自动化数据处理等多个领域。信息抽取的应用包括用户需求提取、用户画像提取、舆情分析、文章阅读辅助、助贷数据清洗、销售质检等。

（1）用户需求提取。信息抽取技术凭借强大的数据处理与分析能力，成为精准把握用户需求的关键工具。通过深入挖掘用户行为数据、社交媒体互动、历史购买记录等多源信息，AI 能够智能识别并提取出用户的真实需求与偏好。这一过程不仅实现了对用户需求的快速响应，更为企业提供了制定个性化策略、优化产品与服务的科学依据，从而推动用户体验与满意度的显著提升。

（2）用户画像提取。基于信息抽取技术，企业能够构建全面、细致的用户画像。该技术从用户基本信息、消费习惯、兴趣偏好等多个维度提取关键信息，为个性化推荐、精准营销等策略提供有力支撑，助力企业实现用户价值的最大化。

（3）舆情分析。信息抽取技术在舆情分析领域展现出巨大潜力。它能够实时监测社交媒体、新闻网站等渠道的信息，自动抽取与特定事件或品牌相关的情感态度、话题趋势等关键数据，为企业制定公关策略、应对危机提供科学依据。

（4）文章阅读辅助。在知识获取与阅读的场景下，信息抽取技术能够提取文章的核心观点、关键事实及逻辑关系，为用户提供智能摘要、要点提炼等文章阅读辅助功能。这不仅提升了阅读效率，还帮助用户更好地理解文章内容，实现知识的高效吸收。

（5）助贷数据清洗。在金融行业，信息抽取助力贷款数据清洗工作。通过对复杂、非标准的贷款数据进行自动提取与整理，去除冗余、错误信息，确保助贷数据的准确性与一致性，为信贷审批、风险评估等后续流程提供高质量的数据支持。

（6）销售质检。在销售领域，信息抽取技术被应用于销售质检环节。它能够自动抽取销售对话中的关键信息，如产品介绍、客户反馈、交易细节等，并进行多维度分析，评估销售人员的服务质量与合规性，为企业提升销售效率与服务质量提供有力保障。

【例 3-2】基于信息抽取技术的电商用户画像构建。

### 1. 背景介绍

随着电子商务的蓬勃发展，用户画像成为电商企业提升个性化服务、优化营销策略的重要工具。通过构建全面、细致的用户画像，电商企业能够深入了解用户的消费习惯、兴趣偏好等关键信息，进而为用户提供更加精准的商品推荐和服务。

### 2. 技术原理

基于 AI 的信息抽取技术是构建电商用户画像的核心。该技术通过自然语言处理、机器学习等算法，从用户行为数据、社交媒体互动、历史购买记录等多源信息中智能识别并提取出用户的真实需求与偏好。

### 3. 实施过程

①数据采集。电商企业通过网站、App 等渠道收集用户的浏览记录、购买记录、评价信息、搜索关键词等数据。同时，利用社交媒体平台获取用户的互动信息，如点赞、评论、分享等。

②数据预处理。对采集到的数据进行清洗、去重、格式化等预处理操作，确保数据的准确性和一致性。利用文本分析技术，将非结构化的文本转化为结构化的信息，便于后续分析。

③信息抽取。应用信息抽取技术，从预处理后的数据中提取出用户的关键信息，如消费习惯、兴趣偏好、购买意向等。通过自然语言处理技术，分析用户的评价信息，提取出用户对商品的评价维度和情感态度。

④构建用户画像。根据提取出的用户的关键信息，构建全面、细致的用户画像。用户画像包括用户基本信息（如年龄、性别、地域等）、消费习惯（如购买频率、购买商品种类、购买时间等）、兴趣偏好（如关注领域、偏好品牌等）等多个维度。

⑤用户画像应用。将构建好的用户画像应用于个性化推荐、精准营销等场景。根据用户的消费习惯和兴趣偏好，为用户推荐符合其需求的商品和服务。利用用户画像优化营销策略，提高营销效率和转化率。

### 4. 应用实例

某电商平台为了提升用户满意度和转化率，决定对电子产品类目标用户进行精准的用户画像构建。

①数据展示。

a.基础信息：选取 1000 名电子产品类目标用户，其中男性用户占 70%，年龄集中在 25～35 岁，主要分布在北上广深等一线城市。

b.行为数据：这 1000 名用户在过去 1 个月内，平均每人浏览电子产品类目标商品 50 次，停留时间平均为 3 分钟，点击次数达 100 次以上。购买行为方面，这些用户购买电子产品的频率为平均每月 2 次，购买金额为 2000～5000 元。

c.文本数据：收集到相关评论和咨询共 5000 条，其中正面评价占 80%，主要关注产品性能、外观设计、性价比等方面。

②信息抽取结果。

a.兴趣标签：通过分析评论和咨询文本，识别出用户高频提及"智能手机""笔记本电脑""智能穿戴设备"等关键词，给用户打上相应的兴趣标签。

b.情感分析：情感分析结果显示，85%的用户对产品性能表示满意，70%的用户对外观设计给予好评，但也有部分用户对价格表示不满意。

c.意图识别：识别出用户咨询的主要意图为产品功能咨询、价格比较和售后服务咨询。

③用户画像构建结果。

a.典型用户画像：男性，25～35 岁，居住于一线城市，对电子产品有浓厚兴趣，爱好购买智能手机、笔记本电脑等高端产品，关注产品性能和外观设计，对价格较为敏感。

b.个性化推荐：基于用户画像，电商平台可以为该用户群体推送符合其兴趣和需求的电子产品，如最新款智能手机、高性价比笔记本电脑等，并通过优惠券、限时折扣等方式吸引其购买。

### 5. 结论

基于信息抽取技术的电商用户画像，不仅能够深入挖掘用户的潜在需求和偏好，还能为电商平台提供精准的个性化推荐和营销策略。在本案例中，通过信息抽取技术成功地为电子产品类目标用户构建了详细的用户画像，并据此提出了个性化的推荐策略。

### 3. 信息检索

信息检索是指利用计算机技术和人工智能技术，从大量存储的信息资源中查找并获取用户所需的特定信息的过程。它依赖高效的搜索算法和索引技术，旨在帮助用户快速、准确地定位所需信息。信息检索被广泛应用于互联网搜索、图书馆管理、专业数据库查询等领域，是现代信息社会不可或缺的重要工具。信息检索的应用包括知识检索、视频检索、文档检索、商品检索、简历检索、房产检索。

（1）知识检索。在知识爆炸的时代，知识检索技术让知识获取变得更加高效。它能够深度理解用户的查询意图，快速从庞大的知识库中检索出最相关、最权威的信息。无论是学术论文、专业书籍还是在线课程，知识检索都能轻松使用，满足用户对知识的渴望。

（2）视频检索。视频检索技术让视频内容的搜索不再局限于标题和标签。通过分析视频内容、音频信息及用户行为等多维度数据，该技术能够精准定位用户感兴趣的视频片段。无论是寻找特定场景、学习教程还是娱乐消遣，视频检索都能迅速找到所需。

（3）文档检索。面对繁杂的文档库，文档检索技术提供了智能化的解决方案。它能够自动识别文档类型、关键词和主题，构建文档间的关联网络，帮助用户快速定位目标文档。无论是工作汇报、合同协议还是研究报告，文档检索都能一键检索，提升工作效率。

（4）商品检索。在电商领域，商品检索技术为消费者带来了更加个性化的购物体验。通过分析用户的浏览历史、购买记录和偏好等信息，该技术能够智能推荐符合用户需求的商品，同时支持复杂的搜索条件组合，让用户轻松找到心仪的商品。

（5）简历检索。简历检索技术为招聘行业带来了革命性的变化。它能够自动识别简历中的关键信息，如教育背景、工作经验、技能特长等，并根据招聘需求进行精准匹配。这不仅提高了简历筛选的效率，还为企业招聘到更加合适的人才提供了有力支持。

（6）房产检索。在房地产领域，房产检索技术让找房变得更加简单、快捷。用户只需输入自己的需求，如地段、户型、价格等，AI 就能快速检索出符合需求的房源信息，并通过地图、VR看房等功能展示房源详情，帮助用户轻松找到心仪的房屋。

【例 3-3】知识检索技术在在线教育平台中的应用。

### 1. 背景介绍

在知识爆炸的时代，在线教育平台面临着海量的学习资源和学习需求。如何帮助学习者快速、准确地找到所需的学习资源，成为在线教育平台亟待解决的问题。知识检索技术为在线教育平台提供了智能化的知识检索解决方案，不仅提升了学习者的学习效率，还优化了在线教育平台的资源管理策略和服务体验。

**2. 技术原理**

知识检索技术基于自然语言处理、语义理解等算法，能够深度理解用户的查询意图，快速从庞大的知识库中检索出最相关、最权威的信息，包括学术论文、专业书籍、在线课程、教学视频等多种类型的资源。

**3. 实施过程**

①构建知识库。在线教育平台收集并整理各类学习资源，如学术论文、专业书籍、在线课程、教学视频等，并对这些学习资源进行内容分析、分类和标注，构建结构化的知识库。

②用户查询理解。当学习者在在线教育平台输入查询请求时，知识检索技术能够深度理解其查询意图，并通过自然语言处理和语义理解等算法，将查询请求转化为结构化的查询语句。

③知识检索与匹配。根据结构化的查询语句，知识检索技术在知识库中快速检索出最相关、最权威的信息，并通过计算查询语句与知识库中的学习资源的相似度，将符合学习者需求的资源排序并展示给学习者。

④学习辅助与优化。除了直接展示检索结果，知识检索技术还可以根据学习者的学习进度和反馈，提供个性化的学习建议和推荐，并通过分析学习者的学习行为和偏好，不断优化知识检索算法和学习资源推荐策略。

**4. 应用效果**

①提升学习效率。知识检索技术能够帮助学习者快速、准确地找到所需的学习资源，减少无效搜索和浏览时间，提升学习效率。

②优化学习体验。通过个性化的学习建议和推荐，知识检索技术能够为学习者提供更加符合其需求的学习资源和学习路径，优化学习体验。

③促进知识共享与传播。知识检索技术不仅能够帮助学习者快速获取所需知识，还能够促进知识的共享与传播，推动在线教育平台的持续发展和创新。

**5. 总结与展望**

知识检索技术在在线教育平台中的应用为学习者提供了智能的知识检索和学习辅助服务。未来，随着技术的不断进步和应用场景的不断拓展，知识检索技术将在更多领域发挥重要作用，推动在线教育平台的持续发展和创新。同时，需要关注数据隐私和安全等问题，确保技术的合法合规使用。

**4. 智能对话**

智能对话是 AI 大模型在自然语言处理中的应用的一大亮点。智能对话系统能够与用户进行流畅的交流，理解复杂的语境和意图，并给出恰当的回应。在智能客服、语音助手等领域，智能对话技术为用户提供了便捷、高效的服务。智能对话的应用包括但不限于智能客服、语言助手、游戏非玩家角色、虚拟社交、虚拟导购、智能陪练。

（1）智能客服。智能对话技术赋能客服行业，实现 24 小时不间断服务。智能客服能理解复杂语境，快速响应客户需求，解决常见问题，提升客户满意度。智能对话系统采用自然语言处理技术让对话流畅、自然，如同与真人交流，为企业节省成本，提升服务效率。

（2）语言助手。作为日常生活中的得力助手，语言助手能够执行日程管理、信息查询、智能家居控制等多个任务。它不仅能理解用户指令，还能根据上下文进行智能推荐和提醒，让生活更加便捷、高效。语言助手的持续学习能力使其能不断理解用户需求，提供更加个性化的服务。

（3）游戏非玩家角色。智能对话技术为游戏非玩家角色注入了新的生命。这些游戏非玩家角色不仅能根据玩家的行为做出相应反应，还能与玩家进行深入的情感交流，为游戏增添更多趣味性和沉浸感。游戏非玩家角色的复杂对话逻辑和个性化表现，让游戏世界更加丰富多彩。

（4）虚拟社交。在虚拟社交领域，智能对话技术让人们的社交超越现实限制。用户可以与虚拟人物进行自然而流畅的对话，分享生活点滴，建立深厚的情感联系。这种新颖的社交方式不仅拓宽了人们的社交圈子，还提供了更多元化的社交体验。

（5）虚拟导购。虚拟导购以其智能化、个性化的服务，正逐步改变消费者的购物习惯。通过智能对话，虚拟导购能够了解消费者的需求和偏好，为其推荐合适的商品和搭配方案。虚拟导购专业的知识和贴心的服务，让购物变得更加轻松、愉快。

（6）智能陪练。在教育领域，智能陪练成为学生的学习伙伴。无论是语言学习、乐器练习还是运动技能提升，智能陪练都能提供定制化的陪练方案。其精准的评估和反馈机制，能帮助学生及时发现并纠正错误，提高学习效率。同时，智能陪练的耐心和灵活性让学生在学习过程中感受到更多的支持和鼓励。

【例 3-4】全天候智能客服解决方案：AI 在电商平台客服中心的创新实践。

**1. 背景介绍**

随着电商行业的蓬勃发展，消费者对购物体验的要求日益提高，其中客服服务的质量成为衡量电商平台竞争力的重要指标之一。传统的人工客服模式存在响应速度慢、服务时间受限、人力成本高等问题，难以满足日益增长的客户需求。因此，电商平台引入智能客服技术，以提供更加高效、便捷、个性化的客服服务。

**2. 技术原理**

智能客服技术基于自然语言处理、机器学习和深度学习等先进技术，能够理解和分析用户的文本输入或语音输入，模拟人类对话进行智能回复。通过不断学习和优化，智能客服能够识别并处理各种复杂语境下的用户问题，提供准确、及时、个性化的服务。

**3. 实施过程**

①构建知识库。电商平台整理并构建了一个庞大的知识库，包含商品信息、售后服务政策、常见问题解答等内容。智能客服通过访问这个知识库，能够快速找到并回复用户的问题。

②搭建对话系统。基于 NLP 技术，电商平台搭建了一个对话系统，它能够识别用户的输入意图，并生成相应的回复。该系统还具备上下文理解能力，能够根据之前的对话内容，提供更加连贯和准确的回答。

③个性化服务。通过机器学习算法，智能客服能够分析用户的购物历史、浏览记录、偏好等信息，为用户提供个性化的商品推荐和服务建议。例如，当用户询问某款商品的详细信息时，智能客服可以自动推荐相关的配件或搭配方案。

④多渠道接入。电商平台将对话系统接入多个用户接触点，如网站、App、社交媒体等，确保用户无论在哪个渠道都能获得一致且高质量的服务。

⑤持续优化。电商平台通过收集用户反馈和智能客服的交互数据，不断优化对话系统的性能和准确性。同时，电商平台定期更新知识库，确保智能客服能够及时掌握最新的商品信息和售后服务政策。

### 4. 应用效果

①提升服务效率。智能客服能够 24 小时不间断地提供服务，并且响应速度极快，大大缩短了用户等待的时间。由于智能客服能够同时处理多个用户的请求，因此显著提高了服务效率。

②降低人力成本。引入智能客服后，电商平台可以大幅减少人工客服的数量，从而降低人力成本。同时，由于智能客服能够处理大量重复的问题，因此减轻了人工客服的工作压力。

③提升客户满意度。智能客服提供的个性化服务和流畅、自然的对话体验，显著提升了用户的满意度和忠诚度。用户对电商平台的信任度和好感度也因此得到了提高。

④促进业务增长。通过提供高质量的客户服务，电商平台能够吸引更多的用户并促进业务增长。同时，智能客服能够根据用户的购物历史和偏好等信息，为用户提供个性化的推荐商品，从而进一步提高销售额和转化率。

### 5. 总结与展望

智能客服技术在电商平台中的应用为客服行业带来了革命性的变化。未来，随着技术的不断进步和应用场景的不断拓展，智能客服将在更多领域发挥重要作用。同时，电商平台需要持续关注用户需求和技术发展趋势，不断优化和完善对话系统，以提供更加高效、便捷、个性化的客户服务。

## 5. 指令代码生成

AI 大模型在编程领域的应用也逐步显现，特别是指令代码生成方面。通过理解用户的自然语言，AI 大模型能够自动生成相应的指令代码，降低编程门槛，提高开发效率。虽然这一应用仍处于初级阶段，但其潜力巨大，有望为软件开发带来革命性变化。指令代码生成的应用包括 NL2SQL、AI 建站、智能 RPA、代码生成、测试用例生成、代码审查等。

（1）NL2SQL。NL2SQL（Natural Language to Structured Query Language，自然语言转结构化查询语言）技术实现了自然语言到结构化查询语言的自动转换。用户无须掌握复杂的结构化查询语言语法，只需用自然语言描述查询需求，AI 即可生成准确的结构化查询语言。这一技术极大地降低了数据库查询的门槛，提高了数据分析和处理的效率。

（2）AI 建站。利用指令代码生成技术，用户只需简单描述网站需求或选择预设模板，AI 即可自动完成网站的前端设计、后端开发、数据库构建等繁琐工作。这个应用不仅加速了网站建设的速度，还使得非技术人员能轻松搭建专业网站。

（3）智能 RPA。智能 RPA（Robotic Process Automation，机器人流程自动化）结合 AI 技术，能够自动执行重复性高、规则明确的任务，如数据输入、报表生成等。通过指令代码生成，RPA 机器人能够快速适应不同的业务流程，提升工作效率，减少人为错误。

（4）代码生成。代码生成技术能够基于用户的需求描述或设计图，自动生成高质量的代码框架和核心逻辑。这一技术降低了编程的复杂度，缩短了软件开发周期，使得开发人员能够更专注于业务逻辑的创新和优化。

（5）测试用例生成。测试用例生成技术通过分析软件需求、设计文档和代码，自动生成覆盖率高、针对性强的测试用例。这一技术不仅提高了测试效率，还确保了软件质量，降低了上线风险。

（6）代码审查。AI 通过深度学习等技术分析代码风格、发现潜在的逻辑错误和安全隐患，为开发人员提供即时反馈和建议。这不仅提高了代码审查的准确性和效率，还有助于培养良好的编程习惯，提升团队整体技术水平。

【例3-5】智能 RPA 驱动的财务报表自动生成解决方案。

### 1. 背景介绍

财务部门是企业运营的核心部门之一，负责处理大量的财务数据，生成各类财务报表。然而，传统的财务报表生成过程烦琐且耗时，需要财务人员手动从多个数据源中提取数据，进行清洗、整理和分析，最后才能生成财务报表。这个过程不仅效率低，还容易出错，增加了企业的运营成本和风险。

### 2. 技术原理

智能 RPA 技术结合指令代码生成技术，能够自动执行重复性高、规则明确的财务报表生成任务。通过预先设定的指令代码，RPA 机器人能够模拟财务人员的操作，从多个数据源中提取数据，进行清洗、整理，然后自动生成财务报表。

### 3. 实施过程

①需求分析与流程设计。财务部门与 IT（信息技术）部门合作，对财务报表生成的需求进行详细分析，确定需要自动化的报表类型和生成流程。然后，根据需求设计 RPA 机器人的工作流程，包括数据源的选择、数据的提取和清洗、财务报表的生成和输出等步骤。

②指令代码生成。基于智能 RPA，开发人员根据设计的工作流程，编写相应的指令代码。这些代码定义了 RPA 机器人如何连接到数据源、如何提取数据、如何进行数据清洗和整理，以及如何生成和输出财务报表。同时，利用指令代码生成技术，可以自动生成部分或全部的指令代码，提高开发效率。

③测试与优化。在 RPA 机器人上线之前，需要进行充分的测试，确保 RPA 机器人能够准确地执行工作流程，生成正确的财务报表。在测试过程中，如果发现任何问题或不足，需要及时进行优化和调整。

④部署与上线。经过测试和优化后，RPA 机器人被部署到财务部门的工作环境中，开始执行自动化的财务报表生成任务。财务人员只需输入相关参数或选择预设的报表类型，RPA 机器人即可自动完成财务报表的生成和输出。

### 4. 应用效果

①提高效率。RPA 机器人能够自动执行财务报表生成任务，大大缩短了财务报表生成的时间，提高了财务部门的工作效率。

②减少错误。RPA 机器人能够准确地执行工作流程，避免人为操作带来的错误和遗漏，提高了财务报表的准确性和可靠性。

③降低成本。通过自动化的财务报表生成，财务部门可以减少对人工的依赖，降低人力成本。同时，由于财务报表生成的速度和准确性得到了提升，企业可以减少因财务报表错误而带来的额外的成本和风险。

④提升决策支持。自动化的财务报表生成使得财务部门能够更快地提供准确的数据支持，

为企业的决策提供更加及时和有效的信息。

**5. 总结与展望**

智能 RPA 在财务部门的自动化报表生成应用中取得了显著的效果。未来，随着技术的不断进步和应用场景的不断拓展，智能 RPA 将在更多领域发挥重要作用。同时，财务部门需要持续关注技术发展趋势和业务需求变化，不断优化和完善 RPA 机器人的工作流程和指令代码，以提供更加高效、准确和可靠的财务报表生成服务。

### 6. 其他方面

AI 大模型在自然语言处理中的应用的其他方面包括但不限于语言翻译或优化、复杂指令识别、文章扩写或缩写、意图洞察、PPT 生成、解数学题、合同审查、作文批改、作文评分或润色。

①语言翻译或优化。AI 在语言翻译领域展现了卓越的能力，不仅能实现多语种间的无缝转换，还通过优化算法提升译文质量，使表达更加地道、自然。同时，AI 能识别并修正语法错误，确保译文的准确性和流畅性。

②复杂指令识别。面对复杂的自然语言指令，AI 凭借强大的语义理解和分析能力，能够准确理解指令的核心意图和细节要求。无论是日常对话中的微妙暗示，还是专业领域的复杂操作指令，AI 都能游刃有余地应对。

③文章扩写或缩写。AI 能够智能分析文章内容，根据用户需求进行扩写或缩写。扩写时，AI 会添加相关信息和细节，使内容更加丰富、饱满；缩写时，AI 则保留核心信息，去除冗余部分，使内容更加精练、准确。

④意图洞察。AI 擅长通过分析用户行为、言语及情感数据，深入洞察用户的真实意图和需求。这一功能在客服、营销等领域尤为重要，有助于企业提供更加个性化、贴心的服务。

⑤PPT 生成。AI 能够根据用户提供的文字、图片及设计要求，自动生成精美的 PPT。从布局设计到动画效果，AI 都能精准把握，助力用户高效完成汇报和展示任务。

⑥解数学题。AI 在解数学题方面展现出强大的计算能力和逻辑推理能力。无论是基础的算术运算，还是复杂的方程求解、几何证明等数学问题，AI 都能迅速给出准确答案和详细步骤。

⑦合同审查。合同审查技术能够自动检测合同条款中的法律风险和漏洞，确保合同的合法性和有效性。同时，AI 能对合同条款进行标准化处理，提高审查效率和准确性。

⑧作文批改。AI 的作文批改技术能够自动识别并纠正作文中的语法错误、拼写错误和标点错误等问题，同时提供写作风格的指导和建议。这一技术不仅能减轻教师的工作负担，还能提高学生的写作能力和效率。

⑨作文评分或润色。AI 在作文评分或润色方面有独特之处。通过对作文内容、结构、语言等进行多维度分析，AI 能够给出客观、公正的评分意见，并提供针对性的润色建议，帮助学生提升写作水平。

【例 3-6】智能作文助手：AI 赋能中学作文批改与润色。

**1. 背景介绍**

在中学教育中，作文教学是培养学生语言表达能力和逻辑思维能力的重要环节。然而，传统的作文批改方式存在批改效率低、反馈不及时、评分标准不统一等问题，难以满足大规模作文教学的需求。为了提升作文批改的效率和准确性，某中学引入了 AI 作文批改与润色系统，旨在为学生提供及时、全面、个性化的作文反馈。

### 2. 系统介绍

AI 作文批改与润色系统基于自然语言处理和机器学习技术，能够自动识别并纠正作文中的语法错误、拼写错误、标点错误等问题，同时分析作文的内容、结构、语言等多维度特征，给出客观、公正的评分意见和针对性的润色建议。该系统还支持将批改结果和润色建议以直观、易懂的方式展示给学生和教师，方便他们快速了解作文的优点和不足。

### 3. 实施过程

①数据收集与预处理。AI 作文批改与润色系统首先收集学生的作文数据，包括标题、正文、字数等信息；然后对作文数据进行预处理，如分词、词性标注、句法分析等，为后续的分析和批改奠定基础。

②作文批改。AI 作文批改与润色系统利用自然语言处理技术，自动识别作文中的语法错误、拼写错误和标点错误等问题，并给出具体的修改建议。同时，该系统还会分析作文的内容、结构和语言等特征，给出评分意见和润色建议。

③结果展示与反馈。AI 作文批改与润色系统将批改结果和润色建议以直观、易懂的方式展示给学生和教师。学生可以根据润色建议进行作文修改；教师则可以利用批改结果和评分意见进行作文评价和教学指导。

④持续优化与迭代。AI 作文批改与润色系统会根据学生和教师的反馈，不断优化算法和模型，提高作文批改的准确性和效率。同时，该系统还会不断扩展功能，如支持更多语种的作文批改、增加作文主题分析等，以满足不同用户的需求。

### 4. 应用效果

①提升批改效率。AI 作文批改与润色系统能够自动处理大量作文数据，大大提升批改效率。教师可以更快地了解学生的学习情况，并及时给出反馈和指导。

②提高作文批改准确性。AI 作文批改与润色系统能够自动识别并纠正作文中的语法错误、拼写错误等问题，同时给出客观、公正的评分意见和润色建议，避免人为批改的主观性和不确定性。

③促进个性化学习。AI 作文批改与润色系统能够根据学生的作文特点和需求，提供个性化的批改和润色建议。这有助于学生了解自己的优点和不足，有针对性地提升写作能力。

④减轻教师负担。AI 作文批改与润色系统能够减轻教师批改作文的负担，让他们有更多时间和精力关注学生的个性化发展和进行教学创新。

### 5. 总结与展望

AI 作文批改与润色系统在中学教育中的应用取得了显著成效。未来，随着技术的不断进步和应用场景的不断拓展，AI 作文批改与润色系统将在更多领域发挥重要作用。同时，需要持续关注技术的局限性和潜在风险，不断优化和完善系统，为学生提供更加高效、准确、个性化的作文批改和润色服务。

### 3.3.2　AI 大模型在各行业中的应用

AI 大模型在各行业中的应用包括但不限于科学研究、智能制造、智能汽车、智慧医疗、智慧金融、智慧教育、能源电力、智慧农业、智能物流、智能建筑、零售电商、文化旅游、游戏娱乐、安防监控及环境保护。

#### 1. 科学研究

AI 大模型在科学研究领域中发挥着日益重要的作用。通过整合和分析海量数据，AI 大模型能够发现传统方法难以发现的规律和模式，为科学研究提供新的视角和见解。例如，在气候研究中，AI 大模型能够模拟和预测气候变化趋势，为应对全球变暖提供科学依据；在生物医学领域中，AI 大模型通过分析基因序列和疾病数据，有助于发现新的疾病治疗方法和药物靶点。这些应用不仅提高了科学研究的效率和准确性，还推动了跨学科合作和创新思维的发展。

【例 3-7】华为云盘古药物分子大模型。

**1. 背景介绍**

在生物医药行业，药物研发一直是高风险、高投入、长周期的过程。然而，随着 AI 技术的快速发展，这一传统模式正在发生深刻变革。华为云盘古药物分子大模型是 AI 技术在药物研发领域中应用的杰出代表，它实现了针对小分子药物全流程的人工智能辅助药物设计，显著提高了药物研发的效率和成功率。

**2. 技术原理**

华为云盘古药物分子大模型是由华为联合中国科学院上海药物研究所共同训练而成的大模型。该模型利用深度学习算法，对海量的药物分子数据进行学习和分析，从而具备了强大的药物设计能力。它可以实现靶点口袋发现、分子对接、分子属性预测、自定义属性建模、分子聚类、口袋分子设计、自由能微扰、合成路径规划、分子优化、分子搜索等十大 AI 制药核心场景的应用。

**3. 应用过程**

①数据收集与预处理。华为云盘古药物分子大模型收集了大量的药物分子数据，包括已知药物的化学结构、生物活性、药代动力学参数等。这些药物分子数据经过预处理后，用于训练模型。

②模型训练与优化。利用深度学习算法，华为云盘古药物分子大模型对收集到的药物分子数据进行训练，构建了一个能够自动识别和优化药物分子的 AI 大模型。通过不断优化算法和参数，提高了该模型的准确性和鲁棒性。

③药物设计。在实际应用中，研究人员可以根据特定的药物研发需求，利用华为云盘古药物分子大模型进行药物设计。该模型可以根据输入的靶点信息或药物特性，自动生成一系列潜在的药物分子结构，并预测药物分子的生物活性和药代动力学参数。

④筛选与优化。研究人员可以对华为云盘古药物分子大模型生成的药物分子结构进行筛选和优化，选择具有最佳生物活性和药代动力学参数的药物分子作为候选药物。

⑤后续研发。候选药物经过进一步的试验验证和优化后，可以进入临床试验阶段，最终有

望成为新药并上市。

#### 4. 应用效果

华为云盘古药物分子大模型在药物研发领域取得了显著成效。它显著提高了药物设计的效率和成功率，将药物设计的效率提升了 33%，优化后的分子结合能提升了 40% 以上。同时，该模型还具备强大的预测能力，能够准确预测药物分子的生物活性和药代动力学参数，为药物研发提供了有力的支持。

#### 5. 未来展望

随着 AI 技术的不断进步和应用场景的不断拓展，华为云盘古药物分子大模型在药物研发领域的应用前景将更加广阔。未来，该模型有望与其他 AI 技术相结合，如自然语言处理、图像识别等，为药物研发提供更加全面、智能、高效的支持。同时，该模型将推动药物研发领域的创新和发展，为药物研发提供更加高效、准确的方法和技术手段。

### 2. 智能制造

AI 大模型在智能制造中通过深度学习和数据挖掘技术，为智能制造提供强大的计算和数据分析能力，优化生产参数，提高生产效率和产品质量。同时，AI 大模型推动了生产线的自动化和协同化，实现了智能化的生产过程。此外，AI 大模型还在产品设计和开发、供应链管理等方面发挥重要作用，为制造业的转型、升级注入新的活力。

【例 3-8】阿里巴巴通义千问驱动的智能制造优化平台。

#### 1. 背景介绍

随着人工智能技术的飞速发展，AI 大模型在各个领域的应用日益广泛。在智能制造领域，阿里巴巴推出的通义千问与智能制造技术融合，为制造业的数字化转型提供了强大的动力。通过深度学习和大数据分析，通义千问能够理解和处理海量的制造数据，为智能制造提供智能化的决策支持和优化方案。

#### 2. 技术原理

通义千问是阿里巴巴推出的一款基于 Transformer 架构的超大规模语言模型。它具备强大的自然语言处理能力，能够理解复杂的语义关系，生成高质量的文本。在智能制造领域，通义千问通过以下方式实现与智能制造的融合。

①数据收集与处理。通义千问能够自动收集和分析制造过程中的各类数据，包括生产数据、设备数据、质量数据等。通过大数据分析和机器学习算法，这些数据被转化为有价值的洞察和预测结果。

②智能决策支持。基于收集到的数据，通义千问能够生成智能化的决策建议，如优化生产计划、调整设备参数、改进工艺流程等。这些决策建议能够显著提高生产效率和产品质量。

③预测性维护。通义千问通过分析设备数据，能够预测设备的运行状态和故障趋势。在设备出现故障前，发出预警，减少设备停机时间和降低维修成本。

#### 3. 应用实例

①生产优化。在某汽车制造工厂中，通义千问通过分析生产数据，发现生产线上的瓶颈环节。通过调整生产计划、优化设备配置和工艺流程，成功提高了生产效率，降低了生产成本。

②质量控制。在电子产品制造过程中，通义千问通过分析质量数据，识别出产品缺陷的根源。通过改进生产工艺和提高原材料质量，显著提高了产品的合格率和客户满意度。

③设备维护。在某重型机械制造企业中，通义千问通过对设备数据的实时监测和分析，成功预测了设备的故障趋势。在设备出现故障前，企业采取了预防措施，避免了因设备停机而造成的生产损失。

### 4. 应用效果

通义千问与智能制造的融合应用，使企业实现了生产效率的显著提升、产品质量的持续改进和设备维护的智能化。这种应用不仅提高了企业的竞争力，还为制造业的数字化转型提供了有力的支持。

### 5. 未来展望

随着通义千问等 AI 大模型的不断进步和应用场景的拓展，智能制造领域将迎来更多的创新和变革。未来，通义千问有望在智能制造的更多环节中发挥重要作用，如供应链优化、产品研发等，为制造业的转型升级提供更加强大的动力。同时，企业需要不断探索和实践，将 AI 大模型与实际业务场景相结合，实现更加智能化、高效化的生产模式。

### 3. 智能汽车

AI 大模型在智能汽车领域的应用日益广泛。通过集成 AI 大模型，智能汽车能够实现更高级别的自动驾驶，提升驾驶安全性和舒适度。AI 大模型还能优化智能座舱的交互体验，使汽车成为更加智能的移动空间。此外，AI 大模型在数据处理和分析方面展现出强大能力，有助于智能汽车进行更精准的路径规划和决策，从而为用户提供更优质的出行服务。

【例 3-9】吉利汽车的智能座舱系统。

### 1. 系统背景

吉利汽车作为我国领先的汽车制造企业，积极顺应智能化趋势，致力于将 AI 大模型应用于智能座舱系统中，以提升驾驶体验和安全性。该系统是吉利星睿 AI 大模型落地产品的代表，展现了智能汽车与 AI 技术结合的最新成果。

### 2. 系统功能

①Wow 壁纸。这是由吉利汽车自研大模型生成的行业首发的壁纸功能。传统的壁纸制作方式需要大量人工参与，而吉利汽车自研大模型大大提升了壁纸的质量和精度，图片画面精良。

②AI 语音交互。结合自然语言处理技术，智能座舱系统可以通过语音交互实现车辆控制和信息查询。驾驶员通过语音指令控制导航、媒体和车载系统，提供便捷的用户体验。吉利汽车的 AI 语音交互功能具备高识别准确率和快速响应等特点，能够秒懂秒回应驾驶员的语音指令。

③AI 律动桌面。通过自然语言处理技术分析歌词内涵，并由此指导图像生成，实现音乐意境的精准表达。该功能利用生成式人工智能大模型的语义解析模块理解歌词场景和氛围，再由情感匹配模块把握歌词表达的情感，最终由图像生成模块生成符合意境的视觉内容。

④AI 儿童绘本。这是基于扩散模型的生成式 AI 技术开发的行业首创功能。它控制主角在多场景、多画面下的一致性，将扩散模型进行收敛，结合有趣的画面来吸引用户阅读，在教育的同时使人不失乐趣。相较于传统绘本制作而言，这一功能大大减少了人力成本和时间成本。

### 3. 技术特点

①全栈自研 AI 大模型。吉利汽车拥有全栈自研的 AI 大模型，发布了首个汽车行业大模型，并联合中国信息通信研究院推动我国汽车行业大模型相关标准的制定。

②超大规模数据集。吉利 AI 大模型训练使用了包括 500TB 超大规模中文文本数据构建及数据清洗算法开发，模型使用 1.5T token（token 是文本的基本单位）超大规模中文文本数据集，确保人车对话更流畅、车机更"聪明"。

③国际领先水平。吉利 AI DRIVE（智能驾驶）大模型在国际智能驾驶领域的著名极端场景数据集（包含雨、雾、雪、夜等复杂场景）性能验证中取得实时排行榜全球第一名的成绩，证明了其在极端场景中的语义分割和泛化能力达到国际领先水平。

### 4. 应用效果

吉利汽车智能座舱系统已在星瑞 L 智擎、星越 L 智擎、银河 L7、银河 L6 及银河 E8 等车型上应用。这些功能不仅提升了驾驶的便捷性和安全性，还为用户带来了更加舒适和个性化的驾驶体验。例如，AI 语音交互功能使得驾驶员可以通过语音指令轻松控制车内设备，无须分心操作；AI 律动桌面和 AI 儿童绘本等功能则为用户带来了更加丰富和有趣的娱乐和学习体验。

综上所述，吉利汽车智能座舱系统是 AI 大模型在智能汽车智能座舱中应用的典型案例。该系统通过集成全栈自研的 AI 大模型，实现了多种智能化功能，为用户带来了更加便捷、安全、舒适和个性化的驾驶体验。

## 4. 智慧医疗

AI 大模型在智慧医疗领域的应用十分广泛。通过集成 AI 大模型，智慧医疗系统能够实现对海量医疗数据的深度分析和挖掘，辅助医生进行更准确的诊断。AI 大模型还能提供个性化的治疗方案，帮助患者实现更好的治疗效果。此外，AI 大模型在医学影像分析、药物研发等方面展现出强大的能力，为医疗行业的进步和发展注入了新的活力。

【例 3-10】百度灵医大模型在智慧医疗中的应用。

### 1. 系统背景

百度灵医大模型是百度公司基于其在人工智能领域的深厚积累，针对医疗行业打造的 AI 大模型。该模型通过分析海量医疗数据，能够辅助医生进行更准确的诊断，优化治疗方案，提高医疗服务效率和质量。

### 2. 系统功能

①智能辅助诊断。百度灵医大模型能够分析患者的病历、症状、检查结果等信息，结合其强大的数据处理能力，辅助医生进行疾病诊断。百度灵医大模型的准确性高，能够帮助医生快速发现潜在的疾病风险，提高诊断的准确性和效率。

②个性化治疗方案推荐。基于患者的基因信息、生活习惯等多种因素，百度灵医大模型可以为患者提供个性化的治疗方案和药物选择建议。这有助于医生为患者制订更加精准的治疗计划，减少不必要的副作用和风险，提高治疗效果。

③医学影像分析。百度灵医大模型能够对医学影像进行深度分析，自动识别医学影像中的病变区域。例如，在肺结节检测中，该模型能够准确识别出肺结节的位置、大小和形态，为医

生提供有力的辅助诊断依据。

④医疗文书生成与质控。百度灵医大模型能够生成规范的医疗文书模板，并根据患者的实际情况自动填写相关信息。同时，该模型还能够快速检测医疗文书中的缺陷和错误，提高医疗文书的准确性和规范性。这有助于减少医疗纠纷，提高医疗质量。

### 3. 技术特点

①海量数据支持。百度灵医大模型基于海量医疗数据进行训练，涵盖多种疾病和病例。这使得该模型能够更准确地理解和分析医疗数据，提高诊断的准确性和效率。

②强大的数据处理能力。百度灵医大模型采用了先进的算法和技术，能够高效地处理和分析医疗数据。这使得该模型能够在短时间内提供准确的诊断结果和治疗建议，为医生诊断提供有力的支持。

③易于集成与部署。百度灵医大模型可以通过API或插件嵌入的方式与现有的医疗系统进行集成。这使得医疗机构能够轻松地将AI技术应用于实际工作中，提高医疗服务效率和质量。

### 4. 应用效果

百度灵医大模型已经在多家医疗机构中得到了广泛应用，取得了显著的效果。例如，在某家大型综合医院中，该模型辅助医生进行了数千例疾病的诊断，准确率达90%以上。同时，该模型还为医生提供了个性化的治疗方案推荐，帮助患者更快地康复。此外，在医学影像分析方面，该模型也展现出了强大的实力，能够准确识别出多种疾病的病变区域，为医生提供了有力的辅助诊断依据。

综上所述，百度灵医大模型是AI大模型在智慧医疗领域的一个典型应用案例。该系统通过集成先进的AI技术，实现了智能辅助诊断、个性化治疗方案推荐、医学影像分析和医疗文书生成与质控等功能，为医疗机构提供了有力的支持，提高了医疗服务效率和质量。

### 5. 智慧金融

AI大模型在智慧金融领域的应用极大地推动了金融行业的"数智化"升级。通过AI大模型，金融机构能够实现对海量金融数据的深度挖掘和分析，提高风险评估的准确性和效率。同时，AI大模型能优化智能客服、智能投顾等金融服务，提升用户体验。例如，一些领先的金融机构已经利用AI大模型构建了智能信贷审批系统，能够更快速地审批贷款申请，降低信贷风险。总之，AI大模型正成为智慧金融发展的重要驱动力。

【例3-11】某大型银行基于AI大模型的智能信贷审批系统。

### 1. 系统背景

随着大数据和机器学习技术的快速发展，金融行业正逐步实现智能化转型。某大型银行为了提高信贷审批的效率和准确性，引入了基于AI大模型的智能信贷审批系统。该系统能够分析海量的客户数据，包括信用记录、消费表现、社交网络信息等，从而快速、准确地评估借款人的信用。

### 2. 系统功能

①快速审批。智能信贷审批系统能够用数分钟完成对贷款申请的审批，大大缩短了传统信贷审批的周期。通过分析历史数据，该系统能够发现潜在的违约风险，提高信贷审批的准确性。

②自我学习与优化。智能信贷审批系统具备自我学习和优化的能力，能够随着客户数据的积累不断提高信贷审批的效率和准确性。通过持续学习，该系统能够更好地适应市场变化，提高信贷审批的灵活性和适应性。

③个性化服务。智能信贷审批系统能够根据客户的信用记录和还款能力，自动调整贷款额度和利率，实现精准营销和个性化服务。这有助于提升客户满意度，增强客户黏性，为银行带来更多的业务。

### 3. 技术特点

①大数据支持。智能信贷审批系统基于海量的客户数据进行训练和优化，涵盖了多种类型的信贷业务场景。这使得该系统能够更准确地理解和分析客户数据，提高信贷审批的准确性和效率。

②先进的机器学习算法。智能信贷审批系统采用了先进的机器学习算法，包括深度学习、神经网络等，能够高效地处理和分析复杂的客户数据。这使得该系统能够快速发现潜在的违约风险，提高信贷审批的准确性和可靠性。

③高度自动化。智能信贷审批系统实现了高度的自动化，能够自动完成数据收集、处理、分析和审批等环节。这大大降低了人工干预的成本和风险，提高了信贷审批的效率和准确性。

### 4. 应用效果

智能信贷审批系统在实际应用中取得了显著的效果。引入智能信贷审批系统后，该银行不仅大幅提升了信贷审批的效率和准确性，还降低了信贷风险。同时，该系统为客户提供了更加个性化、便捷的服务，增强了客户的满意度和忠诚度。此外，该系统的成功应用为该银行在智慧金融领域树立了良好的品牌形象，为其未来的业务拓展和创新提供了有力的支持。

综上所述，某大型银行基于 AI 大模型的智能信贷审批系统是 AI 大模型在智慧金融领域的一个典型应用案例。该系统通过引入先进的机器学习算法和大数据技术，实现了信贷审批的快速、准确和个性化服务，为金融行业带来了更加智能化、高效化的解决方案。

## 6. 智慧教育

AI 大模型在智慧教育领域的应用正在深刻改变教育行业的面貌。通过 AI 大模型，教育机构能够为学生提供个性化的学习路径和资源推荐，提高教学效果。同时，AI 大模型能辅助教师进行教学管理和评估，减轻工作负担。此外，AI 大模型能实现智能答疑、自动批改作业等功能，为学生提供更加便捷的服务。总之，AI 大模型正成为推动智慧教育发展的重要力量。

【例 3-12】九章大模型在智慧教育领域中的应用。

### 1. 背景介绍

九章大模型是由好未来旗下的学而思推出的，是以解题和讲题算法为核心的教育大模型。该模型能够覆盖多个学科，提供解题、讲题、批改等多种功能，是 AI 大模型在智慧教育领域的重要应用之一。

### 2. 功能特点

①多学科支持。九章大模型能够支持数学、物理、生物、英语、语文等多个学科。在数学学科中，九章大模型表现得尤为突出，它能够准确解答各类数学问题，并提供详细的解题

步骤和思路。

②解题与讲题功能。九章大模型具备强大的解题功能,能够迅速解答学生提出的问题。同时,九章大模型还具备讲题功能,通过逐步分析、详解和点睛的方式,帮助学生深入理解题目和厘清解题思路。

③作文辅助写作与批改。在语文学科中,九章大模型能够提供作文辅助写作和作文批改功能。学生可以通过输入作文主题或要求,获得写作建议和范文。同时,该模型还能够对学生的作文进行批改,指出存在的问题并提供改进建议。

④口语对话与练习。在英语学科中,九章大模型具备口语对话功能,能够与学生进行实时对话练习,这有助于提高学生的英语口语表达能力和听力理解能力。

### 3. 实际应用

①独立应用。学而思推出了基于九章大模型的独立应用"九章随时问",这是一个一对一数学AI老师的应用。学生可以通过图像输入题目,并让AI老师进行题目讲解。整个讲解过程基于对话逐步展开,帮助学生深入理解题目和厘清解题思路。

②嵌入现有应用。九章大模型还被嵌入好未来旗下的多个现有应用中,如ABC英语角App、学而思学习机等。在这些应用中,九章大模型提供了中英文作文批改、随时问、精准学等多种功能,为学生的学习提供了全方位的支持。

③智能硬件与学习服务。九章大模型还被应用于智能硬件和学习服务中,如学而思培优、彼芯等业务中的作文批改、AI老师讲题等功能。这些功能进一步丰富了学生的学习方式,提高了学习效果。

### 4. 影响与意义

九章大模型在智慧教育领域中的应用,为智慧教育带来了革命性的变化。它不仅提高了学生的学习效率和自主学习能力,还为教师提供了更加便捷、高效的教学工具。同时,九章大模型的应用推动了教育行业的数字化转型和创新发展。

综上所述,九章大模型是AI大模型在智慧教育领域中的典型应用。它通过提供多学科支持、解题与讲题、作文辅助写作与批改及口语对话与练习等多种功能,为学生的学习提供了全方位的支持和帮助。

## 7. 能源电力

AI大模型在能源电力领域的应用日益广泛。通过深度学习等技术,AI大模型能够分析海量的能源数据,优化电力调度,预测能源需求,从而提高能源利用率。例如,AI大模型能够预测风力发电量,帮助电网更有效地调配资源。同时,在发电设备的实时监测和预警方面,AI大模型能降低设备故障率,确保电力供应的稳定性和安全性。总之,AI大模型正成为推动能源电力行业智能化发展的关键力量。

【例3-13】国家电网有限公司利用AI技术进行电网状态实时监控和故障诊断。

### 1. 应用背景

随着智能电网的发展,电网的自动化、互动和优化管理成为重要目标。为了实现这一目标,国家电网有限公司引入了AI大模型技术,对电网状态进行实时监控和故障诊断。

### 2. 技术应用

国家电网有限公司通过部署传感器收集电网运行数据，并利用 AI 大模型对这些数据进行分析和处理。AI 大模型能够实时分析电网运行数据，及时发现异常，预测潜在故障，并实现快速响应和故障排除。

### 3. 应用效果

①提高电网可靠性。AI 大模型的应用使得电网故障能够及时被发现和处理，从而提高电网的可靠性。

②降低运维成本。通过 AI 大模型的智能分析功能，国家电网有限公司能够更精确地定位故障点，减少不必要的巡检和维修工作，从而降低运维成本。

③促进清洁能源产生。AI 大模型能够准确预测可再生能源产出，帮助国家电网有限公司更有效地调配资源，减少对化石燃料的依赖，促进清洁能源的广泛应用。

### 4. 社会与经济效益

该项目的成功实施不仅提升了国家电网有限公司的运维效率和管理水平，还为能源电力行业的智能发展提供了有力支持。同时，通过促进清洁能源的产出和减少碳排放，该项目为社会和环境带来了积极的影响。

综上所述，国家电网有限公司利用 AI 技术进行电网状态实时监控和故障诊断是一个典型的国内 AI 大模型与能源电力相结合的成功案例。

## 8. 智慧农业

AI 大模型在智慧农业中的应用日益广泛。通过集成先进的图像识别、深度学习等技术，AI 大模型能够实时监测作物生长状态、预测气候变化、优化灌溉和施肥计划，从而提高农业生产效率和作物品质。同时，AI 大模型还能辅助病虫害防控、农产品质量检测和物流追踪，为农业生产提供全方位的智能化解决方案。智慧农业的发展离不开 AI 大模型的赋能，AI 大模型正逐步推动智慧农业向更高效、可持续的方向发展。

【例 3-14】基于 AI 大模型的智能温室管理系统。

### 1. 背景介绍

智能温室管理系统是现代农业发展的重要组成部分，它通过集成传感器、无线通信技术和人工智能技术，实现了对温室环境的实时监测、智能调控和远程控制。该系统能够显著提高温室作物的生产效率和产量，同时降低能耗和成本。

### 2. 系统构成

①传感器网络。该部分部署在温室内部，用于实时监测温度、湿度、光照强度、二氧化碳浓度等关键环境参数。

②无线通信模块。该部分用于实现传感器数据与系统控制中心的实时通信，确保传感器数据的准确性和及时性。

③AI 数据分析与处理中心。该部分利用大数据分析和人工智能技术，对传感器数据进行深度挖掘和分析，为温室环境的智能调控提供科学依据。

### 3. 功能特点

①智能环境调控。智能温室管理系统能够根据实时监测的环境参数，自动调节温室内的温度、湿度、光照强度和二氧化碳浓度等条件，为作物提供最适宜的生长环境。通过精准调控，该系统能够显著提高作物的生长速度和产量，同时降低能耗和成本。

②病虫害预警与防治。利用图像识别和深度学习技术，智能温室管理系统能够实时监测温室内的作物病虫害情况，并提前发出预警。通过智能分析，该系统能够为农户提供有效的病虫害防治建议，减少农药的使用，降低农业生产成本。

③精准农业决策支持。智能温室管理系统能够根据历史数据和传感器数据，为农户提供个性化的种植建议，包括作物品种选择、播种时间、灌溉和施肥计划等。通过精准决策，该系统能够显著提高农业生产的效率和经济效益。

### 4. 应用效果

①提高作物产量和品质。通过智能环境调控和精准农业决策支持，智能温室管理系统显著提高了温室作物的产量和品质。作物生长速度加快，生长周期缩短，同时减少了病虫害的发生，提高了作物的整体品质。

②降低能耗和成本。智能温室管理系统通过精准调控温室环境，实现了能耗的显著降低。同时，通过减少农药和化肥的使用，降低了农业生产的成本。

③提升农业生产效率。智能温室管理系统实现了对温室环境的实时监测和智能调控，大大降低了农户的劳动强度。通过远程控制和自动化作业，智能温室管理系统提高了农业生产的效率和精确度。

综上所述，基于 AI 大模型的智能温室管理系统是 AI 大模型在智慧农业领域的典型应用案例。

## 9. 智能物流

AI 大模型在智能物流领域的应用显著提升了物流效率。通过深度学习算法，AI 大模型能够处理海量物流数据，实现智能分拣、配送路线优化等功能。例如，AI 大模型可以根据实时交通状况和货物需求，自动规划最优配送路径，减少运输时间和成本。同时，AI 大模型还能辅助进行库存管理和需求预测，帮助物流企业更好地应对市场变化。智能物流的发展离不开 AI 大模型的赋能，AI 大模型正引领着物流行业向更高效、更智能的方向迈进。

【例 3-15】顺丰的智慧物流系统。

### 1. 背景介绍

顺丰作为物流行业的领军企业，致力于通过新质生产力的注入，重塑科技驱动的物流服务。其打造的智慧物流系统正是基于 AI 大模型的典型应用，该系统旨在提升物流效率、降低成本，并为客户提供更优质的服务。

### 2. 系统构成

顺丰的智慧物流系统主要包括以下几个部分。

①底层数据中台。该部分具备强大的数据处理和分析能力，能够挖掘数据的价值，为智能决策提供支持。

②物流网络智能决策体系。该部分连接"天网"航空资源和"地网"地面运输网络，实现资源的智能化精准调度和运营异常的快速响应。

③AI 大模型应用。该部分在收寄标准确认、智能海关查验、供应链分析、物流决策等多个业务场景中，全面应用 AI 大模型，提升业务处理效率和准确性。

### 3. 功能特点

①智能调度与决策。基于 AI 大模型的物流网络智能决策体系能够根据实时数据和历史数据，自动优化物流路径、调度车辆和人员，实现资源的最大化利用。通过实时分析交通数据、天气情况等，智慧物流系统为物流公司提供最佳的路线规划和运输方案，减少运输时间、降低燃料消耗。

②自动化与智能化操作。在仓库管理、分拣、包装等环节，智慧物流系统引入自动化设备和 AI 技术，实现流程的自动化和智能化操作。例如，使用仓库机器人进行货物的挑选、分拣和运输，提高作业效率；利用计算机视觉技术进行质量控制，确保货物完好无损。

③实时监控与预警。通过 AI 大模型分析物流数据和传感器数据，智慧物流系统实时追踪货物的位置和状态，并在地图上进行可视化展示。该系统能够自动检测潜在的风险和异常情况，如交通拥堵、设备故障等，并提前发出预警，以便物流公司及时采取措施应对。

④客户服务优化。利用 AI 大模型进行客户行为分析和需求预测，为客户提供更加个性化的服务。通过智能客服系统，实现与客户的实时互动和答疑解惑，提高客户满意度和忠诚度。

### 4. 应用效果

①提升物流效率。通过智能调度和自动化操作，顺丰的智慧物流系统显著提升了物流效率。货物的运输时间缩短，库存周转率提高，降低了物流成本。

②优化客户体验。利用 AI 大模型进行客户行为分析和需求预测，顺丰的智慧物流系统能够为客户提供更加精准和个性化的服务。智能客服系统的引入使得客户咨询和投诉处理更加及时和有效，提高了客户满意度。

③推动业务创新。顺丰的智慧物流系统不仅提升了现有业务的效率和质量，还为物流公司的业务创新提供了有力支持。例如，在无人机配送、绿色物流等领域，顺丰不断探索和应用新技术，推动物流行业的转型升级。

综上所述，顺丰的智慧物流系统是 AI 大模型在智能物流领域的典型应用案例。该系统通过集成 AI 大模型、自动化设备和数据分析技术，实现了物流流程的智能化、自动化和可视化，显著提升了物流效率、降低了成本，并为客户提供了更加优质的服务。

### 10. 智能建筑

AI 大模型在智能建筑领域的应用推动了建筑行业的智能化发展。通过集成先进的算法和数据分析技术，AI 大模型能够实现对建筑环境的精准监测和控制，优化能源使用，提高建筑的安全性和舒适度。例如，AI 大模型可以根据室内温湿度、光照强度等参数，自动调节空调、灯等设备，实现节能降耗。同时，它还能辅助进行建筑设备的故障预测和维护，延长设备的使用寿命，降低运维成本。智能建筑的发展离不开 AI 大模型的赋能。

【例 3-16】慕达高空办公室的智能化改造。

### 1. 背景介绍

慕达高空办公室位于城市的高空，拥有全景玻璃幕墙，模糊了窗外城市景观与窗内办公室的空间边界。为了进一步提升办公环境的舒适度和智能化水平，慕达对办公室进行了全面的智能化改造。

**2. 系统构成**

慕达高空办公室的智能化改造主要包括以下几个部分。

①智能照明系统。该部分由 400 个智能 LED 灯泡组成，可以通过手机 App 进行冷暖调色与亮度调节。无线连接技术实现了对每个灯泡的定点调节，能满足多种场景模式的不同灯光设定。

②智能环境控制系统。该部分通过集成的传感器和 AI 算法，实时监测并调节室内的温度、湿度和空气质量，为办公人员提供舒适的工作环境。

③智能办公系统。该部分包括智能会议室预约、虚拟门房、无须接触的通道等，提高了办公效率和安全性。

④智能管理系统。该部分集成建筑设备的运行状态监测、故障预测和报警功能，确保建筑设备稳定运行。

**3. 功能特点**

①多场景灯光模式。智能照明系统可以根据不同的办公场景和需求，设置多种灯光模式，如日间办公、午休、夜间办公、会议模式、演讲模式等。用户可以通过手机 App 轻松切换灯光模式，实现个性化的照明体验。

②高效办公环境。智能环境控制系统能够实时监测并调节室内的环境参数，确保办公人员始终处于舒适的工作环境中。该系统还可以根据办公人员的活动情况和时间自动调整环境设置，提高能源利用效率。

③便捷办公体验。智能办公系统提供了多种便捷功能，如会议室预约、虚拟门房等，简化了办公流程，提高了工作效率。无须接触的通道和智能门禁系统增强了办公场所的安全性。

④智能管理与维护。智能管理系统能够实时监测建筑设备的运行状态，及时发现潜在故障并提前预警。该系统还可以提供设备维护建议，降低运维成本，延长设备使用寿命。

**4. 应用效果**

①提升办公环境质量。通过智能环境控制系统和智能照明系统，慕达高空办公室为办公人员提供了更加舒适、健康的工作环境。办公环境质量的提升有助于提高办公人员的工作效率和满意度。

②降低运营成本。智能照明系统和智能环境控制系统能够根据实际需求自动调整设置，降低能耗和运营成本。智能管理系统能够提供设备维护建议，减少不必要的维修费用。

③增强办公便捷性和安全性。智能办公系统提供了多种便捷功能，简化了办公流程，提高了工作效率。无须接触的通道和智能门禁系统增强了办公场所的安全性，保障了办公人员和财产的安全。

## 11. 零售电商

AI 大模型在零售电商领域的应用推动了电商行业的智能化转型。通过深度学习用户行为和消费数据，AI 大模型能够精准预测用户需求，提供个性化推荐，提升购物体验。同时，AI 大模型还能优化库存管理、智能客服和自动营销，降低运营成本，提高电商企业的竞争力。这种智能化、精细化的运营模式正成为零售电商领域发展的新趋势。

**【例 3-17】值得买科技自研的 AI 购物助手"小值"。**

**1. 背景介绍**

值得买科技在 AI 领域进行了深入探索，并将生成式人工智能确定为公司的重点战略项目。因此，值得买科技成立了独立的 AI 事业部，进行了"值得买消费大模型"的自主研发。在此基础上，值得买科技推出了自研的 AI 购物助手"小值"，旨在为用户提供个性化的购物建议和优化购物体验。

**2. 系统构成**

"小值"作为一个"消费大模型"和通过数据"飞轮"快速迭代的 AI 智能体，其系统主要包括以下几个部分。

①数据处理与分析模块。该部分负责收集、整理和分析全网实时消费经验与电商信息，包括商品价格、用户评价、商品对比等。

②用户交互模块。该部分通过多轮对话与用户进行交互，深入理解用户意图，并根据用户需求提供个性化的购物建议。

③推荐算法模块。该部分采用多种 AI 算法，如协同过滤、深度学习等，为用户提供个性化的商品推荐。

**3. 功能特点**

①个性化推荐。"小值"能够根据用户的购物历史和喜好，为用户推荐合适的商品。用户可以在首页、商品详情页等多个位置看到推荐商品，提高购物的便捷性。

②口碑总结与商品对比。"小值"能够收集全网关于商品的口碑信息，为用户提供商品的口碑信息总结。用户还可以通过"小值"进行商品对比，了解不同商品之间的优劣。

③全网比价。"小值"能够为用户提供全网比价服务，帮助用户找到性价比最高的商品。用户只需输入商品名称或关键词，"小值"即可自动搜索并展示相关商品的价格信息。

④购物清单管理与优惠券查找。"小值"可以帮助用户管理购物清单，提醒用户购买所需商品。同时，"小值"还能够为用户查找并推荐可用的优惠券，降低购物成本。

**4. 应用效果**

①提升购物效率。通过"小值"的个性化推荐和全网比价功能，用户可以更快地找到所需商品，并降低购物成本。"小值"的口碑总结与商品对比功能能够帮助用户更全面地了解商品，提高购物决策的准确性。

②优化购物体验。"小值"的多轮对话交互功能使得用户能够更轻松地与 AI 进行交互，获取个性化的购物建议。购物清单管理和优惠券查找功能则进一步提升了用户的购物体验，使得购物过程更加便捷和愉悦。

③促进销售额增长。对于电商平台来说，"小值"的个性化推荐功能能够更精准地向用户推送商品，提高购买转化率。同时，"小值"的全网比价和优惠券查找功能能够吸引更多用户前来购物，促进销售额增长。

综上所述，值得买科技自研的 AI 购物助手"小值"是 AI 大模型在零售电商领域的典型应用案例。通过集成数据处理与分析模块、用户交互模块、推荐算法模块等多个模块，"小值"

实现了个性化推荐、口碑总结与商品对比、全网比价及购物清单管理与优惠券查找等多种功能，为用户提供了更加便捷、个性化的购物体验。

### 12. 文化旅游

AI大模型在文化旅游领域的应用为游客带来了更加智能化和个性化的旅游体验。通过AI大模型，可以分析游客的历史行为和偏好，提供定制化的旅游推荐，包括景点、餐饮、活动等。同时，AI大模型支持智能导览、虚拟旅游等功能，让游客在不离开家的情况下也能探索世界。这种智能化的旅游服务，不仅提升了游客的满意度，也为文化旅游产业的创新发展注入了新的活力。

【例3-18】滕王阁旅游区的AI数字人项目。

#### 1. 项目背景

滕王阁作为江南三大名楼之一，承载着丰富的历史文化内涵。为了进一步提升游客的旅游体验，滕王阁旅游区引入了AI大模型，打造了AI数字人项目，为游客提供更加智能化、个性化的服务。

#### 2. 项目内容

①AI数字人设计。滕王阁旅游区引入了AI大模型，设计了数字人"王勃"的形象。该数字人的形象高度还原了唐代诗人王勃的外貌和气质，为游客带来了更加真实的互动体验。

②VR自助背诵评分平台。滕王阁旅游区上线了VR自助背诵评分平台。游客可以在背序亭中，面对数字人"王勃"背诵《滕王阁序》，数字人会根据游客的背诵情况进行评分，并给出相应的反馈。通过VR技术，游客可以身临其境地感受滕王阁的壮丽景色，同时与数字人进行语音互动，获得更加丰富的历史文化知识。

③智能互动与导览。数字人"王勃"不仅具备背诵评分功能，还可以为游客提供智能互动与导览服务。游客可以与数字人进行对话，了解滕王阁的历史背景、文化内涵等。数字人还可以根据游客的需求和兴趣，为游客推荐合适的旅游路线和景点，提供个性化的旅游服务。

#### 3. 项目效果

①提升游客体验。AI数字人项目为游客提供了更加智能化、个性化的服务。游客可以通过与数字人的互动，更加深入地了解滕王阁的历史文化和景点特色，提升了游客的旅游体验。

②降低人力成本。AI数字人项目可以帮助景区降低人力成本。通过数字人的自动化服务，景区可以减少背序服务人员的工作量，提高工作效率。据粗略统计，AI数字人"王勃"的应用在节假日期间，可以减少2.5个背序服务人员；在非假日期间，可以减少1.25个背序服务人员，使景区人力成本降低，直接产生的经济效益每年达30万元以上。

③推动文化传承。AI数字人项目还可以推动文化的传承和发展。通过数字人的智能互动和导览服务，游客可以更加深入地了解滕王阁的历史文化和景点特色，从而增强对中华传统文化的认同感和自豪感。

#### 4. 项目意义

滕王阁旅游区的AI数字人项目的成功实践，展示了AI大模型在文化旅游领域的巨大潜力和广阔前景。通过AI技术的应用，景区可以实现更加智能、个性化的服务，满足游客多样化的需求。同时，AI技术还可以帮助景区降低人力成本、提高工作效率、推动文化传承和发展。未来，随着AI技术的不断发展和完善，相信会有更多的景区引入AI技术，为游客提供更加优质、便捷、个性化的服务。

综上所述，滕王阁旅游区的 AI 数字人项目是一个典型的 AI 大模型在文化旅游领域的应用案例。该项目的实施不仅提升了游客的旅游体验，降低了景区的人力成本，还推动了中华传统文化的传承和发展。

### 13.　游戏娱乐

AI 大模型在游戏娱乐领域的应用为玩家带来了前所未有的游戏体验。通过 AI 大模型，游戏开发者可以自动生成游戏关卡、地图、角色和剧情，使游戏内容更加丰富。同时，AI 大模型还能实现非玩家角色的智能化，让非玩家角色的行为更加真实、自然，与玩家的交互更加流畅。此外，AI 大模型还能根据玩家的游戏行为和偏好，提供个性化的游戏推荐和难度调整，让每位玩家都具有良好的游戏体验。

【例 3-19】网易游戏 AI 应用。

**1.　应用背景**

网易游戏作为国内知名的游戏开发商和运营商，一直致力于为玩家提供高品质的游戏体验。随着 AI 技术的不断发展，网易游戏开始将 AI 大模型应用于游戏开发、运营和玩家互动等多个环节，以提升游戏的品质和玩家的满意度。

**2.　AI 大模型的应用**

①游戏开发。网易游戏利用 AI 大模型进行游戏场景制作、游戏内容生成等工作。通过 AI 技术的加持，游戏开发团队能够更高效地制作出真实的游戏场景和丰富的游戏内容，为玩家提供沉浸式的游戏体验。例如，网易游戏在《逆水寒》手游中，基于生成式人工智能打造的乐园地图"万能生成器"已被 5300 万名玩家使用。AI 大模型的应用不仅提高了游戏场景的制作效率，还为玩家提供了更多样化的游戏内容。

②非玩家角色智能化。在网易的多款游戏中，AI 大模型被用于提升非玩家角色的智能化水平。通过 AI 技术的训练和优化，非玩家角色能够具备更加真实、生动的行为和对话能力，与玩家进行更加自然的互动。在《逆水寒》手游中，玩家可以随时"路遇"一群没有固定剧本、会自主思考的非玩家角色。这些非玩家角色能够感知游戏状态，并根据玩家的行为和选择做出相应的反应，从而提供更加个性化的游戏体验。

③玩家互动与数据分析。网易游戏利用 AI 大模型对玩家的行为数据进行深度分析和挖掘。通过 AI 技术的加持，游戏运营团队能够更准确地了解玩家的需求和偏好，为玩家提供更加精准的游戏推荐和个性化服务。同时，AI 大模型还可以用于提升玩家之间的互动体验。例如，通过 AI 技术的匹配和推荐算法，AI 大模型可以为玩家提供更加合适的队友或对手，从而增加游戏的趣味性和挑战性。

**3.　应用效果**

①提升游戏品质。AI 大模型的应用显著提升了网易游戏的品质。通过 AI 技术的加持，游戏场景更加真实、游戏内容更加丰富，为玩家提供了沉浸式的游戏体验。

②增强玩家互动。AI 大模型的应用增强了玩家之间的互动体验。通过 AI 技术的匹配和推荐算法，玩家能够更容易地找到志同道合的队友或对手，从而享受更加愉快的游戏过程。

③推动游戏创新。网易游戏在 AI 大模型的应用方面的探索和实践，为游戏行业带来了新的创新思路和发展方向。通过 AI 技术的加持，游戏开发者可以更加高效地制作出高品质的游戏内容，为玩家提供更加多样化的游戏体验。

综上所述，网易游戏的 AI 应用是一个典型的 AI 大模型在国内游戏娱乐领域的应用案例。通过 AI 大模型的应用，网易游戏在游戏开发、非玩家角色智能化、玩家互动与数据分析等多个环节取得了显著成效，为玩家提供了更高品质的游戏内容、个性化的游戏体验。

### 14. 安防监控

AI 大模型在安防监控领域的应用显著提升了监控系统的智能化水平。通过深度学习算法，AI 大模型能够实现对监控视频的实时分析，准确识别异常行为、人脸、车辆等信息。这不仅提高了监控效率，还大大降低了误报率和漏报率。同时，AI 大模型能根据历史数据预测潜在的安全风险，为安防决策提供有力支持。例如，在公共场所安装配备 AI 大模型的监控摄像头，可以实时监控人流密度，预防踩踏事故；在小区安防中，AI 大模型可以精准识别业主与外来人员，有效防范入侵事件。

【例 3-20】华为海思 AI 安防监控方案。

#### 1. 方案背景

随着城市化进程的加速和公共安全需求的增加，安防监控领域对智能化、高效化的需求日益迫切。华为海思作为国内领先的芯片提供商，推出了 AI 安防监控方案，旨在提升安防监控的智能化水平和效率。

#### 2. 方案概述

华为海思的 AI 安防监控方案采用先进的 AI 大模型，结合高性能的芯片和算法，实现了对监控视频内容的深度解析和理解。该方案能够实现对监控场景中的人员、车辆、物品等目标的智能识别、跟踪和分析，为安防监控领域提供了更加智能化、高效化的解决方案。

#### 3. 核心功能

①智能识别。AI 安防监控方案能够实现对监控视频中的人员、车辆等目标的智能识别。通过训练和优化 AI 大模型，该方案能够准确识别出不同人员的身份、车辆类型等信息，为安防监控领域提供更加精准的数据支持。

②行为分析。AI 安防监控方案能够对监控视频中的人员行为进行分析。通过 AI 大模型的算法和模型，该方案能够识别出异常行为，如奔跑、摔倒或者在特定区域内停留时间过长等行为，并能自动触发警告，提醒安防人员及时处理。

③智能跟踪。AI 安防监控方案具备智能跟踪功能，能够自动跟踪监控视频中的目标对象。通过 AI 大模型的算法和模型，该方案能够实现对目标对象的持续跟踪和定位，为安防监控领域提供更加可靠的数据支持。

④高清画质。AI 安防监控方案采用高性能的芯片和算法，实现了对监控视频的高清画质处理。通过 AI 大模型的优化和增强，该方案能够提升监控视频的清晰度和还原度，为安防监控领域提供更加真实的画面效果。

#### 4. 应用场景

①公共安全领域。在车站、机场、商场等公共场所安装网络监控摄像头，并通过华为海思

的 AI 安防监控方案实现人员密度检测、异常行为检测等功能。当监控视频中出现人员聚集、打架斗殴等异常情况时，该方案可以自动发出预警，提醒管理人员及时处理，有效维护公共场所的安全和秩序。

②交通领域。在高速公路、城市道路等交通要道安装网络监控摄像头，并通过华为海思的 AI 安防监控方案实现车辆计数、车辆分类、违章检测等功能。当该方案检测到车辆有违章行为时，可以自动记录违章车辆的车牌号、违章时间等信息，并上传至交通管理部门进行处理。此外，该方案还可以实现交通拥堵预警、事故现场自动报警等功能，为交通管理部门提供有力支持。

**5. 方案优势**

①智能化水平高。AI 安防监控方案采用先进的 AI 大模型，实现了对监控视频内容的深度解析和理解，智能化水平高。

②识别准确率高。通过训练和优化 AI 大模型，AI 安防监控方案能够准确识别出不同人员的身份、车辆类型等信息，识别准确率高。

③实时性强。AI 安防监控方案具备实时处理和分析能力，能够实现对监控视频的实时处理和警告，提高安防监控的实时性。

④可扩展性强。AI 安防监控方案支持多种算法和模型的扩展和优化，能够根据实际需求进行定制化和优化，提高安防监控的可扩展性。

综上所述，华为海思的 AI 安防监控方案是一个典型的 AI 大模型在安防监控领域的应用案例。通过 AI 大模型的应用，该方案实现了对监控视频内容的深度解析和理解，为安防监控领域提供了更加智能化、高效化的解决方案。

15. 环境保护

AI 大模型在环境保护领域发挥着重要作用。它能够通过实时监测大气、水质等环境参数，提供精确的环境质量评估。同时，AI 大模型能优化工业生产流程，降低能源消耗和废弃物排放，实现节能减排。此外，它能辅助制订生态修复方案，预测修复效果，并在环境应急响应中提供实时、准确的信息支持。总之，AI 大模型为环境保护领域提供了科学依据和决策支持，推动了环保事业的持续发展。

【例 3-21】北京市"监管—监测—监察"联动大模型（简称"三监"大模型）。

**1. 背景与目的**

随着北京市空气质量进入相对低浓度阶段，进一步改善的减排空间收窄、改善难度也随之增大。为了持续推动空气质量改善，北京市生态环境部门在全国首创了"三监"大模型。

**2. 技术与应用**

①技术基础。"三监"大模型利用大数据、人工智能等技术，以新型的监测网络、智能的分析技术、高效运转的调度系统为支撑。

②多元数据感知体系。"三监"大模型创新构建了"天上看、地上巡、数据联、电量核"的多元数据感知体系，融合了 20 多万个智能感知端设备，实现每日上亿条数据汇聚。卫星遥感"天上看"，能够遥感智能识别裸地等 10 余类目标，识别精度达 90%。走航车"地上巡"，对挥发性有机物边走边测，实现"秒级响应—智能溯源—闭环监管"。

③智能识别算法库。北京市生态环境监测中心构建起智能识别算法库，自主研发了单车排放超标、企业产治不同步等26类问题线索挖掘算法，动态追踪高值冒泡、超标排放等情况。

### 3. 应用实例

"三监"大模型已智能挖掘和推送1万余条问题线索，在污染过程应对、常态化应用中发挥实效。例如，该模型发现一辆重型柴油车出现氮氧化物排放异常，不仅记录下这辆车的所属公司、车牌号等信息，还通过一张图清晰显示这辆车的行驶轨迹。

### 4. 成效与影响

①精准治污。"三监"大模型为精准治污和有效调度提供数据支撑，助推生态环境治理逐步由"大水漫灌"转向"精准滴灌"。

②空气质量改善。数据显示，自"三监"大模型被应用以来，北京市空气质量持续改善。2024年1—7月，北京市细颗粒物（PM2.5）平均浓度为33μg/m³，空气质量为优良的天数累计150天，同比增加7天。

③示范效应。"三监"大模型的成功应用为其他城市提供了可借鉴的经验，推动了全国范围内环境保护技术的创新与升级。

综上所述，北京市"三监"大模型是国内AI大模型在环境保护领域实际应用的典型案例。通过利用大数据、人工智能等技术，该模型实现了对空气质量的实时监测、精准治污和有效调度，为北京市空气质量的持续改善提供了有力支撑。

学习提示：随着国内AI大模型的飞速发展，其产品名称、定位、目标用户、服务内容、使用方法及应用领域正不断演进。读者在使用AI大模型时，务必以开发商提供的最新AI大模型信息及指南为准，确保获取准确、前沿的功能体验。同时，建议持续关注AI大模型领域的最新动态，以便及时调整策略，充分利用这一技术革新带来的无限可能。

# 【扩展阅读】

## AI大模型的发展趋势

随着人工智能技术的飞速发展和应用领域的不断拓展，AI大模型作为深度学习技术的重要成果，正逐渐成为推动产业升级和社会进步的关键力量。AI大模型以其强大的数据处理能力、高度的智能化水平及巨大的应用潜力，正在深刻地改变着人们的工作和生活方式。

### 1. 技术深度与广度的持续提升

（1）模型规模的扩大。随着计算能力的提升和数据量的激增，AI大模型的规模将持续扩大。规模更大的AI大模型能够捕获更多的信息和知识，提高AI大模型的精度和泛化能力。未来，人们有望看到更大规模的AI大模型出现，为复杂问题的求解提供更强有力的支持。

（2）算法优化与创新。为了进一步提升AI大模型的性能和效率，算法优化与创新将成为关键。这包括新的模型架构的提出、训练方法的改进及超参数调优等方面。同时，跨领域的算法融合将成为趋势，通过借鉴不同领域的优秀算法，提升AI大模型的智能化水平。

### 2.　多模态融合与智能化升级

（1）多模态数据的处理能力。随着 AI 技术的进步，AI 大模型将不仅局限于处理单一类型的数据（如文本、图像等），而是能够实现多模态数据的融合处理。这将使得 AI 大模型能够更全面地理解现实世界中的复杂场景和事物，提高智能决策的准确性和可靠性。

（2）智能化水平的提升。AI 大模型将向更加智能的方向发展。通过引入更复杂的逻辑推理、常识推理及情感计算等能力，AI 大模型能够更好地模拟人类的思维方式，实现更加精准和自然的交互。这将使得 AI 大模型在智慧医疗、智慧教育、智慧金融等多个领域发挥更大的作用。

### 3.　应用场景的拓展与深度融合

（1）应用场景的广泛覆盖。随着 AI 技术的成熟和成本的降低，AI 大模型将覆盖更多的应用场景。从智能客服、智能家居到自动驾驶、智能制造等，AI 大模型将在各个领域发挥重要作用。同时，针对特定行业和应用场景的定制化解决方案也将不断涌现，以满足不同用户的需求。

（2）与实体经济的深度融合。AI 大模型将与实体经济实现更加紧密的融合。通过推动数字化转型和智能化升级，AI 大模型将在帮助企业提高生产效率、降低成本、优化供应链管理等方面发挥重要作用。同时，AI 大模型将为创新创业提供新的动力和支持。

### 4.　隐私保护与伦理道德的考量

（1）隐私保护技术的加强。随着 AI 大模型的应用范围不断扩大，隐私保护问题日益凸显。为了保障用户的隐私和数据安全，隐私保护技术将得到发展。这包括数据加密、差分隐私、联邦学习等技术的应用和推广。

（2）伦理道德的重视与规范。AI 大模型的发展需要关注伦理道德问题。随着 AI 大模型能力的不断提升和应用场景的拓展，可能会出现一些伦理道德上的争议和挑战。因此，加强伦理道德的规范和引导尤为重要。需要建立健全的法律法规体系和伦理标准来约束 AI 大模型的使用和发展。

综上所述，AI 大模型的发展趋势呈现出技术深度与广度的持续提升、多模态融合与智能化升级、应用场景的拓展与深度融合，以及隐私保护与伦理道德的考量等特点。未来，随着技术的不断进步和应用场景的不断拓展，AI 大模型将在各个领域发挥更加重要的作用，为人类社会的进步和发展贡献更大的力量。

思考问题

1. AI 大模型的快速发展对大学生的未来职业规划有何影响？

2. 你认为 AI 大模型在教育领域的潜力何在？如何有效利用 AI 大模型提升学习效率和效果？

# 【项目实训】

项目实训工单

| 实训题目 | 基于文心一言的文本生成与评估 | | | |
|---|---|---|---|---|
| 学生姓名 | | 班级 | | 学号 |
| 组长姓名 | | 同组同学 | | |
| 实训地点 | | 学时 | | 日期 |

续表

| | |
|---|---|
| 实训目的 | （1）**技能掌握**：掌握文心一言的基本操作方法和文本生成功能。<br>（2）**知识深入**：深入了解文本生成的基本原理及其在自然语言处理中的应用。<br>（3）**评估能力**：学习并实践文本生成质量的评估方法，提升对生成的文本内容的辨识和优化能力。<br>（4）**综合能力**：培养学生的实践操作能力、问题解决能力和创新能力 |
| 实训内容 | （1）**模型介绍与操作**：文心一言的服务内容、应用场景及基本操作。<br>（2）**任务与提示词设计**：文本生成任务的设计，提示词的输入准备与调整。<br>（3）**文本生成实践**：基于文心一言的多次文本生成尝试，结果对比与分析。<br>（4）**质量评估方法**：制定文本生成质量的评估标准与学习评估方法。<br>（5）**改进与优化**：根据评估结果提出改进建议，实施优化并观察效果 |
| 实训步骤 | （1）**准备阶段**：学生需深入阅读文心一言的相关资料，明确实训目标，设计合理的文本生成任务，并准备恰当的提示词，为后续的文本生成实践打下坚实的基础。<br>（2）**模型调用与生成**：学生登录文心一言，根据任务要求，调整模型参数，如生成长度、风格等，然后提交请求，耐心等待模型生成文本，并仔细记录生成的文本，以便后续分析。<br>（3）**质量评估**：学生需制定一套全面的评估标准，包括准确性、流畅性、相关性等多个方面，然后对生成的文本进行人工或自动评估，详细记录评估结果，以便找出模型在文本生成方面的优势和不足。<br>（4）**改进与优化**：学生根据评估结果，提出有针对性的改进建议，如优化提示词、调整模型参数等，然后尝试实施这些建议，观察改进后的文本生成效果，并进行多次迭代，直至生成满足要求的文本。<br>（5）**总结与报告**：实训结束后，学生需对实训过程进行全面总结，记录遇到的问题和解决方案，然后撰写实训报告，包括实训目的、内容、步骤、评估结果及改进建议等，以便更好地巩固所学知识，提升实践能力 |
| 实训要求 | （1）**任务准备**：认真准备实训内容，确保任务设计和提示词的合理性。<br>（2）**技能熟练**：熟练掌握文心一言的基本操作方法和文本生成功能。<br>（3）**实践参与**：积极参与文本生成实践，多次尝试并对比不同结果。<br>（4）**评估准确**：认真评估生成的文本质量，提出有针对性的改进建议。<br>（5）**报告撰写**：按时完成实训报告，确保报告内容完整、条理清晰 |
| 实训评价 | （1）**任务完成情况**：评估学生是否按照要求完成了文本生成任务，以及生成的文本是否符合任务要求。<br>（2）**操作技能**：考查学生对文心一言的操作熟练程度，包括模型调用、参数设置等。<br>（3）**文本生成质量**：根据评估标准，对学生生成的文本质量进行评分，评估其准确性、流畅性、相关性等。<br>（4）**改进与创新**：评估学生提出的改进建议的创新性和实用性，以及其在文本生成过程中的创新能力。<br>（5）**实训报告质量**：评估实训报告的完整性、条理性和逻辑，以及学生对实训过程的总结和反思能力 |

# 【归纳与提高】

本项目系统地介绍了 AI 大模型的基本概念、分类、特点、主流架构及提示词。通过详细介绍文心一言、讯飞星火、通义千问、腾讯元宝、天工 AI、豆包、Kimi 等常用的 AI 大模型产品，学生不仅了解了这些模型的特性和优势，还掌握了它们在实际应用中的操作技巧。特别是在自然

语言处理和各行业的应用方面，AI 大模型展现出了强大的潜力和价值，为智能化转型提供了有力支持。

未来，AI 大模型将在更多领域发挥重要作用，推动技术的不断创新和应用场景的拓展。人们将持续关注 AI 大模型的发展动态，加强理论与实践的结合，为学生提供更加丰富的实践机会和案例分析。同时，将引导学生积极探索 AI 大模型的新应用，培养其在智能时代的核心竞争力，为未来的职业发展奠定坚实的基础。

# 【知识巩固】

一、填空题

1. AI 大模型通过_____等技术，能够处理大规模数据集并展现卓越的学习能力。

2. GPT-3 拥有超过_____亿个参数，具备强大的自然语言处理能力。

3. 百度推出的_____是中文 AI 大模型的代表之一。

4. 文心一言是基于_____平台的生成式 AI 产品。

5. 文心一言的目标用户包括内容创作者、职场人士、学生、_____和普通网民。

6. 讯飞星火不仅具备自然语言处理能力，还能进行_____、编写代码等复杂任务。

7. 讯飞星火的服务内容之一是_____，能够为用户提供实时的知识解答。

8. AI 大模型在自然语言处理的应用中，_____技术可以生成新闻和小说。

9. 信息抽取技术主要用于从非结构化文本中抽取_____，如实体名称、属性等。

10. 在智能对话领域，_____技术为用户提供了 24 小时不间断的客服服务。

二、选择题

1. 以下哪个模型不是计算机视觉大模型的代表？（　　　）

　　A. Efficient Network　　　　　　　　B. GPT-3

　　C. Vision Transformer　　　　　　　　D. 残差网络

2. 下列哪项不是 AI 大模型按技术路线分类的？（　　　）

　　A. 自然语言处理大模型　　　　　　　B. 机器学习大模型

　　C. 计算机视觉大模型　　　　　　　　D. 多模态大模型

3. AI 大模型在哪种场景下特别强调本地处理能力？（　　　）

　　A. 云端大模型　　　　　　　　　　　B. 物联网

　　C. 自动驾驶　　　　　　　　　　　　D. 端侧大模型

4. 下列哪种技术不属于 AI 大模型深度学习的范畴？（　　　）

　　A. 卷积神经网络　　　　　　　　　　B. 线性回归

　　C. Transformer　　　　　　　　　　　D. 循环神经网络

5. 讯飞星火如何与用户进行交互？（　　　）

　　A. 仅文本　　　　　　　　　　　　　B. 仅语音

　　C. 文本和语音　　　　　　　　　　　D. 图像

6. 文心一言百宝箱提供的功能不包括以下哪项？（　　　）

　　A. 智能配图　　　　　　　　　　　　B. 天气查询

　　C. 文本润色　　　　　　　　　　　　D. 考公模板

7. 下列哪项不属于 AI 大模型在自然语言处理的应用中的信息抽取范畴？（　　　）

    A. 用户需求提取　　　　　　　　　　B. 商品检索

    C. 舆情分析　　　　　　　　　　　　D. 文章阅读辅助

8. 哪种 AI 技术可以帮助用户快速找到视频中的特定片段？（　　　）

    A. 信息抽取　　　　　　　　　　　　B. 视频检索

    C. 文本生成　　　　　　　　　　　　D. 指令代码生成

9. 智能对话技术在哪一领域的应用，能让用户与虚拟人物进行自然流畅的对话？（　　　）

    A. 智能客服　　　　　　　　　　　　B. 简历检索

    C. 虚拟社交　　　　　　　　　　　　D. 房产检索

10. 下列哪项不是 AI 大模型在编程领域的应用？（　　　）

    A. NL2SQL　　　　　　　　　　　　B. 智能 RPA

    C. PPT 生成　　　　　　　　　　　　D. 测试用例生成

## 三、判断题

1. AI 大模型仅适用于处理大规模数据集，无法在小规模数据集上表现良好。（　　　）

2. Transformer 模型仅适用于自然语言处理领域，不适用于其他领域。（　　　）

3. 监督学习大模型完全依赖于预先标记好的数据集进行训练。（　　　）

4. 讯飞星火不具备解决数学问题的能力。（　　　）

5. 文心一言百宝箱是专门为内容创作者设计的。（　　　）

6. 讯飞星火支持语音和文本两种交互方式。（　　　）

7. 文本生成技术可以自动生成包含复杂逻辑和创意的新闻和小说。（　　　）

8. 信息检索技术主要应用于数据分析和挖掘，而不是帮助用户快速找到所需信息。（　　　）

9. 智能对话技术无法用于游戏领域，增加游戏角色的互动性和趣味性。（　　　）

10. 合同审查技术可以自动检测合同条款中的法律风险，但不能对合同进行标准化处理。（　　　）

## 四、问答题

1. 简述 AI 大模型在海量数据处理能力方面的优势。

2. 简述文心一言在教育领域的应用价值。

3. 讯飞星火如何通过个性化推荐功能提升用户体验？

4. 简述 AI 大模型在智能客服领域的应用及其带来的主要优势。

5. AI 大模型在智能制造领域中有哪些具体的应用？这些应用如何助力制造业转型升级？

# 项目 4

## 基于 AI 技术的典型应用

## 【思维导图】

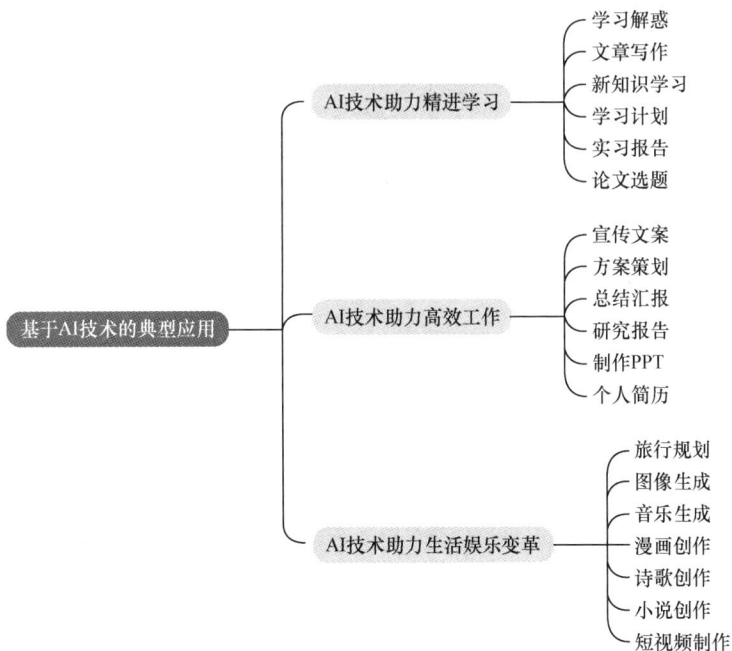

## 【学习目标】

### 知识目标

（1）理解 AI 技术在学习解惑中的应用原理。

（2）掌握 AI 技术在文章写作及新知识学习中的辅助作用。

（3）熟悉 AI 技术如何优化学习计划与实习报告。

（4）知晓 AI 技术在提升工作效率，如宣传文案、方案策划等方面的应用。

（5）了解 AI 技术在生活娱乐变革中的应用，如旅行规划、图像生成等。

## 技能目标

（1）能够利用 AI 技术解决学习中的疑惑，提高学习效率。

（2）熟练掌握 AI 技术在 PPT 制作与个人简历撰写中的操作技巧。

## 素质目标

（1）培养利用 AI 技术辅助学习与工作的创新思维。

（2）提升 AI 技术在生活娱乐中应用的美学鉴赏能力。

# 【导入案例】

    小明是一名大学生，面临着繁重的学业和即将步入社会的压力。在学习过程中，他常常遇到难题且无法解决，写文章时也感到力不从心。同时，为了找到一份理想的工作，他需要撰写宣传文案、策划方案，以及制作个人简历。幸运的是，小明发现了 AI 技术的神奇之处。他利用 AI 技术解决学习中的疑惑，轻松撰写文章，甚至帮助他进行论文选题。在工作中，AI 技术也大大提升了他的效率，从撰写宣传文案到制作 PPT，都游刃有余。此外，AI 技术还为他的生活带来了乐趣，如旅行规划、音乐生成等，让他的生活更加丰富多彩。现在，小明已经深深爱上了 AI 技术，并决定继续探索其更多可能性。本项目通过一系列生动的案例，引导学生深入探索 AI 如何在学习、工作与生活等各个领域中发挥巨大作用，开启智能时代的新篇章。

# 【知识探索】

## 4.1 AI 技术助力精进学习

### 4.1.1 学习解惑

    AI 学习解惑是指利用先进的人工智能技术与庞大的数据模型，为学习者在学习过程中遇到的难题和困惑提供即时、精准、全面的解答与指导。通过智能分析学习者的疑问，AI 大模型能够匹配合适的解答资源，不仅解答表面问题，更引导学习者深入理解知识的本质，从而有效消除疑惑，促进学习效果的显著提升。这一过程体现了 AI 技术在教育领域的深度应用与价值。

### 1.　利用 AI 技术进行学习解惑的流程

（1）需求分析与产品选择。学习者需明确自身学习困惑的具体领域与难度，随后进行 AI 产品的市场调研。选择 AI 产品时，综合考虑 AI 产品的专业性、知识库的广度、用户评价及技术兼容性，确保所选 AI 产品能精准满足学习需求。

（2）问题提交与识别。选定 AI 产品后，学习者通过平台或应用提交问题。AI 系统利用先进的自然语言处理技术，迅速识别并理解问题的核心要点，为后续解答做好准备。

（3）智能匹配与答案生成。AI 系统在识别问题后，立即在庞大的知识库中进行智能匹配，寻找最相关、最准确的答案，再结合深度学习算法，生成详细、易懂的解答内容，包括解题步骤、知识点解析及相关拓展。

（4）个性化学习资源推荐。基于学习者的学习历史、兴趣偏好及当前问题，AI 系统会推荐个性化的学习资源，如相关课程、练习题、实验案例等，帮助学习者深入理解和巩固知识。

（5）互动答疑与实时反馈。在学习过程中，学习者可随时与 AI 系统互动，提出进一步的问题或疑问。AI 系统即时响应，提供解答或引导思路，同时收集学习者的反馈，不断提高解答质量和优化个性化推荐。

（6）学习成效评估与规划。AI 系统会根据学习者的学习过程和成果，进行成效评估。基于评估结果，AI 系统会为学习者提供个性化的学习建议、进度规划和目标设定，助力其持续进步，实现学习目标。

### 2.　利用 AI 技术进行学习解惑的提示词示例

学习解惑的提示词示例见表 4-1。

表 4-1　学习解惑的提示词示例

| 序号 | 主题 | 提示词示例 |
| --- | --- | --- |
| 1 | 专业课程理解 | 我正在学习"机械设计基础"课程，但对齿轮传动的原理和计算感到困惑。请提供一份详细的讲解资料，包括齿轮的基本类型、传动比计算及在实际应用中的注意事项 |
| 2 | 实践技能提升 | 我在进行电工实习时，对电路图的阅读和分析能力有待提高。请提供一些练习材料，包括不同复杂程度的电路图，并附上详细的解析步骤，帮助我提升这些能力 |
| 3 | 英语学习策略 | 作为一名大学生，我在英语学习上遇到了瓶颈，特别是词汇记忆和阅读理解方面。请推荐一些有效的学习方法或工具，帮助我增加词汇量，并提升阅读速度和理解能力 |
| 4 | 职业规划指导 | 我即将毕业，但对未来的职业规划感到迷茫。请提供一些建议，包括如何根据我的专业、兴趣和市场需求选择合适的职业，以及如何准备简历和面试技巧 |
| 5 | 时间管理与学习方法 | 我发现自己在大学期间的时间管理不够高效，经常导致学习任务堆积。请分享一些实用的时间管理技巧和学习方法，帮助我更好地平衡学习、生活和社交活动，提高学习效率 |

这些提示词旨在针对大学生在学习过程中可能遇到的具体问题，提供有针对性的解答和指导，帮助他们更好地掌握专业知识、提升实践技能、优化学习方法，并为未来的职业发展做好准备。

### 3.　国内用于学习解惑的 AI 工具

在国内，提供学习解惑的 AI 工具中，文心一言、讯飞星火、通义千问等均具有出色的功能。

文心一言依托百度强大的 AI 技术，能够为用户提供精准的学习解答和个性化推荐。讯飞星火凭借先进的自然语言处理技术，帮助用户快速理解复杂知识点。通义千问则支持多轮对话，能够深入解答用户在学习过程中的疑问。此外，腾讯作业君、Kimi 等 AI 工具具备强大的学习解惑能力。腾讯作业君能够针对学生的作业问题进行详细解答，并提供解题思路和方法。Kimi 则支持长文本总结和生成，能够帮助用户快速提炼知识要点，提高学习效率。这些 AI 工具共同为学习者提供了便捷、高效的学习支持。

### 4. 利用 AI 技术进行学习解惑的示例

**【例 4-1】** 大学生如何有效提升专业技能与学习效率。

**提示词：** 作为一名大学生，我面临着专业课程繁多、实践操作要求高、学习时间紧张等挑战。我希望找到一种有效的方法，既能快速提升专业技能，又能确保学习效率，以便在未来的职场竞争中脱颖而出，请 AI 给出建议。

打开文心一言，输入提示词，它给出以下建议。

面对专业课程繁多、实践操作要求高、学习时间紧张等挑战，大学生需要采取一种既高效又能快速提升专业技能的学习方法。以下是一些建议。

**1. 设定明确的学习目标**

（1）短期目标。完成每门课程的作业，掌握基本知识点。

（2）中期目标。通过期末考试，获得良好的成绩。

（3）长期目标。提升专业技能，为未来的职场竞争打下坚实的基础。

**2. 制订合理的学习计划**

（1）时间管理。使用时间管理工具，如番茄钟，合理安排学习与休息时间，提高学习效率。

（2）任务分配。将学习任务细化到每周、每天，确保按计划进行。

**3. 充分利用资源**

（1）在线课程。利用网易云课堂、Coursera 等平台，学习优质课程，补充课堂知识。

（2）学术论坛。参与学术论坛、交流群，与同行进行学术交流，提高学术素养。

（3）教师资源。积极向教师请教问题，争取获得更多的指导和帮助。

**4. 提升实践能力**

（1）实践操作。利用假期和课余时间参加实习、志愿服务或项目研究，将所学知识应用于实际，积累宝贵的经验。

（2）实验课程。认真对待实验课程，通过实验加深对理论知识的理解。

**5. 培养软技能**

（1）沟通能力。积极参与团队项目，锻炼沟通能力，提高团队协作效率。

（2）解决问题的能力。面对学习中的困难，学会独立思考，寻找解决方案。

**6. 保持身心健康**

（1）充足睡眠。保证每天 7~8 小时的睡眠，保持精力充沛。

（2）适量运动。定期进行体育锻炼，缓解学习压力，保持身心健康。

**7. 利用 AI 工具辅助学习**

（1）智能问答。利用文心一言、讯飞星火等 AI 工具，快速解答学习中的疑问。

（2）个性化推荐。根据学习进度和兴趣，利用 AI 工具获取个性化的学习资源和建议。

通过以上方法，大学生可以更加高效地学习专业课程，提升专业技能，同时确保学习效率。在未来的职场竞争中，这些能力将成为其脱颖而出的关键。

## 4.1.2　文章写作

AI 文章写作是指利用人工智能技术，如自然语言处理、机器学习等，辅助作者构思、创作、编辑文章，提高写作效率与质量，实现内容创作的智能化升级。

### 1. 利用 AI 技术进行文章写作的流程

（1）明确写作目标与主题。作者需明确文章的目标读者、写作目的及核心主题，为 AI 工具提供明确的方向。

（2）选择合适的 AI 工具。根据写作需求选择合适的 AI 工具，如专注于语法检查的工具、提供内容生成功能的工具或进行整体风格调整的工具。

（3）输入关键词与初步构思。将文章的主题、关键词及初步构思输入 AI 工具中，让 AI 工具根据这些信息生成初步的内容框架或建议。

（4）利用 AI 辅助创作。借助 AI 技术进行内容生成、语法检查、句式优化等操作，同时保持对生成内容的批判性思考，确保其与个人理解和风格相符。

（5）整合润色与原创性校验。将 AI 工具生成的内容与自身构思相结合，进行整合润色。同时，使用 AI 工具或独立工具检查内容的原创性，确保无抄袭风险。

（6）反思与提升。完成文章后，反思 AI 工具在文章写作过程中的优势，评估其对自己的帮助程度；总结写作经验，为未来的写作活动提供指导。

### 2. 利用 AI 技术进行文章写作的提示词示例

文章写作的提示词示例见表 4-2。

表 4-2　文章写作的提示词示例

| 序号 | 主题 | 提示词示例 |
| --- | --- | --- |
| 1 | 行业趋势分析与文章构思 | 我正在撰写一篇关于"新能源汽车行业发展趋势"的文章。请帮我分析该行业的最新动态、关键技术突破及未来发展趋势，并基于这些信息构思一个清晰、有吸引力的文章框架 |
| 2 | 技能提升与写作指导 | 我正在学习如何撰写一篇高质量的实训报告。请提供一些写作技巧和注意事项，特别是如何清晰地描述实训过程、分析实训结果，并给出改进建议。同时，请帮我检查语法和拼写错误 |
| 3 | 案例研究与文章丰富 | 我正在写一篇关于"电子商务营销策略"的文章，需要引入一些成功案例来增强说服力。请帮我查找一些相关案例，包括案例背景、实施策略和最终成果，并建议我如何将这些案例融入文章中 |
| 4 | 引用管理与学术规范 | 我正在准备一篇关于"职业技能培训的重要性"的学术论文，需要引用一些权威文献。请帮我查找并整理一些权威文献，提供正确的引用格式，并检查我的引用是否符合学术规范 |
| 5 | 创意写作与故事构思 | 我正在尝试写一篇关于"职场新人成长故事"的创意文章。请帮我构思一个有趣且富有启发性的故事情节，包括主角设定、职场挑战、成长历程和最终收获。同时提供一些写作技巧，使文章更加生动、引人入胜 |

这些提示词旨在帮助用户更清晰地表达写作需求和目标，从而引导 AI 工具提供更有针对性的帮助和指导。无论是进行行业分析、提升写作技能、丰富文章内容，还是文献引用、激发创意，AI 都能在一定程度上提供支持和辅助，帮助用户提升文章写作的效率和质量。

### 3. 国内进行文章写作的 AI 工具

文心一言、讯飞星火、通义千问、腾讯元宝、天工 AI、豆包及写作猫等 AI 工具，为文章写作带来了前所未有的便捷与高效。这些 AI 工具凭借强大的自然语言处理技术和深度学习算法，能够迅速理解写作需求，提供丰富的内容建议与创意灵感。无论是撰写学术论文、商业文案，还是创作文学作品，这些 AI 工具都能为写作者提供有力的支持，助力其轻松驾驭文字，撰写出更加精彩、富有深度的文章。

### 4. 利用 AI 技术进行文章写作的示例

【例 4-2】文章题目：《大学时光：探索、成长与未来的启航》。

提示词：作为一名大学生，我经历了从高中生到大学生的转变，面对全新的学习环境、丰富的社团活动，以及未来的职业规划，我经历了探索、成长与挑战。我希望通过这篇文章，分享我在大学期间的所见所闻、所学所感，以及大学的学习和生活如何为我未来的职业生涯奠定坚实的基础。

把文章题目和提示词输入文心一言，其给出的文章如下。

#### 大学时光：探索、成长与未来的启航

作为一名大学生，回望从高中生到大学生的转变，那是一段充满挑战与探索的旅程。大学，这个全新的学习环境，不仅为我打开了知识的大门，更是一场关于自我成长与未来规划的深刻探索。

初入大学，我被丰富多彩的社团活动所吸引。从学术性的科研团队到兴趣导向的文艺社团，我积极参与其中，尝试不同的角色与任务。这些经历不仅丰富了我的大学生活，更让我学会了团队合作、沟通协调及领导力等重要的软技能。每一次活动的筹备与执行都是对自我能力的挑战与提升。

在学术上，大学为我提供了广阔的学习平台。我深入学习了专业课程，参与了科研项目，与教授们进行了深入的学术交流。这些经历不仅让我对专业知识有了更深入的理解，更培养了我独立思考与解决问题的能力。我学会了如何查阅文献、分析数据、撰写论文，这些技能将成为我未来职业生涯中不可或缺的宝贵财富。

面对未来的职业规划，大学为我提供了明确的指导与帮助。职业规划课程、实习机会及校友网络等资源让我更加清晰地认识到自己的兴趣与优势，也为我未来的职业道路指明了方向。我开始思考自己希望从事的领域与岗位，并为之付出努力与做好准备。

大学生涯是我人生中一段宝贵的经历。它不仅让我收获了知识与技能，更让我学会了如何面对挑战、如何成长与自我超越。这段经历为我未来的职业生涯奠定了坚实的基础，让我更加自信地迎接未来的挑战与机遇。

如今，站在大学生涯的末尾，我满怀感激与期待。感激大学给予我的一切，期待未来职业生涯中的无限可能。我相信，只要保持探索的精神、不断成长与努力，我一定能够在未来的道路上走得更远。

### 4.1.3　新知识学习

AI 新知识学习是指通过利用强大的人工智能技术和庞大的知识库，为学习者提供定制化、高效率的学习路径和资源。这一过程不仅涵盖了知识的传授，更侧重于智能分析学习者的学习风格和进度，精准推送相关的学习材料，助力学习者更快速、更深入地掌握新知识，实现学习效果的质的飞跃。

**1. 利用 AI 技术进行新知识学习的流程**

（1）选择 AI 工具。根据学习需求，精选 AI 工具，确保学习精准、高效，为新知识学习打下坚实的基础。

（2）制订学习计划。利用 AI 工具分析学习目标，量身制订个性化计划，规划学习路径，使学习更加有针对性和系统性。

（3）推送学习资源。智能推荐视频、文档、习题等学习资源，丰富学习形式，助力深入理解新知识要点。

（4）实时互动答疑。在学习过程中，AI 工具即时响应疑问，提供详细解答，确保学习畅通无阻，加深理解。

（5）进度监测反馈。跟踪学习进度，定期反馈成效，及时调整学习策略，确保学习方向正确、学习高效。

（6）巩固与拓展。通过习题练习、模拟测试巩固知识，同时引导拓展新知识，全面提升学习者的综合能力。

**2. 利用 AI 技术进行新知识学习的提示词示例**

新知识学习的提示词示例见表 4-3。

表 4-3　新知识学习的提示词示例

| 序号 | 主题 | 提示词示例 |
|---|---|---|
| 1 | 专业技能深度解析 | 我正在学习"数控编程技术"，但遇到了很多难点。请帮我深入解析这些难点，提供详细的解释、实例和练习，帮助我更好地掌握这门技能 |
| 2 | 行业动态与趋势分析 | 我对"新能源汽车行业"的发展非常感兴趣，但不太了解最新的行业动态和趋势。请帮我搜集和分析该行业的最新资讯、技术突破、市场趋势和政策变化，以便我能够紧跟行业动态 |
| 3 | 跨学科知识融合学习 | 我正在学习"电子商务"，但感觉需要了解一些"市场营销"和"数据分析"的基础知识。请帮我整合这些跨学科的知识，提供一个清晰的学习路径和资源推荐，以便我能够系统地学习这些学科的知识 |
| 4 | 学习方法与效率提升 | 我发现自己在学习新知识时效率不高，容易分心。请提供一些有效的学习方法和时间管理技巧，帮助我提高学习效率，保持专注力 |
| 5 | 实践操作与案例分析 | 我正在学习"自动化控制技术"，但理论知识比较抽象，难以理解。请帮我找一些相关的实践操作教程和案例分析，以便我能够通过实践操作和案例分析来加深理解 |

这些提示词旨在帮助学习者更清晰地表达自己的学习需求和目标，从而引导 AI 工具提供更有针对性的学习资源和指导。无论是深入解析专业技能、分析行业动态、融合跨学科知识，还是

提升学习效率、进行实践操作和案例分析，AI 工具都能在一定程度上提供支持和辅助，帮助学习者更有效地进行新知识学习。

### 3. 国内进行新知识学习的 AI 工具

文心一言、讯飞星火、通义千问、腾讯元宝、天工 AI、豆包及智谱清言等 AI 工具，为学习新知识提供了强力的支持。这些 AI 工具基于先进的自然语言处理技术和庞大的知识库，能够迅速理解并解答各种学习疑问，为用户提供全面且深入的解答。无论是学习基础知识，还是探索前沿科技，这些 AI 工具都能成为学习路上的得力助手，帮助学习者拓宽知识视野、深化理解，更好地掌握新知识。

### 4. 利用 AI 技术进行新知识学习的示例

【例 4-3】大学生小李正在市场营销专业努力探索、学习，可在学习客户细分策略时遇到了难题。尽管他已经阅读了大量教材、论文和案例，但在实际操作中仍然感到困惑。他尝试了几种不同的方法来划分客户群体，但结果总是不尽如人意。小李意识到，他需要更具体、更系统的指导来突破瓶颈。于是，他决定向 AI 工具寻求帮助，希望能找到一种更有效的客户细分方法。

提示词：小李遇到的问题是在市场营销的客户细分策略中，如何准确且有效地识别并划分不同的客户群体。他希望得到具体步骤、方法或工具建议，以及在实际操作中可能遇到的挑战和应对策略。800 字左右。

把提示词输入文心一言，其给出的答案如下。

---

小李在市场营销的客户细分策略中面临挑战，即如何准确且有效地识别并划分不同的客户群体，这是许多企业都面临的问题。AI 技术的快速发展为这一挑战提供了全新的解决方案。以下是 AI 为小李提供的具体步骤、方法或工具建议，以及在实际操作中可能遇到的挑战和应对策略。

#### 1. 具体步骤与方法建议

（1）数据收集与整合。小李应利用 AI 工具从多个渠道收集客户数据，包括社交媒体、电子邮件、在线行为记录等。这些数据可以通过 AI 数据整合工具进行清洗、整合，形成全面的客户画像。

（2）特征选择与提取。在数据整合的基础上，小李需要使用 AI 特征提取工具，从客户数据中筛选出与客户细分相关的关键特征，如年龄、性别、购买历史、浏览行为等。这些特征将作为客户细分的基础。

（3）客户细分模型构建。接下来，小李可以利用 AI 聚类算法构建客户细分模型。这些算法能够根据客户特征自动将客户划分为不同的群体。AI 模型训练工具可以帮助小李快速构建和优化模型。

（4）模型评估与优化。构建好模型后，小李需要利用 AI 评估工具对模型进行评估，确保模型的准确性和可靠性。根据评估结果，小李可以对模型进行优化，提高客户细分的准确性。

（5）客户细分结果应用。小李需要将客户细分结果应用于实际的营销策略中。这包括针对不同客户群体设计个性化的产品、服务和营销方案。AI 营销自动化工具可以帮助小李实现这一目标，提高营销效率和效果。

#### 2. 实际操作中可能遇到的挑战和应对策略

（1）数据质量与隐私保护。在数据收集过程中，小李可能会遇到数据质量不高、数据缺失或数据隐私保护问题。应对策略是建立严格的数据清洗和隐私保护机制，确保数据的准确和安全。

（2）特征选择与模型优化。特征选择和模型优化是客户细分过程中的关键环节。小李可能会遇到特征选择不当、模型过拟合或欠拟合等问题。应对策略是结合领域知识和数据分析结果，采用多种特征选择和模型优化方法，进行实验验证，以确定最佳方案。

（3）模型解释性与业务理解。AI 模型可能具有高度的复杂性，导致模型解释性不足，难以被业务人员理解和接受。应对策略是采用可解释的 AI 技术，对模型进行解释和可视化，提高模型的透明度和可信度。

综上所述，小李可以利用 AI 技术在市场营销的客户细分策略中准确且有效地识别并划分不同的客户群体。通过遵循上述步骤和建议，并应对可能遇到的挑战，小李可以制定出更加精准和个性化的营销策略，提高客户满意度和忠诚度。

## 4.1.4　学习计划

AI 学习计划是指利用人工智能技术，根据学习者的需求、能力及学习目标，自动规划并优化学习路径与资源分配的学习支持方案。AI 系统通过分析学习数据，智能推荐学习材料、设置学习任务、监测学习进度，并适时提供反馈与调整建议，从而帮助学习者高效完成学习目标，提升学习效果与自我管理能力。

1. 利用 AI 技术制订学习计划的流程

（1）需求分析。学习者需明确自己的学习目标、时间安排、兴趣爱好等，并向 AI 系统提供相关信息。

（2）智能评估。AI 系统通过对学习数据进行分析，对学习者的现有知识水平进行评估，识别强项与弱项。

（3）计划制订。基于需求分析和智能评估的结果，AI 系统生成初步的学习计划，包括学习内容、时间安排、学习方式等。

（4）审核与调整。学习者审核 AI 系统生成的学习计划，根据自身实际情况进行调整，确保学习计划的可行性和满意度。

（5）执行与监测。学习者按照计划进行学习，AI 系统实时监测学习进度，并根据需要进行调整或提供额外支持。

（6）反馈与优化。学习周期结束后，学习者向 AI 系统提供反馈，AI 系统根据反馈优化算法，提高计划制订的准确性和效率。

2. 利用 AI 技术制订学习计划的提示词示例

学习计划的提示词示例见表 4-4。

表 4-4　学习计划的提示词示例

| 序号 | 主题 | 提示词示例 |
| --- | --- | --- |
| 1 | 个性化学习路径制定 | 我是一名计算机专业的高职学生，想要提升编程技能。请为我设计一条个性化的学习路径，包括适合我的编程语言和框架，以及逐步提升的难度层次 |
| 2 | 时间管理与任务分配 | 我即将迎来期末考试，需要制订一个有效的复习计划。请根据我的课程表、学习进度和记忆曲线，为我规划一张既不过于紧张也不浪费时间的学习时间表 |

| 序号 | 主题 | 提示词示例 |
|---|---|---|
| 3 | 学习进度跟踪与反馈 | 我正在自学一门新的专业课程，但担心自己学习进度缓慢或偏离了正确方向。请定期检查我的学习进度，并提供相应的反馈和建议，帮助我及时调整学习策略 |
| 4 | 智能推荐学习资源 | 我对电子商务专业中的一些前沿技术非常感兴趣，但不知道从何处开始学习。请根据我的兴趣和学习目标，智能推荐相关的学习资源，如在线课程、论文、博客文章等 |
| 5 | 模拟考试与效果评估 | 我想通过模拟考试来检验我的学习效果，但缺乏合适的试卷和评估标准。请为我生成一套与课程大纲相匹配的模拟试卷，并提供详细的答案解析和效果评估报告 |

这些提示词可以帮助学习者更好地利用 AI 技术来规划自己的学习路径，提升学习效率，确保学习效果。通过个性化学习路径制定、时间管理与任务分配、学习进度跟踪与反馈、智能推荐学习资源，以及模拟考试与效果评估等功能，AI 工具能够为学习者提供一个全方位、个性化的学习支持体系。

### 3. 国内制订学习计划的 AI 工具

文心一言、讯飞星火、通义千问、豆包及智谱清言等 AI 工具在协助制订学习计划方面展现出了卓越的能力。这些 AI 工具能够基于用户的学习目标、时间安排和个人偏好，智能生成个性化的学习计划。它们不仅能提供合理的学习路径和进度安排，还能根据用户的反馈进行动态调整，确保学习计划的科学性和有效性。借助这些 AI 工具，用户可以更加高效地规划学习，实现自我提升和成长。

### 4. 利用 AI 技术制订学习计划的示例

【例 4-4】新学期伊始，小高同学满怀期待地准备迎接新的挑战。为了更有效地管理时间和提高学习效率，他决定制订一个详细的学习计划。然而，面对繁重的课程任务和多样的课外活动，小高同学无从下手。他担心自己的计划不够全面，或者无法完成实际的学习进度。因此，小高同学决定向 AI 求助，希望得到一个既科学又实用的学期学习计划建议。

**提示词**：小高同学希望 AI 能够提供一个制订学期学习计划的框架或步骤，包括如何设定学习目标、分配学习时间、安排复习和预习，以及平衡学习与休息等方面。同时，他希望 AI 能够提供一些实用的技巧或建议，帮助他更好地执行和调整学习计划。

把提示词输入文心一言，其给出的答案如下。

---

**学期学习计划制订框架与实用执行建议**

**1. 制订框架**

（1）明确学习目标。

①具体性：设定清晰、具体的学习目标，如"提高数学成绩至 90 分以上"。

②可衡量：确保学习目标可以通过某种方式衡量，如考试成绩、作业完成度等。

③可实现：学习目标应基于个人能力和资源设定，避免过高或过低。

④相关性：确保学习目标与学期或长远学习计划相关。

⑤时限性：为每个学习目标设定完成时间，如"期末考试前一个月"。

（2）分配学习时间。

①优先级排序：根据学习目标的紧急性和重要性，为各科或各项活动分配时间。

②固定时段：设定每日或每周固定的学习时间，如每晚 7～9 点，培养学习习惯。

③灵活调整：根据学习进度和个人状态，灵活调整学习时间。

（3）安排预习与复习。

①预习策略：新课前至少预习一次，了解基本概念和难点。

②复习计划：课后立即复习，巩固记忆；每周或每月安排一次系统复习，整理笔记。

③错题集：整理错题，定期回顾，直至完全掌握。

（4）平衡学习与休息。

①定时休息：每学习 45～50 分钟后，休息 5～10 分钟，进行眼保健操或简单运动。

②充足睡眠：保证每晚 7～9 小时的高质量睡眠，这有助于巩固记忆和恢复精力。

③兴趣活动：安排时间进行个人兴趣活动，如阅读、运动或艺术活动，以缓解学习压力。

**2. 实用技巧与建议**

（1）使用学习工具。利用日历、提醒功能、学习 App 等工具，帮助跟踪学习进度和提醒学习任务。

（2）番茄工作法。采用"25 分钟专注学习+5 分钟短暂休息"的循环，提高学习效率。

（3）积极反馈。每完成一个学习目标或学习任务，给自己正面反馈，如小奖励，以增强学习动力。

（4）社交学习。与同学组建学习小组，互相讨论、解答疑问，共同进步。

（5）灵活调整。遇到学习瓶颈或突发事件时，及时调整学习计划，保持灵活性。

（6）反思与总结。每周或每月进行一次学习反思，总结成功经验与待改进之处，不断优化学习计划。

通过上述框架和技巧，小高同学可以系统地制订并执行学期学习计划，同时保持身心健康，实现高效学习。

## 4.1.5　实习报告

AI 实习报告是指借助人工智能技术，如自然语言处理、文本生成等，来协助完成实习报告的撰写过程。这种方式通过智能化工具，快速生成实习报告框架、填充基础内容，甚至进行语法检查与初步润色，以提高实习报告撰写的效率与质量。然而，最终内容的审核、个性化见解的融入及深度编辑仍需人工完成，以确保实习报告的准确性和专业性。利用 AI 技术撰写实习报告是现代科技与传统学术写作相结合的体现。

**1. 利用 AI 技术撰写实习报告的流程**

（1）前期准备。前期准备包括明确实习报告要求，确定主题、目的和读者；收集实习期间的工作日志、项目文档等素材，以及行业报告等辅助材料；根据经历和资料，初步规划实习报告的框架和目录，确保内容、条理清晰，符合学校或单位要求。

（2）AI 辅助撰写。在 AI 辅助撰写实习报告时，选择合适的 AI 工具，输入实习关键信息和背

景资料，利用 AI 生成包括引言、正文、结论等的初稿。需要注意的是，AI 生成的内容需根据个人经历和实际实习单位进行调整、修改，以确保实习报告的质量。

（3）内容优化与个性化。审阅 AI 生成的实习报告初稿，检查内容准确性、逻辑和连贯性，并进行个性化修改，添加个人见解和成长经历。然后，根据学校或单位的要求完善格式与排版，确保实习报告符合学术规范，展现个人特色。

（4）审核与提交。完成实习报告后，邀请同学或导师进行内部审核并提出修改建议，根据建议完善报告。然后进行校对，确保内容无误、格式规范。按照要求提交报告至指定平台或邮箱，并附上必要的证明材料或附件。

（5）反思与总结。完成实习报告提交后，回顾利用 AI 技术撰写实习报告的过程，总结经验和教训，分析 AI 工具的优缺点。同时，反思并提升个人写作能力，学习如何更有效地利用 AI 技术辅助写作，以期在未来提高写作效率和质量。

### 2. 利用 AI 技术撰写实习报告的提示词示例

实习报告的提示词示例见表 4-5。

表 4-5　实习报告的提示词示例

| 序号 | 主题 | 提示词示例 |
| --- | --- | --- |
| 1 | 市场营销实习报告 | 市场调研与策略制定。描述在实习期间如何参与市场调研，分析竞争对手和目标用户，以及基于调研结果制定有效的市场营销策略 |
| 2 | 软件开发实习报告 | 项目开发与团队协作。阐述在软件开发项目中担任的角色，使用的技术，以及如何通过团队协作完成项目的需求分析、设计、编码、测试和部署 |
| 3 | 人力资源管理实习报告 | 招聘流程与员工培训。介绍实习期间参与的招聘活动，包括简历筛选、面试安排和候选人评估，以及参与的员工培训计划，包括培训课程设计、实施和效果评估 |
| 4 | 财务会计实习报告 | 财务报表分析与成本控制。说明如何协助准备和分析财务报表，包括资产负债表、利润表和现金流量表，以及制定并实施成本控制策略，以提高公司的财务绩效 |
| 5 | 教育实习报告 | 教学方法与学生管理。分享在实习学校或教育机构中采用的教学方法，如项目式学习、翻转课堂等，以及管理课堂纪律、促进学生参与活动和激发学习兴趣的经验 |

这些提示词旨在帮助实习生在撰写实习报告时，能够聚焦于实习期间的关键经历和所学技能，从而撰写出内容充实、结构清晰的实习报告。

### 3. 国内撰写实习报告的 AI 工具

国内目前没有直接针对撰写实习报告的 AI 工具，但学生可以通过一些 AI 辅助写作工具来简化撰写过程。这些工具通常提供文本生成、校对、改写等功能。学生可以利用 AI 辅助写作工具，如文心一言、豆包等，输入实习报告的主题、关键词或大纲，借助 AI 辅助写作工具的文本生成功能，快速获得初步的实习报告。这些工具还能提供语法检查、拼写纠错等功能，确保实习报告的准确性和流畅性。通过结合个人经历和感受，对生成的内容进行适当修改和完善，学生可以高效地完成一份符合要求的实习报告。

### 4. 利用 AI 技术撰写实习报告的示例

【例 4-5】新能源汽车动力电池故障诊断实习报告。

提示词：实习目的、实习内容、实习步骤、实习收获。

把实习报告的题目和提示词输入文言一心，其给出的答案如下。

## 新能源汽车动力电池故障诊断实习报告

### 1. 实习目的

本次新能源汽车动力电池故障诊断实习旨在通过理论与实践相结合的方式，加深我对新能源汽车动力电池系统的工作原理、故障诊断方法及维护保养流程的理解。具体包括以下目的。

（1）掌握理论知识。学习新能源汽车动力电池的基本构造、工作原理及性能参数。

（2）提升实操技能。通过实际操作，掌握新能源汽车动力电池故障诊断所需的工具的使用方法、检测方法及故障排查流程。

（3）增强问题解决能力。针对模拟或真实的新能源汽车动力电池故障案例，运用所学知识进行分析，提出解决方案。

### 2. 实习内容

实习内容主要围绕以下几个方面展开。

（1）理论学习。这包括新能源汽车动力电池的类型、电池管理系统的功能与原理、故障类型及原因分析。

（2）设备操作。学习使用新能源汽车动力电池故障诊断相关设备，如电池充放电测试系统、绝缘电阻测试仪、数据采集与分析软件等。

（3）故障诊断实操。在导师的带领下，参与模拟新能源汽车动力电池故障的诊断过程，包括但不限于电池单体电压异常、电池组温度失衡、电池包绝缘性能下降。

（4）案例分析。分析历史故障案例，讨论故障发生的原因、诊断过程及修复措施，从中总结经验和教训。

### 3. 实习步骤

（1）准备阶段。熟悉实习环境，了解所需工具及安全操作规程，完成理论知识的学习。

（2）实操训练。

①设备校准与准备：确保所有诊断设备处于良好工作状态，进行必要的校准。

②故障模拟设置：在导师指导下，设置不同类型的新能源汽车动力电池故障模拟场景。

③数据采集：使用测试设备对新能源汽车动力电池进行充放电测试、电压电流监测、温度检测及绝缘电阻测量，收集故障数据。

④数据分析：运用数据分析软件对采集到的故障数据进行处理，识别异常参数。

（3）故障诊断。结合理论知识与数据分析结果，判断故障类型及可能的原因。

（4）修复建议。根据诊断结果，提出具体的修复方案或建议。

（5）总结反馈。撰写实习报告，总结实习过程中的收获、遇到的问题及解决策略，并与导师和同学进行交流反馈。

### 4. 实习收获

通过本次实习，我获得了以下几方面的收获。

（1）专业技能提升。不仅掌握了新能源汽车动力电池故障诊断的基本技能，还学会了高效使用专业诊断设备，提高了实际操作能力。

（2）理论与实践结合。将课堂所学的理论知识应用于实际问题解决中，加深了对新能源汽车动力电池系统的理解。

（3）问题解决思维。培养了面对复杂问题时，如何系统分析、逐步排查并最终解决问题的思维方式。

（4）团队合作与沟通。在实习过程中，与团队成员密切合作，共同解决问题，提升了团队协作与沟通能力。

（5）行业认知。加深了对新能源汽车行业的认识，特别是加深了对新能源汽车动力电池技术现状及未来发展趋势的了解。

总之，这次实习是一次宝贵的学习经历，不仅为我未来的职业发展奠定了坚实的基础，也激发了我对新能源汽车技术的兴趣。

## 4.1.6　论文选题

AI论文选题是指借助人工智能技术，通过分析学术数据、识别研究趋势、评估选题创新性与可行性等方式，为学者或研究者自动生成或辅助选择论文题目的过程。这不仅能提高选题效率，还能确保选题的前瞻性与学术价值，为撰写论文奠定坚实的基础。

1．利用AI技术进行论文选题的流程

（1）明确个人定位与兴趣方向。大学生应先进行自我评估，明确专业背景、技能特长及职业规划，同时结合所学专业，关注行业动态和市场需求，了解行业热点及未来趋势，以缩小选题范围，确保选题贴近实际，兼具实用性和前瞻性。

（2）利用AI工具探索选题领域。利用AI工具探索选题领域时，大学生应选择合适的AI工具，如智能搜索引擎、学术数据库等，输入与所学专业相关的关键词，分析AI工具推荐的选题，评估其创新性、实用性、可行性及与个人研究方向和兴趣的契合度，以找到合适的论文选题。

（3）筛选与确定选题。从AI工具推荐的选题中筛选出与自身专业、兴趣及行业需求匹配的选题，再进行深入的文献调研和实地考察，了解行业的研究现状、成果与亟待解决的问题，并考虑选题的实际价值和社会意义，然后基于调研结果确定具有明确目标、可行方法和预期成果的论文选题。

（4）制订研究计划与大纲。制订详细的研究计划，包括研究目标、研究内容、研究方法、预期成果及时间安排等。确保研究计划合理可行，能够指导后续的论文撰写工作。根据研究计划，初步构建论文的大纲。大纲应明确各章节的主题、内容要点和逻辑关系，为后续的论文撰写工作提供清晰的框架。

（5）利用AI工具辅助撰写论文。大学生可利用AI工具辅助撰写论文，生成初步草稿或部分内容作为参考，再结合个人理解完善论文；利用AI工具进行语法检查、拼写纠正和句子优化；管理参考文献，确保准确性，同时根据格式要求调整论文排版，提升论文整体质量。

（6）总结与展望。完成论文后，大学生应总结经验教训，思考选题过程中的困难、解决方法及启示。同时展望行业趋势和研究方向，考虑在现有基础上深化或拓展研究，并关注AI技术在学术中的应用，为未来学习和研究提供新思路和工具。

## 2. 利用 AI 技术进行论文选题的提示词示例

论文选题的提示词示例见表 4-6。

表 4-6　论文选题的提示词示例

| 序号 | 主题 | 提示词示例 |
| --- | --- | --- |
| 1 | 行业技术应用与创新 | 结合我的[具体专业,如机电一体化、电子商务、旅游管理],我想研究[具体技术或工具,如智能机器人、大数据分析、移动支付]在[具体行业,如制造业、零售业、旅游业]中的应用现状、创新点及未来发展趋势 |
| 2 | 企业运营管理与优化 | 我计划研究[具体管理领域,如供应链管理、人力资源管理、客户关系管理]在[具体行业或企业类型]中的应用,分析存在的问题,提出基于[具体方法或理论,如精益管理、六西格玛、大数据分析]的优化策略 |
| 3 | 地方经济发展与策略 | 我想探讨[具体地区或城市]的经济发展现状与趋势,分析[具体产业或行业]的贡献与挑战,结合[具体策略或政策,如产业升级、创新驱动、区域合作],提出促进地方经济发展的建议 |
| 4 | 社会热点与民生问题 | 我关注[具体社会热点或民生问题,如人口老龄化、环境污染、教育资源分配],计划从[具体专业角度]出发,研究其现状、影响及解决方案,提出具有可行性的政策建议或创新实践 |
| 5 | 文化与创意产业发展 | 我对[具体文化领域,如非物质文化遗产、数字艺术、文化旅游]的创意产业发展感兴趣,计划研究其现状、挑战与机遇,探讨如何通过[具体策略或技术,如数字化保护、跨界融合、品牌建设]推动文化产业的创新与可持续发展 |

这些提示词旨在帮助大学生将所学的专业知识与实际应用相结合,鼓励他们从多角度思考并探索具有实践意义和创新价值的论文选题。

## 3. 国内进行论文选题的 AI 工具

文心一言、讯飞星火、通义千问、豆包及智谱清言等 AI 工具在论文选题方面发挥着重要作用。这些 AI 工具能够基于庞大的知识库和深度学习算法,快速分析学科前沿、热点问题和研究趋势,为用户提供具有创新性和可行性的论文选题建议。它们不仅能帮助用户缩小选题范围,明确研究方向,还能提供相关的文献资料和背景信息,为论文的撰写奠定坚实的基础。借助这些 AI 工具,论文选题过程将变得更加高效和精准。

## 4. 利用 AI 技术进行论文选题的示例

【例 4-6】随着毕业季的临近,大学生小张正站在大数据技术专业的十字路口上,面临着选择毕业论文题目的重要决策。小张对大数据处理、数据分析和机器学习等领域有着浓厚的兴趣,但面对众多课题方向,他感到既兴奋又有些迷茫。他担心自己选择的题目要么过于宽泛,难以深入,要么过于狭窄,缺乏实际应用价值。因此,小张决定向 AI 求助,希望能得到一些有针对性的建议,帮助他找到一个既感兴趣又具备实际意义的毕业论文题目。

**提示词:** 小张希望 AI 推荐大数据技术专业内的热门且有前景的研究方向,如大数据处理、数据分析、机器学习,并据此提供具体的毕业论文题目,简要说明其研究内容、技术要求及应用价值,同时提醒考虑个人兴趣、课题难度和资源获取。

把提示词输入文言一心,其给出的答案如下。

小张,针对你感兴趣的大数据技术专业内的热门且有前景的研究方向,如大数据处理、数据分析、机器学习,我为你推荐以下几个毕业论文题目,并简要说明其研究内容、技术要求及应用价值，供你参考。

题目1：基于深度学习的大数据情感分析系统。

（1）研究内容。利用深度学习技术，如卷积神经网络或循环神经网络，构建大数据情感分析模型，实现对社交媒体、在线评论等大数据源中的情感倾向进行自动识别和分类。

（2）技术要求。掌握Python、深度学习框架和自然语言处理技术。

（3）应用价值。为企业市场策略、消费者行为分析、品牌声誉管理等提供数据支持，优化用户体验。

题目2：大规模分布式大数据处理系统的性能优化。

（1）研究内容。研究大规模分布式环境下大数据处理系统的性能瓶颈，提出并验证优化策略，如数据预处理优化、并行计算模型改进等。

（2）技术要求。熟悉大数据处理框架，掌握分布式系统设计与优化技术。

（3）应用价值。提升大数据处理效率，降低企业运营成本，加速数据驱动决策的过程。

题目3：基于机器学习的异常检测算法在大数据安全中的应用。

（1）研究内容。开发基于机器学习的异常检测算法，用于识别大数据集中的异常行为或模式，应用于网络安全、金融欺诈检测等领域。

（2）技术要求。掌握机器学习算法（如聚类、分类、异常检测算法），熟悉大数据处理工具和编程语言（如Python）。

（3）应用价值。提高大数据安全防御能力，及时发现并应对潜在的安全威胁，保护企业和个人信息安全。

在选择毕业论文题目时，请考虑以下关键因素。

（1）个人兴趣。选择自己感兴趣的方向，可以激发研究热情，提高研究效率。

（2）课题难度。确保课题既有挑战性，又在你的能力范围内，避免过于简单或难以完成。

（3）资源获取。考虑所需数据、计算资源、导师指导等是否可得，确保研究顺利进行。

希望这些建议能帮助你找到适合自己的毕业论文题目，祝你研究顺利！

# 4.2 AI技术助力高效工作

## 4.2.1 宣传文案

AI宣传文案作为企业与目标受众沟通的重要桥梁，旨在借助人工智能技术，通过文字的力量传达产品特性、品牌价值或活动信息，以引起受众的兴趣或认同感，从而促进销售、增强品牌形象或达成特定营销目标。它要求文字精练、有吸引力，能够迅速吸引目标受众的注意力并激励他们采取行动。

1. 利用AI技术撰写宣传文案的流程

（1）明确需求。确定宣传文案的目标、受众、风格、内容要求等关键信息。

（2）数据准备。收集并分析产品信息、市场趋势、用户画像等相关数据，为 AI 创作提供素材。

（3）模型选择与训练。根据需求选择合适的 AI 模型，并通过大量样本数据对其进行训练，确保 AI 模型能够准确理解宣传文案生成规则。

（4）文案生成。输入关键词或简要描述，AI 模型根据训练结果自动生成宣传文案初稿。

（5）人工审核与修改。对 AI 模型生成的宣传文案进行人工审核，确保其准确、合规和有吸引力，必要时进行修改和完善。

（6）发布与评估。将定稿的模型文案发布到目标渠道，并根据市场反馈进行效果评估和优化。

### 2. 利用 AI 技术撰写宣传文案的提示词示例

宣传文案的提示词示例见表 4-7。

表 4-7　宣传文案的提示词示例

| 序号 | 主题 | 提示词示例 |
|---|---|---|
| 1 | 深度解析，不容错过 | 深度解析行业内幕，带你领略前所未有的精彩。本次[活动/产品/服务]将为你带来前所未有的震撼体验，绝对不容错过 |
| 2 | 限时特惠，错过等一年 | 限时特惠，错过这次就要等一年！现在加入或购买[活动/产品/服务]，享受超值优惠，让每一分钱都花在刀刃上 |
| 3 | 改变生活，从这里开始 | 想要改变生活，就从这里开始。选择[产品/服务/课程]，让每一天都充满新的希望和可能，开启属于你的精彩人生 |
| 4 | 品质保证，值得信赖 | 品质保证，是我们对每一位客户的承诺。选择[品牌/产品/服务]，就是选择了信赖和安心。我们始终坚持以客户为中心，为客户提供优质的服务 |
| 5 | 创新引领，未来已来 | 创新引领未来，我们一直在路上。通过[产品/技术/服务]，你将体验到前所未有的便捷和智能。让我们一起迎接未来，共同创造更美好的明天 |

这些提示词不仅具有吸引力，还能够突出宣传文案的重点和产品亮点，帮助受众快速了解产品的核心价值。在撰写宣传文案时，可以结合具体场景和受众需求，灵活运用这些提示词，创作出更加生动、有吸引力的宣传文案。

### 3. 国内撰写宣传文案的 AI 工具

国内面向个人撰写宣传文案的 AI 工具众多，其中文心一言、讯飞星火、通义千问、腾讯元宝、天工 AI、豆包等表现出色。这些 AI 工具基于强大的自然语言处理技术和深度学习算法，能够迅速理解用户意图，生成符合需求的宣传文案。例如，文心一言能够捕捉宣传文案的核心要点，生成富有创意和吸引力的内容；讯飞星火则擅长语音交互，方便用户通过语音输入指令，快速生成宣传文案。此外，Kimi 等 AI 工具提供了丰富的宣传文案模板和智能推荐功能，助力个人轻松撰写出优质的宣传文案。

### 4. 利用 AI 技术撰写宣传文案的示例

【例 4-7】某家新成立的环保科技公司专注于研发和生产可降解塑料产品，旨在减少塑料污染，保护地球环境。为了推广新产品，并吸引更多消费者和投资者的关注，公司决定撰写一篇宣传文案。然而，如何准确传达公司的使命、产品的优势及环保的重要性，成为一个挑战。因此，公司决定向 AI 寻求帮助，希望 AI 能够生成一篇既具有吸引力又富有感染力的宣传文案。

**提示词**：某环保科技公司致力于减少塑料污染，以研发可降解、耐用新品为使命。面对当前的污染现状，我们呼吁消费者与投资者共同携手，筑造绿色未来。

把提示词输入文言一心，其给出的答案如下。

---

**绿色未来，你我共守——环保科技公司引领塑料革命**

我们，一家深耕环保的科技先锋，致力于减少塑料污染，以研发可降解、耐用新品为使命。面对日益严峻的污染现状，我们诚挚呼吁每一位消费者与投资者，携手并肩，共筑一个更加绿色、可持续的未来。让我们用行动，为地球减负，让绿色成为生活新风尚！

---

## 4.2.2 方案策划

AI 方案策划是指为达成特定目标或解决特定问题，通过人工智能技术系统性地分析、构思和规划，设计出一套具有可操作性和前瞻性的行动计划的过程。在传统意义上，这一过程高度依赖策划者的专业素养、市场洞察力及创新思维。然而，随着人工智能技术的飞速发展，利用 AI 进行方案策划已成为一种新趋势，旨在通过数据分析、机器学习、自然语言处理等先进技术，提升方案策划的精准度、效率和创新性。

1. 利用 AI 技术进行方案策划的流程

（1）明确策划目标与需求。需要清晰界定策划的目标、背景、限制条件等基本信息，为后续的 AI 分析提供方向。

（2）数据收集与处理。利用 AI 技术自动收集并处理相关数据，包括市场趋势、用户行为数据、竞品分析等，为方案策划提供坚实的数据基础。

（3）创意生成与策略制定。AI 根据处理后的数据，运用自然语言处理、机器学习等技术，生成多个具有创意的方案，并结合企业实际情况进行策略制定。

（4）方案评估与优化。通过 AI 模拟和预测不同方案的执行效果，结合人工审核，对方案进行评估和优化，确保方案的可行性和有效性。

（5）方案实施与反馈。将优化后的方案付诸实施，并收集实施过程中的反馈信息，利用 AI 进行实时分析，为未来的策划提供参考。

2. 利用 AI 技术进行方案策划的提示词示例

方案策划的提示词示例见表 4-8。

表 4-8　方案策划的提示词示例

| 序号 | 主题 | 提示词示例 |
|---|---|---|
| 1 | 未来科技探索与实践互动嘉年华 | 组织一场融合未来科技趋势探索与动手实践的嘉年华活动，注重互动体验与知识普及 |
| 2 | 校园历史文化记忆与创新思维展览 | 策划一场展示校园历史文化记忆、鼓励创新思维的展览，融合传统与现代元素 |
| 3 | 校园才艺梦想与团队合作大赛 | 举办一场面向全校的才艺大赛，强调个人梦想与团队合作，提供多元化的才艺展示平台 |

| 序号 | 主题 | 提示词示例 |
|---|---|---|
| 4 | 绿色生活理念推广与实践活动周 | 推广绿色生活理念，组织实践活动周，包括环保知识讲座、绿色出行倡议和垃圾分类竞赛 |
| 5 | 青年创新创业梦想项目孵化与支持营 | 创建一个支持青年创新创业梦想的项目孵化营，提供专业培训、导师指导和资金支持 |

这些提示词明确指出了方案的核心要求，旨在帮助用户更清晰地规划活动的细节和目标。

### 3. 国内进行方案策划的 AI 工具

国内面向个人进行方案策划的 AI 工具中，文心一言、讯飞星火、通义千问等均占有一席之地。文心一言基于百度的深度学习平台，擅长跨领域创作，能高效辅助方案策划。讯飞星火凭借强大的自然语言处理能力和跨领域知识理解能力，为方案策划提供智能支持。通义千问支持多轮对话和文案创作，有助于方案进行逐步细化和完善。此外，腾讯元宝、天工 AI、豆包及 Kimi 等 AI 工具各具特色，通过智能推荐、数据分析等功能，为方案策划带来便捷与高效。

### 4. 利用 AI 技术进行方案策划的示例

【例 4-8】某知名电商平台计划在即将到来的双十一购物节期间，举办一场盛大的促销活动。活动的目标是吸引更多的用户参与，提升销售额，并增强品牌的市场影响力。为了实现这些目标，电商平台需要策划一场内容丰富、吸引力强的促销活动，并撰写一份宣传文案来预热和吸引用户。由于活动规模大且复杂，电商平台决定借助 AI 技术来辅助方案策划和撰写宣传文案，以确保活动的成功。

提示词：双十一购物节；电商平台促销活动；优惠力度（折扣、满减、秒杀价等）；活动亮点（限时抢购、互动游戏、新品首发等）；用户参与体验（购物流程、售后服务等）；宣传文案的创意与吸引力。

把提示词输入文言一心，其给出的答案如下。

---

#### 双十一购物节电商平台促销活动策划方案

**1. 活动背景与目标**

随着双十一购物节的临近，各大电商平台纷纷摩拳擦掌，准备在这场年度消费盛宴中抢占先机。本策划方案旨在通过精心设计的促销活动，提升电商平台用户的活跃度与参与度，增强用户黏性，同时促进商品销售，实现业绩增长。

**2. 活动主题**

活动主题为"悦享双十一，嗨购不停歇"。

**3. 电商平台促销活动内容**

（1）优惠力度。

①折扣盛宴：全场商品 5 折起，精选爆款商品享受额外折扣。

②满减福利：设置不同梯度的满减活动，如满 300 元减 50 元，满 600 元减 120 元等，鼓励用户增加购买量。

③秒杀专区：每日设置多个时段，精选热门商品进行限时秒杀，价格低。

（2）活动亮点。

---

①限时抢购：设置多个抢购时段，每个时段推出不同种类的商品，增加用户紧迫感与参与感。

②互动游戏："寻宝大冒险"小游戏，用户通过参与游戏获得优惠券或积分，增加活动趣味性。

③新品首发：邀请知名品牌进行新品首发，提供独家优惠，吸引品牌"粉丝"关注与购买。

（3）用户参与体验。

①优化购物流程：简化购物流程，支持一键加入购物车、快速支付等功能，提升用户体验。

②强化售后服务：提供7天无理由退换货服务，延长部分商品保修期，设立专属客服通道，确保用户购物无忧。

### 4. 宣传文案的创意与吸引力

（1）创意口号。"双十一，不只是购物，还是狂欢，是惊喜，是你我共同的记忆！"

（2）社交媒体宣传。利用微博、微信、抖音等社交媒体平台，发布活动预告、秒杀倒计时、用户晒单等内容，增加话题热度。

（3）博主或网红合作。邀请知名博主、网红进行直播带货，利用其影响力吸引流量，提升活动曝光度。

（4）视觉设计。设计富有节日氛围的活动页面，采用鲜明的色彩搭配与动态效果，增强视觉冲击力。

### 5. 执行与监测

（1）活动预热。提前一个月进行活动预热，通过邮件、短信、App推送等方式通知用户。

（2）数据监测。实时监测活动数据，包括访问量、转化率、销售额等，及时调整策略。

（3）用户反馈收集。活动结束后，通过问卷调查、社交媒体评论等方式收集用户反馈，用于后续活动优化。

### 6. 总结与评估

活动结束后，进行全面总结与评估，分析活动成效，包括销售额增长、用户参与度提升、品牌知名度增强等方面，为未来类似活动提供宝贵经验。

本策划方案旨在通过一系列精心设计的促销活动与宣传策略，充分利用双十一购物节的流量红利，提升电商平台的市场竞争力与用户满意度。

## 4.2.3　总结汇报

AI总结汇报是指利用人工智能技术对某一阶段的工作、项目、研究或活动进行全面梳理、分析与总结，并以书面或口头形式向相关方展示成果、分享经验、反思不足及提出未来规划的过程。它不仅是对成果的展示，更是对过去工作的一次系统的回顾，为后续工作提供宝贵的参考意见。

### 1. 利用AI技术撰写总结汇报的流程

（1）明确目标与需求。确定总结汇报的目标受众、核心内容、期望效果等，为AI撰写提供明确指导。

（2）收集素材与数据。整理相关的工作记录、数据指标、成果等素材，并作为AI撰写的输入。

（3）配置AI工具。选择或定制合适的AI工具，根据总结汇报的需求设置参数，如语言风格、报告结构等。

（4）AI 工具自动生成初稿。AI 工具基于输入的素材和配置参数，自动生成总结汇报的初稿。

（5）人工审核与修改。对 AI 工具生成的初稿进行仔细审核，确保信息准确、逻辑清晰及符合组织文化或规范，进行必要的修改和完善。

（6）最终定稿与发布。完成所有修改后，形成最终定稿，并按计划发布或提交。

### 2. 利用 AI 技术撰写总结汇报的提示词示例

总结汇报的提示词示例见表 4-9。

表 4-9  总结汇报的提示词示例

| 序号 | 主题 | 提示词示例 |
|---|---|---|
| 1 | 销售业绩总结汇报 | 概述本季度的销售目标、实际完成情况、主要销售渠道和客户的反馈，以及影响销售业绩的关键因素 |
| 2 | 项目执行总结汇报 | 详细描述项目的启动背景、执行过程、关键里程碑的完成情况、遇到的问题及解决方案，以及项目对组织或客户的价值 |
| 3 | 员工培训总结汇报 | 总结培训计划的实施情况、员工的参与度和学习成果，分析培训效果，提出改进培训内容和方法的建议 |
| 4 | 市场调研总结汇报 | 概述市场调研的目的、方法、样本选择、数据分析结果，以及基于调研结果的市场趋势预测和策略建议 |
| 5 | 财务审计总结汇报 | 详细描述审计的范围、方法、发现的问题、整改建议，以及审计结果对组织财务状况和运营的影响 |

这些提示词旨在帮助用户为不同类型的总结汇报提供清晰、具体的指导，确保总结汇报的内容全面、准确、有条理。如果有具体数据或要求，可以再加入提示词。

### 3. 国内撰写总结汇报的 AI 工具

国内面向个人撰写总结汇报的 AI 工具中，文心一言、讯飞星火、通义千问等表现出色。文心一言凭借百度强大的技术支持，能够快速理解并生成结构清晰、内容翔实的总结汇报。讯飞星火通过精准的语音识别和自然语言处理技术，支持语音输入，让总结汇报的撰写更加便捷。通义千问则擅长理解和分析复杂信息，帮助用户生成条理清晰的总结汇报内容。此外，腾讯元宝、天工 AI、豆包及 Kimi 等 AI 工具提供了丰富的模板和智能推荐功能，助力用户高效撰写总结汇报。这些 AI 工具各具特色，满足了不同用户的需求。

### 4. 利用 AI 技术撰写总结汇报的示例

【例 4-9】双十一购物节促销活动结束后，电商平台需要向管理层提交一份总结汇报，以展示活动成果、分析数据、总结经验，并为未来的促销活动提供参考。这份总结汇报包含活动的整体表现、关键指标数据、用户反馈及改进措施等多个方面。

**提示词：**双十一购物节促销活动总结；活动成果展示；关键指标数据分析；用户反馈与满意度；改进措施与未来规划。

把提示词输入文言一心，其给出的答案如下。

## 双十一购物节促销活动总结汇报

### 1. 活动背景

双十一购物节作为年度最重要的电商平台促销活动之一，不仅为消费者带来了前所未有的购物体验，也为电商平台提供了展示实力、提升业绩的绝佳机会。本次双十一促销活动，我司积极响应市场需求，精心策划并执行了一系列丰富多彩的促销策略，旨在提升用户参与度、增强品牌影响力，并促进销售业绩的显著增长。

### 2. 活动成果展示

（1）销售业绩。活动期间，我司电商平台总销售额突破××亿元大关，同比增长××%，创历年双十一新高。其中，热销商品包括电子产品、家居用品、美妆产品等，均实现了销量的快速增长。

（2）用户参与度。活动期间，平台总访问量达到××亿次，同比增长××%；注册用户数新增××万，活跃用户数同比增长××%。用户参与热情高涨，活动页面浏览量、商品点击量、加入购物车次数等关键指标均创历史新高。

（3）品牌知名度。通过社交媒体、广告投放、博主合作等多种渠道，我司品牌曝光量达到××亿次，有效提升了品牌知名度和美誉度。

### 3. 关键指标数据分析

（1）转化率。活动期间，整体转化率提升至××%，较去年双十一提升××个百分点，体现出用户在促销活动中的购买意愿显著增强。

（2）客单价。平均客单价达到××元，同比增长××%，反映出用户在促销活动中的消费能力有所提升。

（3）退换货率。活动期间，退换货率控制在××%以内，低于行业平均水平，体现了良好的商品质量和售后服务。

### 4. 用户反馈与满意度

通过问卷调查、社交媒体评论、客服反馈等多种方式，我们收集了大量用户反馈。用户普遍对活动期间的优惠力度、商品质量、购物体验表示满意，特别是对限时抢购、互动游戏等创新活动形式给予了高度评价。同时，部分用户提出了商品库存不足、物流速度较慢等问题，我们将针对这些问题进行改进。

### 5. 改进措施与未来规划

（1）优化库存管理。针对活动期间部分商品库存不足的问题，我们将加强供应链管理，优化库存预测模型，确保未来活动中商品供应充足。

（2）提升物流效率。与多家物流公司建立更紧密的合作关系，引入智能物流系统，提高物流速度和准确性，减少用户等待时间。

（3）创新活动形式。继续探索更多富有创意和吸引力的活动形式，如增强现实或虚拟现实购物体验、个性化推荐等，提升用户参与度和购物体验。

（4）加强售后服务。建立更加完善的售后服务体系，提供快速响应、专业解答的客户服务，提升用户满意度和忠诚度。

（5）深化品牌建设。加大品牌宣传力度，通过内容营销、社交媒体互动等方式，提升品牌形象和影响力，吸引更多潜在用户。

总之，本次双十一购物节促销活动取得了显著成果，不仅实现了销售业绩的快速增长，也提升了用户满意度和品牌知名度。未来，我们将继续秉持用户至上的原则，不断优化服务，创新活动形式，为消费者带来更加优质的购物体验。

## 4.2.4 研究报告

AI 研究报告是一种利用人工智能技术系统性、科学性地分析特定问题、现象或领域，并基于收集的数据、信息和理论知识，提出见解、结论或建议的书面文档。它旨在为读者提供深入的理解、指导决策或推动学术研究的发展。AI 研究报告被广泛应用于学术研究、商业分析、政策制定、市场分析等多个领域。

**1. 利用 AI 技术生成研究报告的流程**

（1）明确需求。明确研究报告的目的、范围、受众等关键要素。

（2）收集数据。AI 自动从多种数据源（如网络、数据库、文件等）中收集相关数据。

（3）处理数据。对收集到的数据进行清洗、转换、整合等预处理工作。

（4）分析模型。利用机器学习或深度学习模型对数据进行深入分析，提取关键信息和趋势。

（5）撰写报告。基于分析结果，AI 自动生成研究报告框架、内容摘要、图表及详细论述。

（6）审核与优化。人工审核 AI 生成的研究报告，根据需要进行调整和优化，确保研究报告的准确性和可读性。

（7）发布与应用。将研究报告发布给目标受众，并根据反馈进行后续改进。

**2. 利用 AI 技术生成研究报告的提示词示例**

研究报告的提示词示例见表 4-10。

表 4-10 研究报告的提示词示例

| 序号 | 主题 | 提示词示例 |
| --- | --- | --- |
| 1 | 人工智能在医疗诊断中的应用研究报告 | 请深入分析人工智能技术在医疗诊断中的具体应用案例，评估其准确性、效率和成本效益，并探讨潜在的技术挑战和伦理问题 |
| 2 | 新能源汽车市场发展趋势研究报告 | 请综合研究全球及特定地区新能源汽车市场的现状、增长趋势、消费者偏好和政策支持情况，预测未来几年的市场走向，并提出发展策略建议 |
| 3 | 在线教育平台用户行为分析研究报告 | 请详细分析在线教育平台用户的注册、登录、课程选择、学习进度和互动行为等数据，识别用户的需求和偏好，提出优化平台功能和用户体验的建议 |
| 4 | 企业数字化转型策略研究报告 | 请研究企业数字化转型的背景、必要性、成功案例和面临的挑战，分析不同行业的数字化转型路径，提出适合本企业的转型策略和实施方案 |
| 5 | 智能家居产品消费者接受度研究报告 | 请调查消费者对智能家居产品的认知度、购买意愿、使用体验和满意度，分析影响消费者对智能家居产品的接受度的关键因素，提出提升产品竞争力和市场接受度的建议 |

这些提示词旨在帮助用户为不同的研究报告提供明确的指导方向，确保研究内容深入、全面且有针对性。

**3. 国内生成研究报告的 AI 工具**

国内生成研究报告的 AI 工具中，百度文库、文心一言、讯飞星火等占据一席之地。百度文库作为一站式 AI 内容获取和创作平台，支持生成研究报告并转换成 PPT 和思维导图。文心一言凭借强大的自然语言处理能力，能够生成专业的研究报告。讯飞星火则通过跨领域的知识理解能力和精准的自然语言处理技术，助力用户快速生成高质量的研究报告。此外，通义千问、腾讯元宝、天工 AI、豆包及 Kimi 等工具提供了丰富的功能和模板，满足用户多样化的研究报告生成需求。

## 4. 利用 AI 生成研究报告的示例

【例 4-10】某市场研究机构需要撰写一份关于"新能源汽车市场发展趋势及消费者行为研究"的研究报告，以深入了解当前新能源汽车市场的现状、未来发展趋势，以及消费者的购买偏好和行为特征。该研究报告旨在为汽车制造商、政策制定者及投资者提供有价值的参考信息。

提示词：撰写一份关于"新能源汽车市场发展趋势及消费者行为研究"的研究报告，先给出研究报告的目录，格式用"第 1 章、1.1"表示。

把提示词输入文言一心，其给出的答案如下。

### 新能源汽车市场发展趋势及消费者行为研究报告

**第 1 章　引言**

1.1 研究背景与意义

1.2 研究目的与范围

1.3 研究方法与数据来源

**第 2 章　新能源汽车市场概况**

2.1 新能源汽车的定义与分类

2.2 全球新能源汽车市场发展现状

2.3 我国新能源汽车市场发展历程与现状

**第 3 章　新能源汽车市场发展趋势**

3.1 技术创新趋势

3.2 市场规模与增长预测

3.3 产业链发展趋势

3.4 政策支持与法规环境

**第 4 章　新能源汽车消费者行为分析**

4.1 消费者认知与态度

4.2 消费者购车关注因素

4.3 消费者购买渠道与偏好

4.4 消费者使用体验与反馈

**第 5 章　新能源汽车市场竞争格局分析**

5.1 主要厂商竞争格局

5.2 新兴势力与跨界合作

5.3 市场竞争趋势预测

**第 6 章　新能源汽车市场面临的挑战与机遇**

6.1 技术挑战与解决方案

6.2 市场挑战与应对策略

6.3 发展机遇

**第 7 章　新能源汽车市场未来发展趋势展望**

7.1 技术创新方向

7.2 市场规模与结构变化

## 4.2.5 制作 PPT

PPT 是微软公司开发的一款演示文稿软件，广泛应用于商务汇报、教育培训、学术演讲等多种场合。PPT 通过文字、图片、表格、动画等多种元素的组合，利用人工智能技术可以帮助演讲者以直观、生动的方式传达信息，增强表达效果。

1. 利用 AI 技术制作 PPT 的流程

（1）明确需求。确定 PPT 的目的、受众、主题和内容大纲。

（2）输入信息。将关键词、主题、内容要点等输入 AI 系统。

（3）选择模板。AI 系统根据输入信息推荐合适的 PPT 模板，用户可根据需要进行调整。

（4）生成内容。AI 系统自动生成 PPT 的初步内容，包括文字、图片、表格等。

（5）个性化编辑。用户对 AI 系统生成的内容进行审查、修改和个性化编辑，确保符合实际需求。

（6）预览与导出。预览 PPT 效果，确认无误后导出为所需格式。

2. 利用 AI 技术制作 PPT 的提示词示例

制作 PPT 的提示词示例见表 4-11。

表 4-11 制作 PPT 的提示词示例

| 序号 | 主题 | 提示词示例 |
| --- | --- | --- |
| 1 | 公司年度业绩汇报 | 请设计清晰的时间线展示公司年度业绩的变化，使用图表和关键数据突出业绩亮点，同时分析业绩背后的驱动因素和面临的挑战 |
| 2 | 新产品发布会 | 请精心打造视觉冲击力强的产品展示页面，突出新产品的卖点、技术创新和用户价值，同时准备详细的产品功能介绍和演示 |
| 3 | 团队建设项目提案 | 请详细阐述团队建设的目标和预期成果，设计互动性强的团队活动方案，并展示活动预算、时间安排和评估方法 |
| 4 | 行业趋势分析报告 | 请使用图表和趋势线展示行业关键指标的变化趋势，分析行业发展的驱动因素、面临的挑战和机遇，提出应对策略和建议 |
| 5 | 个人职业发展规划 | 请清晰展示个人职业发展的目标、路径和里程碑，分析自身优势和不足，提出提升技能和拓展人脉的具体计划，并展示实现目标的信心和决心 |

这些提示词旨在帮助用户为制作不同的 PPT 提供明确的指导方向，确保 PPT 内容条理清晰、重点突出且视觉效果好。

### 3. 国内制作 PPT 的 AI 工具

国内制作 PPT 的 AI 工具中，百度文库、文心一言、讯飞星火等均表现出色。百度文库不仅提供丰富的 PPT 模板，还支持 AI 一键生成 PPT，极大地提升了制作效率。文心一言凭借强大的自然语言处理能力，能够根据用户输入的指令快速生成 PPT 内容和大纲。讯飞星火则通过智能语音技术，支持语音输入指令，轻松实现 PPT 的制作和编辑。此外，通义千问、腾讯元宝、天工 AI 提供了 PPT 制作功能，并各具特色。例如，腾讯元宝支持多种格式的导入和导出，方便用户在不同设备上进行演示。这些 AI 工具为 PPT 的制作带来了便捷，满足了不同用户的需求。

### 4. 利用 AI 技术制作 PPT 的示例

【例 4-11】输入主题直接生成 PPT。

利用百度文库提供的 AI 辅助制作 PPT 平台，选择或输入主题直接生成 PPT，输入提示词"新能源汽车分类"，AI 首先给出 PPT 大纲。

**新能源汽车分类**

- 纯电动汽车
  - 纯电动汽车概述
  - 纯电动汽车工作原理
  - 纯电动汽车性能特点
  - 纯电动汽车发展趋势
- 插电式混合动力汽车
  - 插电式混合动力汽车概述
  - 插电式混合动力汽车工作原理
  - 插电式混合动力汽车性能特点
  - 插电式混合动力汽车优势与挑战
- 燃料电池汽车
  - 燃料电池汽车概述
  - 燃料电池汽车工作原理
  - 燃料电池汽车性能特点
  - 燃料电池汽车市场前景与挑战
- 增程式电动汽车
  - 增程式电动汽车概述
  - 增程式电动汽车工作原理
  - 增程式电动汽车性能特点
  - 增程式电动汽车市场应用及前景
- 其他新能源汽车类型
  - 太阳能汽车
  - 核能汽车
  - 生物质能汽车

可以对新能源汽车分类的 PPT 大纲进行编辑。PPT 大纲确定以后，可以生成 PPT。生成 PPT

前，需要选择 PPT 模板。PPT 模板确定后，就能立刻生成 PPT。共生成 27 张 PPT，图 4-1 所示为新能源汽车分类 PPT 的其中一张。

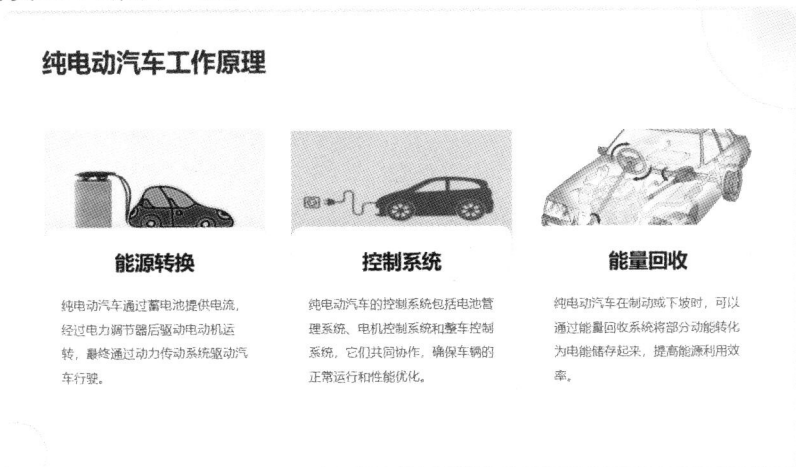

图 4-1 新能源汽车分类 PPT 的其中一张

【例 4-12】上传文档生成 PPT。以下为一个文档的内容，由于篇幅限制，此处只给出标题，标题下的内容被省略了。

**探索未来科技趋势**

**1. 人工智能的深化应用**

1.1 人工智能技术的蓬勃发展

1.2 伦理与标准的建立

**2. 量子计算的突破**

2.1 量子计算的显著进展

2.2 技术挑战与前景

**3. 可持续科技的发展**

3.1 清洁能源技术的进步

3.2 智慧城市的构建

**4. 虚拟现实与增强现实技术的普及**

4.1 教育与医疗的应用

4.2 娱乐产业的变革

**5. 5G 与未来网络技术的演进**

5.1 5G 技术的普及

5.2 6G 技术的展望

**6. 生物科技的突破**

6.1 基因编辑技术的应用

6.2 合成生物学的发展

**7. 结语**

把文档上传到百度文库的 AI 辅助制作 PPT 平台，该平台一般有两种选择：希望生成的内容与原文内容保持一致或适当扩写。如果选择保持一致，AI 会给出 PPT 大纲。

### 探索未来科技趋势

- 人工智能的深化应用
  - 人工智能技术的蓬勃发展
  - 伦理与标准的建立
- 量子计算的突破
  - 量子计算的显著进展
  - 技术挑战与前景
- 可持续科技的发展
  - 清洁能源技术的进步
  - 智慧城市的构建
- 虚拟现实与增强现实技术的普及
  - 教育与医疗的应用
  - 娱乐产业的变革
- 5G 与未来网络技术的演进
  - 5G 技术的普及
  - 6G 技术的展望
- 生物科技的突破
  - 基因编辑技术的应用
  - 合成生物学的发展
- 结语

可以对探索未来科技趋势的 PPT 大纲进行编辑。PPT 大纲确定以后，可以生成 PPT。生成 PPT 前，需要选择 PPT 模板。PPT 模板确定后，就能立刻生成 PPT。生成的 PPT 可以下载编辑。共生成 23 张 PPT，图 4-2 所示为探索未来科技趋势 PPT 的其中一张。

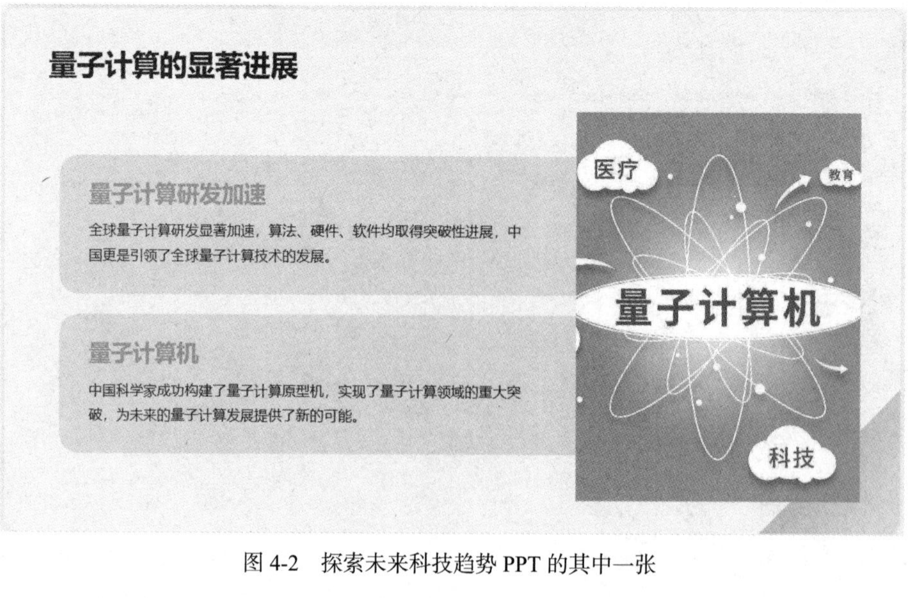

图 4-2　探索未来科技趋势 PPT 的其中一张

## 4.2.6　个人简历

个人简历是求职者向招聘者展示自己的基本信息、教育背景、工作经验、技能特长及个人成就的重要工具。一份优秀的个人简历能够迅速吸引招聘者的注意力，提高求职者的竞争力。随着人工智能技术的快速发展，使用 AI 工具撰写个人简历已经成为一种新的趋势。AI 工具通过分析职位需求、个人经历和行业趋势，能够快速生成符合要求的简历，为求职者节省时间，提高简历的针对性和质量。

### 1. 利用 AI 技术撰写个人简历的流程

（1）选择合适的 AI 简历制作工具。在网络上寻找一款功能强大、模板丰富、操作便捷的 AI 简历制作工具，如 Canva、简历本等。这些工具通常提供邮箱注册、手机注册等多种注册方式，便于用户快速上手。

（2）输入个人信息和求职意向。在 AI 简历制作工具中，按照提示输入个人信息（如姓名、联系方式、电子邮箱等）、教育背景（学校、专业、学历等）、工作经历（公司名称、职位、工作内容等）及求职意向（期望职位、行业等）。

（3）选择合适的模板和排版。根据个人的喜好和行业规范，在 AI 简历制作工具中选择合适的简历模板，并调整简历模板的颜色、字体、布局等，使简历更加符合个人风格和岗位要求。

（4）完善简历内容。AI 简历制作工具会根据用户输入的个人信息和求职意向，自动生成简历的初稿。用户需要仔细检查简历内容，并根据实际情况进行修改和完善。可以突出个人优势、技能特长和成就，使简历更加生动、有说服力。

（5）导出并发送简历。完成简历制作后，将简历导出为 PDF 或 Word 等格式，并根据需要进行打印或发送给招聘者。

### 2. 利用 AI 技术撰写个人简历的提示词示例

个人简历的提示词示例见表 4-12。

表 4-12　个人简历的提示词示例

| 序号 | 主题 | 提示词示例 |
|---|---|---|
| 1 | 市场营销专业求职 | 教育背景：强调市场营销相关课程的成绩，如有相关实习或项目经验，请详细说明。<br>实习经历：列出在市场营销领域的实习经历，强调你参与的市场营销活动、策略制定、数据分析等具体工作。<br>技能证书：如市场营销资格证书、互联网营销师证等市场营销相关技能证书。<br>个人特质：突出你的创新思维、团队合作和解决问题的能力。<br>项目展示：如果条件允许，可以附上你参与的市场营销项目案例，展示你的实践成果 |
| 2 | 计算机科学专业求职 | 编程技能：列出你擅长的编程语言，如 Java、Python 等，并提供相关项目或课程中的编程经验。<br>项目经验：强调你参与的软件开发项目，包括项目角色、技术、解决的技术问题等。<br>竞赛与奖项：如果有编程竞赛、算法竞赛获奖经历，请突出展示。<br>实习经历：列出在科技公司或相关领域的实习经历，强调你的技术贡献。<br>持续学习：展示你对新技术、编程语言或框架的持续学习和探索 |

| 序号 | 主题 | 提示词示例 |
|---|---|---|
| 3 | 财务管理专业求职 | 财务技能：强调你的财务分析、预算编制、成本控制等专业技能。<br>实习经历：列出在财务、会计或审计领域的实习经历，突出你的工作成果和贡献。<br>证书与资质：如注册金融分析师、注册会计师等财务相关证书，以及财务软件操作能力。<br>数据分析：展示你处理和分析财务数据的能力。<br>个人特质：突出你的细心、责任心和良好的沟通技巧 |
| 4 | 教育学专业求职 | 教育背景：强调你的教育学专业背景和相关的教育实习经历。<br>教学方法：展示你掌握的教学方法和策略，如探究式学习、项目式学习等。<br>课程设计：如果你有设计课程的经验，请详细描述课程设计思路、内容和评估方法。<br>语言能力：如英语、法语等外语水平，以及普通话等级证书。<br>教育愿景：阐述你对教育的理解和愿景，以及你如何将其融入教学中 |
| 5 | 设计类专业求职 | 作品集：附上你的设计作品集，展示你的设计风格、技能和创意。<br>设计软件：列出你擅长的设计软件。<br>实习与项目：强调你在设计领域的实习经历和项目经验，突出你的设计成果和客户反馈。<br>设计思维：展示你如何运用设计思维解决问题，以及你的设计理念和流程。<br>个人特质：突出你的创新思维、细节关注能力和团队合作精神 |

这些提示词旨在帮助大学生在撰写个人简历时，更清晰地展示自己的教育背景、技能、经验和个人特长等，从而提高求职成功率。

### 3. 国内撰写个人简历的 AI 工具

在国内撰写个人简历的 AI 工具中，腾讯元宝、天工 AI、豆包、讯飞星火、通义千问、文心一言等均表现出色，为求职者提供了高效、便捷的简历制作服务。这些 AI 工具通常都拥有丰富的简历模板，并支持智能填写和一键生成功能。例如，腾讯元宝能够基于用户的职业发展规划，智能推荐合适的简历模板，并自动生成相应的内容；天工 AI 提供基础的写作辅助功能，以及高级的写作建议和云端存储服务，帮助用户轻松撰写和保存简历；豆包则集成了 AI 搜索、写作、画图等功能，能够根据用户的需求生成定制化的简历图片和文字内容；讯飞星火和通义千问等 AI 工具也提供了智能化的简历制作服务，如语音输入、自动排版等功能，让简历制作更加便捷；文心一言则凭借强大的自然语言处理能力，能够智能分析用户提供的简历信息，并生成结构清晰、内容翔实的简历。此外，还有速创猫 AI 简历、YOO 简历、超级简历等工具，它们拥有丰富的模板和智能生成功能，可助力求职者快速制作高质量的简历。

### 4. 利用 AI 技术撰写个人简历的示例

【例 4-13】李平同学，一名即将从新能源汽车技术专业毕业的优秀学生，正着手准备一份详细且吸引人的简历，以期在新能源汽车行业找到一份理想的工作。他深知在简历中准确而生动地展现自己的专业技能、实践经验、个人特长及对新能源汽车行业的热爱等至关重要，于是他向 AI 工具求助。

**提示词：** 个人信息（李平、联系方式、教育背景）；专业技能（新能源汽车技术相关技能、软件操作能力、语言能力）；实践经验（实习经历、项目参与情况、竞赛获奖）；个人特质（创新思维、团队协作、问题解决能力）；求职意向（期望职位、期望薪资、期望工作地点）。

把提示词输入文言一心，其给出的答案如下。

## 个人简历

一、个人信息

姓名：李平

联系方式：

手机：×××-××××-××××

邮箱：mailto_liping@example.com

教育背景：20××年9月至20××年6月，××大学，新能源汽车技术专业，本科

二、专业技能

1. 新能源汽车技术相关技能

（1）熟练掌握新能源汽车电池管理系统设计与测试技术。

（2）精通新能源汽车驱动电机控制策略与优化方法。

（3）了解新能源汽车整车系统集成与调试流程。

2. 软件操作能力

（1）熟练使用 MATLAB 或 Simulink 进行控制系统建模与仿真。

（2）精通 CANoe 进行车辆网络通信测试与分析。

（3）熟练运用 AutoCAD 进行机械部件设计与制图。

3. 语言能力

英语 CET-6，具备良好的听说读写能力，能够流畅阅读英文技术文档并进行技术交流。

三、实践经验

1. 实习经历

20××年7月至20××年8月，在××新能源汽车有限公司实习，担任新能源汽车研发助理，参与 BMS 的开发与测试工作。

2. 项目参与

（1）参与"新能源汽车驱动电机效率优化项目"，通过算法改进，提高了驱动电机的效率约10%。

（2）负责"新能源汽车整车控制系统集成项目"中的部分模块设计与调试。

3. 竞赛获奖

20××年全国大学生智能汽车大赛二等奖，项目名称为"基于 AI 的新能源汽车智能驾驶系统"。

四、个人特质

1. 创新思维：善于从不同角度思考问题，提出新颖的解决方案。

2. 团队协作：具备良好的团队合作精神，能够与团队成员有效沟通并协同工作。

3. 问题解决能力：面对问题时，能够迅速找到问题的根源并提出有效的解决方案。

五、求职意向

1. 期望职位：新能源汽车研发工程师或电池系统工程师。

2. 期望薪资：面议。

> 3. 期望工作地点：上海、深圳、北京等新能源汽车产业发展前沿城市。

选择合适的简历模板，把简历资料导入简历模板。

# 4.3 AI 技术助力生活娱乐变革

## 4.3.1 旅行规划

AI 旅行规划是指利用人工智能技术，结合用户个性化的旅行需求、预算限制及实时旅游数据，自动生成并优化旅行计划。通过智能算法分析，AI 旅行规划系统能为用户提供定制化的路线规划、住宿选择、活动安排等服务，确保旅途的每一个细节都符合用户的期望。旅行规划不仅简化了繁琐的旅行筹备工作，还通过实时数据分析提升了旅行的便捷性和舒适度，开启了智能旅游的新时代。

1. 利用 AI 技术进行旅行规划的流程

（1）需求分析。启动 AI 旅行规划系统，输入个人偏好、预算、旅行时间等基本信息，系统即刻分析用户需求，为后续规划奠定基础。

（2）数据收集与分析。系统实时接入全球旅游数据，包括航班、酒店、景点、天气等多源数据，通过大数据分析技术，筛选符合用户需求的选项。

（3）智能推荐与生成方案。基于用户偏好和实时数据，该系统智能匹配并推荐最佳旅行路线、住宿选择及活动安排，自动生成个性化旅行方案。

（4）方案优化与调整。根据用户反馈及最新信息（如航班变动、景点开放情况），该系统持续优化旅行方案，确保行程的灵活性与高效。

（5）行程预订与确认。用户确认旅行方案后，该系统协助完成机票、酒店、门票等预订流程，提供一站式服务，简化旅行准备工作。

（6）实时旅行助手。在旅途中，该系统作为智能助手提供实时导航、天气预警、紧急联络等服务，确保旅途顺利，并根据实际情况调整旅行计划。

（7）旅行回顾与反馈。旅行结束后，该系统收集用户反馈，用于优化模型算法，提高未来规划的准确性和个性化程度，同时生成旅行纪念报告。

2. 利用 AI 技术进行旅行规划的提示词示例

旅行规划的提示词示例见表 4-13。

表 4-13 旅行规划的提示词示例

| 序号 | 主题 | 提示词示例 |
| --- | --- | --- |
| 1 | 云南大理旅游 | 我计划进行一次为期 5 天的云南大理旅游，从上海出发。我希望了解最佳的交通方式、大理古城及周边景点的游览顺序、特色美食的推荐，以及住宿选择建议。请为我生成一个详细的旅行规划 |
| 2 | 九寨沟旅游 | 我打算前往四川九寨沟进行为期 4 天的自然探索之旅，出发地为北京。我需要知道如何安排交通、九寨沟内及周边的主要景点游览计划、当地特色餐饮及适合放松身心的住宿地点。请为我设计一个完整的旅行方案 |

| 序号 | 主题 | 参考提示词示例 |
|---|---|---|
| 3 | 杭州旅游 | 我计划在浙江杭州进行为期 3 天的文化体验之旅，从广州出发。我希望获取到达杭州后的最佳交通方式、西湖及其周边景点的游览路线、杭州传统美食的品尝地点及具有特色的住宿推荐。请为我制订一个详细的旅行计划 |
| 4 | 厦门旅游 | 我计划从深圳前往福建厦门进行为期 4 天的海滨休闲之旅。我想了解从深圳到厦门的最佳交通方式、鼓浪屿的游览安排、厦门海滩及市区的必游景点、当地特色美食及住宿选择。请为我生成一个全面的旅行规划 |
| 5 | 西安旅游 | 我打算从南京出发，前往陕西西安进行为期 5 天的历史文化探索之旅。我需要知道从南京到西安的最佳交通方式，西安古城墙、兵马俑、大雁塔等主要景点的游览顺序，当地特色美食的尝试地点及住宿建议。请为我设计一个详细的旅行行程 |

这些提示词直接向 AI 旅行规划系统提出了旅行需求，包括出发地、目的地、旅行时长及希望了解的旅行规划细节。AI 旅行规划系统将基于这些信息为用户生成相应的旅行规划建议。

### 3. 国内进行旅行规划的 AI 工具

国内进行旅行规划的 AI 工具中，文心一言、讯飞星火、通义千问等均具备出色的功能。文心一言能基于用户偏好和预算，制订个性化的旅行计划。讯飞星火凭借自然语言处理技术，理解用户需求，推荐合适的旅行路线和景点。通义千问则支持多轮对话，帮助用户逐步明确旅行需求，并生成详细的行程安排。此外，途牛和马蜂窝旅游网也是进行旅行规划的好帮手。途牛旅游网提供丰富的旅游产品和详细的游玩计划，用户可根据自身需求进行选择。马蜂窝旅游网则拥有海量旅游攻略和景点信息，能智能推荐游玩路线，并支持行程管理功能，方便用户实时调整行程。这些 AI 工具各具特色，为旅行规划带来了极大的便利。

### 4. 利用 AI 技术进行旅行规划的示例

【例 4-14】大学生小王和小李想利用暑假从无锡去成都旅游，7 天时间，希望 AI 工具给出旅行方案供参考。

**提示词**：大学生小王和小李想利用暑假从无锡去成都旅游，7 天时间，请给出旅行计划，没有任何其他要求。

把提示词输入文言一心，其给出以下答案。

---

#### 无锡到成都 7 日游旅行计划

**第 1 天：无锡出发至成都。**
- 早上从无锡出发，乘坐高铁或飞机前往成都。
- 抵达成都后，入住酒店，稍作休息。
- 晚上可游览成都市区，如宽窄巷子，品尝当地小吃，感受成都的夜生活。

**第 2 天：成都市区游。**
- 上午参观武侯祠，了解三国文化。
- 下午游览锦里，体验四川的传统市井生活，购买纪念品。
- 晚上品尝四川火锅或体验麻辣鲜香的川菜。

**第 3 天：都江堰与青城山。**
- 早上出发前往都江堰，参观这一世界文化遗产，了解古代水利工程的智慧。

---

- 下午游览青城山，欣赏自然风光，进行徒步活动。
- 晚上品尝青城山特色美食，返回成都。

**第4天：九寨沟。**

- 早上出发前往九寨沟，沿途欣赏四川的自然风光。
- 抵达后游览九寨沟景区，欣赏五花海、诺日朗瀑布等著名景点。
- 晚上入住九寨沟景区附近的酒店，品尝当地特色美食。

**第5天：九寨沟深度游。**

- 继续游览九寨沟景区，探访长海、熊猫海等景点。
- 下午返回成都，途中可欣赏沿途风景。
- 晚上在成都自由活动，可逛夜市，体验成都的夜生活。

**第6天：峨眉山。**

- 早上出发前往峨眉山，游览报国寺、金顶等景点，体验佛教文化。
- 下午可选择参观峨眉山的大佛禅院或继续探索其他景点。
- 晚上返回成都，品尝成都小吃，感受成都的市井生活。

**第7天：成都市区游与返程。**

- 上午游览杜甫草堂，感受杜甫的诗意和中国古典文化。
- 下午参观成都博物馆，了解成都的历史和艺术。
- 晚上根据返程的交通方式，提前前往机场或火车站，结束愉快的四川之旅。

**注意事项。**

- 提前预订好交通和住宿，确保行程顺利。
- 根据天气情况，准备合适的衣物和鞋子。
- 注意饮食卫生，选择正规的餐馆和摊位。
- 遵守景区的规定和警示，确保个人和财产的安全。

这个旅行计划涵盖了四川的自然风光、人文景观和美食文化，让小王和小李在有限的时间内充分感受到四川的魅力。

## 4.3.2　图像生成

AI图像生成即利用人工智能技术，特别是深度学习算法，自动地创建或修改图像内容的过程。图像生成技术结合了计算机视觉、自然语言处理及生成模型（如生成对抗网络）等领域的最新技术，使计算机能够模拟人类创作，生成具有高度真实感、创新性和艺术性的图像作品。

1. 利用AI技术进行图像生成的流程

（1）选择合适的AI图像生成工具。市场上存在多种AI图像生成工具，用户需根据自身需求选择合适的工具。

（2）描述画面内容。用户通过输入文本描述或选择预设模板，明确图像的主题、内容、风格等要素。

（3）选择绘画风格。用户根据需求，选择合适的艺术风格生成图像。

（4）调整尺寸与分辨率。根据需要调整图像的尺寸和分辨率，以满足不同的应用场景需求。

（5）生成与精修。AI 图像生成工具根据用户的指令生成图像后，用户可进行必要的精修和调整，以确保图像质量符合预期。

## 2. 利用 AI 技术进行图像生成的提示词示例

图像生成的提示词示例见表 4-14。

表 4-14   图像生成的提示词示例

| 序号 | 主题 | 提示词示例 |
| --- | --- | --- |
| 1 | 商品 | 一款设计简约且时尚的智能手表的表盘采用黑色镜面，周围镶嵌着一圈银色的金属边框。表带为柔软的黑色皮革材质，搭配精致的金属扣。手表屏幕上显示着清晰的时间、日期和天气信息，背景则是一张展示手表佩戴在手腕上的高清图片，展现出其优雅与实用的特点 |
| 2 | 装修效果 | 一个现代简约风格的客厅装修效果。墙面采用淡灰色的乳胶漆，搭配白色的天花板和深色的木地板，营造出一种温馨而舒适的氛围。客厅中央摆放着一套黑色的布艺沙发，旁边是一个简约风格的茶几，上面摆放着一束鲜花和几本杂志。背景墙上挂着一幅抽象艺术画作，为整个空间增添了一抹艺术气息 |
| 3 | 风景 | 一片宁静而美丽的湖泊风景。湖水清澈见底，倒映着蓝天、白云和周围的山峦。湖边长满了树木和野花，偶尔有几只小鸟在枝头欢快地歌唱。远处，一座古老而神秘的城堡矗立在山巅，与周围的自然风光融为一体，构成了一幅如诗如画的美丽风景 |
| 4 | 人物 | 一位年轻而优雅的女性肖像。她穿着一件白色的连衣裙，裙摆随风轻轻飘动，展现出一种优雅而自信的气质。她的头发被精心地梳理成优雅的发型，脸上挂着温暖的微笑。背景是一个充满艺术气息的画廊，墙上挂满了各种风格的画作，与她的气质相得益彰 |
| 5 | 未来城市 | 一座充满未来感的城市景象。高楼大厦拔地而起，每一栋建筑都采用了先进的环保材料和智能技术。街道上行驶着各种自动驾驶的交通工具，人们穿着时尚、前卫的服装，在智能机器人的陪伴下悠闲地漫步。天空中，无人机和飞行器在有序地穿梭，为整个城市增添了一抹科幻的色彩。整个城市仿佛是一个充满无限可能的未来世界 |

这些提示词旨在激发 AI 的创意思维，生成符合主题且具有独特风格的图像。

## 3. 国内进行图像生成的 AI 工具

国内进行图像生成的 AI 工具中，豆包、文心一言、通义千问等均具备出色的图像生成能力。豆包集成了 AI 写作、搜索、画图等功能，用户可以通过简单的指令，快速生成所需的图像。文心一言依托百度强大的 AI 技术，能够生成高质量、富有创意的图像。通义千问则提供多种风格的图像生成选项，并支持用户根据具体需求进行定制化生成图像。此外，百度 AI 创作工具、改图鸭等也是进行图像生成的好选择。百度 AI 创作工具支持图片创作与编辑，提供多种实用功能。改图鸭则专注于图像处理，包括 AI 绘图、压缩、编辑等。这些 AI 工具各具特色，为用户提供了丰富的图像生成选项。

## 4. 利用 AI 技术进行图像生成的示例

【例 4-15】小李是一位充满创意与热情的设计师，正着手设计一款既实用又美观的咖啡壶。他热爱咖啡文化，深知一个好的咖啡壶对于提升咖啡体验的重要性。小李希望通过设计，将现代审美与实用功能完美融合，打造出一款既能满足日常咖啡冲泡需求，又能成为家居装饰亮点的咖啡壶，于是，他向 AI 工具求助，希望 AI 工具能够给出一些设计灵感。

**提示词：**小李正着手设计一款咖啡壶，他期望通过融合北欧的简约风格与现代实用功能，采用环保、耐用的材质，创造出既保温又易于清洁，为用户带来视觉与味觉双重享受的咖啡壶。

选择豆包的图像生成功能，输入提示词，AI 生成的咖啡壶图像如图 4-3 所示。

图 4-3　AI 生成的咖啡壶图像

【例 4-16】设计师小王正坐在他的工作室里，工作桌上堆满了设计草图和材料样本。他正为一位客户的客厅装修项目苦思冥想，希望能创造出既符合现代审美又不失温馨氛围的设计方案。小王希望 AI 工具能提供一些创新的设计灵感，帮助他打破常规，打造出一个既独特又实用的家庭客厅。

提示词：现代家庭客厅装修设计，要求融合创新元素与温馨氛围，创造独特且实用的空间布局，注重色彩搭配、材质选择及功能分区。

选择豆包的图像生成功能，输入提示词，AI 自动生成的客厅装修效果图如图 4-4 所示。

图 4-4　客厅装修效果图

### 4.3.3　音乐生成

AI 音乐生成是指运用人工智能技术，通过复杂的算法与模型，模拟并创造音乐的过程。这一过程涵盖了从简单的旋律创作到复杂的交响乐编排，旨在通过人工智能技术拓展音乐的边界，激发新的创意和灵感。

**1. 利用 AI 技术进行音乐生成的流程**

（1）明确需求。用户需要明确自己的音乐需求，包括风格、情感、节奏、乐器配置等。这些需求将成为生成音乐的指导方向。

（2）设置参数。根据需求，用户通过 AI 音乐生成平台或软件的界面，设置相应的参数。这些参数可能包括旋律复杂度、和声丰富度、节奏模式、乐器选择等。

（3）输入提示。除了设置参数，用户还可以通过输入文字描述、选择样本音乐或提供音乐元素（如旋律片段、和弦进行）等方式，进一步引导 AI 工具生成符合期望的音乐。

（4）生成与预览。AI 工具根据用户设置的参数和提示，开始生成音乐。用户可以在生成过程中实时预览音乐，并根据需要进行调整。

（5）后期处理与输出。生成完成后，用户可以对音乐进行后期处理，如混音、母带处理等，以提升音乐品质。最后，将处理好的音乐导出为所需格式，供进一步使用或发布。

**2. 利用 AI 技术进行音乐生成的提示词示例**

音乐生成的提示词示例见表 4-15。

表 4-15　音乐生成的提示词示例

| 序号 | 主题 | 提示词示例 |
|------|------|------------|
| 1 | 晨曦之光 | 这首歌曲以轻柔的钢琴旋律开场，逐渐融入吉他声和悠扬的弦乐。歌词描绘了在清晨，当第一缕阳光穿透云层，照亮大地时的宁静与希望。这首歌曲的旋律温柔而鼓舞人心，让人感受到新一天的开始带来的无限可能 |
| 2 | 星际穿越 | 这首歌曲融合了电子音乐与交响乐的元素，创造出一种宏大而神秘的氛围。节奏快速而有力，如同在星际间穿梭的飞船，探索未知的宇宙。歌词讲述了人类对宇宙的好奇与向往，以及对未知的勇敢探索 |
| 3 | 回忆的旋律 | 这是一首怀旧的歌曲，以钢琴和吉他为主要乐器，旋律悠扬而略带忧伤。歌词讲述了一段过去的回忆，那些美好而又无法重现的瞬间。歌曲通过音乐与歌词的结合，让人感受到对过去的怀念和对未来的期待 |
| 4 | 自然之歌 | 这首歌曲以自然的声音为灵感，如鸟鸣、流水和风声，与轻柔的吉他、口琴和打击乐器相结合。旋律清新而宁静，仿佛置身于大自然的怀抱中。歌词表达了人类对自然的敬畏与热爱，以及人类与自然和谐共处的愿景 |
| 5 | 爱的狂欢节 | 这是一首充满活力和热情的歌曲，以欢快的节奏和丰富的乐器组合为特点。旋律动感十足，让人不禁想随之起舞。歌词讲述了爱情的甜蜜与热烈，如同狂欢节般充满欢乐与激情。歌曲通过欢快的旋律和动人的歌词，传递出人类对爱的赞美和向往 |

这些提示词旨在帮助用户生成符合特定风格和主题的音乐，同时激发创意思维和灵感。

**3. 国内进行音乐生成的 AI 工具**

国内进行音乐生成的 AI 工具中，腾讯元宝、天工 AI、豆包等均具备出色的音乐创作能力。腾讯元宝支持基于用户喜好生成个性化的音乐，满足用户多样的需求。天工 AI 则依托昆仑万维

天工大模型 3.0，提供"随笔成歌"和"模板创作"两种音乐生成模式，生成的音乐时长较长，且支持修改封面和分轨下载。豆包则集成了音乐生成功能，用户可以通过简单的指令，快速生成多种风格的音乐。此外，网易天音、海绵音乐、即梦 AI 等也是进行音乐生成的好选择。网易天音提供 AI 编曲、作词与创作等功能，适合个人和专业音乐人使用。海绵音乐专注于中文歌曲的生成，能够生成多种情感类别的音乐。即梦 AI 则可以生成人声歌曲和纯音乐，支持用户根据心情、曲风、音色等条件进行定制化生成。

### 4. 利用 AI 技术进行音乐生成的示例

【例 4-17】小李是一位热爱音乐的大学生，正站在大学生活的末尾，心中满是对过去的怀念和对未来的憧憬。为了给自己的大学生涯画上一个完美的句号，他决定在毕业晚会上演唱一首自己创作的歌曲，以此表达对这段时光的珍视和对未来的期许。小李希望这首歌能够融合大学 4 年的点点滴滴，既有欢笑也有泪水，既有成长的困惑也有对未来的坚定信念。

提示词：创作一首融合大学 4 年回忆、成长感悟与未来展望的歌曲，要求旋律动人、歌词真挚，能够触动人心，传达出对青春岁月的珍惜与对未来的美好期待。

把提示词输入天工 AI，其给出的歌词如下。

**《时光之翼》**

（副歌）

在这片属于我们的天空下，

梦想与汗水交织成画。

青春如歌，时光轻抚，

让我们带着希望启航吧。

（第一节）

还记得那年九月，初入校园的模样，

心中满是憧憬，眼里闪烁着光芒。

图书馆的灯光，夜晚的操场，

每一个角落，都藏着我们的梦想。

（副歌）

在这片属于我们的天空下，

友情与爱情如花般绽放。

青春无悔，时光不老，

让我们携手，共赴未来的方向。

（第二节）

我们曾一起笑过，哭过，迷茫过，

但每一次跌倒，都让我们更坚强。

那些深夜的畅谈，清晨的奔跑，

都是青春最美的篇章，无法被遗忘。

（桥段）

时光匆匆，转眼间四年已过，

我们即将各奔东西，追寻各自的梦。

但请记得，无论走到哪里，

我们曾共同拥有，这片最美的天空。

（副歌）

在这片属于我们的天空下，

我们学会了成长，懂得了珍惜。

青春不散场，时光不老去，

让我们带着回忆，勇敢地向前行。

（尾声）

当未来的某一天，我们再次相聚，

愿笑容依旧灿烂，心中依旧有梦。

因为在这片天空下，我们曾共同飞翔，

用青春的力量，铸就了时光之翼。

《时光之翼》这首歌，通过细腻的歌词和动人的旋律，展现了小李对大学生活的深深怀念和对未来的美好期待。歌曲中融入了大学 4 年的点点滴滴，既有成长的困惑与迷茫，也有对未来的坚定信念。它传达出对青春岁月的珍惜与不舍，同时鼓励着每一个人勇敢地追寻自己的梦想，用青春的力量创造属于自己的未来。

把歌名和歌词输入天工 AI，就能够完成歌曲《时光之翼》，如图 4-5 所示。

图 4-5　天工 AI 创作的歌曲《时光之翼》

### 4.3.4 漫画创作

AI漫画创作是指利用人工智能技术来辅助或自动生成漫画作品。它结合了深度学习、计算机视觉、自然语言处理等多种技术，使得漫画创作更加高效、灵活和富有创意。AI漫画创作不仅能够模拟传统手绘风格，还能创造全新的视觉风格和叙事方式。

**1. 利用AI技术进行漫画创作的流程**

（1）确定创作需求。使用者需要明确自己的创作需求和目标。这包括漫画的主题、风格、角色设定、故事情节等要素。

（2）准备素材与描述。根据创作需求，使用者可以准备一些相关的素材，如角色草图、背景图片等。同时，使用者需要用自然语言或特定的输入格式（如关键词、标签等）详细描述自己的创作意图和要求。

（3）选择AI工具或平台。目前市面上有多种AI漫画创作工具和平台可供选择。使用者需要根据自己的需求和喜好选择合适的工具或平台。

（4）输入指令与参数。在选定的AI工具或平台中，使用者需要按照要求输入指令和参数。这些指令和参数可能包括绘画风格、颜色偏好、画面构图等。此外，使用者可以根据自己的创作需求进行微调，以达到最佳效果。

（5）生成与调整。输入指令和参数后，AI工具或平台将开始生成漫画作品。使用者可以实时查看漫画作品的效果，并根据需要进行调整。这包括修改颜色、调整细节、改变构图等方面。通过多次迭代和优化，最终得到满意的漫画作品。

（6）输出与分享。完成漫画作品的制作后，使用者可以将其输出为图片或动画格式，并通过社交网络、漫画平台等渠道进行分享。

**2. 利用AI技术进行漫画创作的提示词示例**

漫画创作的提示词示例见表4-16。

表4-16 漫画创作的提示词示例

| 序号 | 主题 | 提示词示例 |
|---|---|---|
| 1 | 时空旅人的日常 | 角色设定：主角是一位拥有穿越时空能力的青年，性格幽默风趣，善于利用能力解决历史问题。<br>故事背景：在一个科技与魔法并存的世界，时空穿越成为一种可能，但并非人人都能掌握。<br>情节线索：主角在一次次的穿越中，遇到了各种历史人物和事件，同时逐渐发现了自己能力的秘密。<br>画面风格：采用现代漫画风格，结合历史元素，营造出一种既科幻又复古的氛围。<br>主题思想：通过主角的冒险，传达出珍惜当下、勇于面对挑战和改变命运的思想 |
| 2 | 奇幻森林的守护者 | 角色设定：主角是一位年轻的精灵，拥有与自然沟通的能力，是奇幻森林的守护者。<br>故事背景：在一片充满魔法和奇幻生物的森林中，主角与各种动物和植物建立了深厚的友谊。<br>情节线索：森林面临着外来侵略者的威胁，主角必须联合森林中的生物，共同抵抗敌人。<br>画面风格：采用色彩鲜艳、细节丰富的画风，展现奇幻森林的美丽与神秘。<br>主题思想：通过主角的冒险，传达出保护环境、尊重生命和团结合作的重要性 |

| 序号 | 主题 | 提示词示例 |
|---|---|---|
| 3 | 校园超能力大战 | 角色设定：一群拥有不同超能力的中学生，性格各异，但都有一颗正义的心。<br>故事背景：在一个看似普通的校园里，隐藏着一群拥有超能力的学生，他们秘密地保护着校园的安全。<br>情节线索：当校园面临危机时，这群学生必须联合起来，利用各自的超能力，共同对抗邪恶势力。<br>画面风格：采用青春漫画风格，结合超能力元素，营造出一种紧张而有趣的氛围。<br>主题思想：通过主角们的冒险，传达出友谊、勇气和团结的力量 |
| 4 | 未来世界的侦探 | 角色设定：主角是一位聪明机智的侦探，擅长解决高科技犯罪案件，对高科技有深入的了解。<br>故事背景：在高度发达的未来世界，科技改变了人们的生活方式，但也带来了新的犯罪形式。<br>情节线索：主角接受了一系列看似无关的案件，但逐渐发现它们背后隐藏着一个巨大的阴谋。<br>画面风格：采用科幻漫画风格，结合未来科技元素，展现出未来世界的奇妙与神秘。<br>主题思想：通过主角的侦探工作，传达出正义、智慧和科技的重要性 |
| 5 | 魔法学院的秘密 | 角色设定：主角是一位刚入学的新生，对魔法充满好奇，逐渐发现了学院的秘密。<br>故事背景：在一所历史悠久的魔法学院里，学生们学习各种魔法知识，为成为优秀的魔法师而努力。<br>情节线索：主角在探索学院的过程中，意外地发现了学院与古老魔法之间的联系，以及一个威胁学院安全的阴谋。<br>画面风格：采用欧洲古典漫画风格，结合魔法元素，营造出一种神秘而优雅的氛围。<br>主题思想：通过主角的冒险，传达出勇气、智慧和探索未知的重要性 |

这些提示词旨在帮助漫画创作者构思出具有吸引力的故事情节、角色设定和画面风格，同时激发创意思维和灵感。

### 3. 国内进行漫画创作的 AI 工具

在国内用于漫画创作的 AI 工具众多，如文心一格、百度文库和腾讯元宝。文心一格是百度旗下的 AI 绘画工具，能根据用户输入快速生成多种风格的画作，包括漫画。百度文库推出了 AI 辅助生成漫画功能，用户只需输入主题和角色资料，就能生成详细的漫画分镜稿。腾讯元宝则提供多种漫画模板和风格，用户可根据个人喜好进行选择，快速生成个性化的漫画作品。此外，创作家、奇域、animix（动画混合）等 AI 工具都能为漫画创作者提供便利。

### 4. 利用 AI 技术进行漫画创作的示例

【例 4-18】漫画主题为《星空下的约定》。

提示词：在宁静的夜晚，繁星点缀的星空下，一对青年男女坐在小镇屋顶上，他们眼神交汇，共享着对未来的憧憬与梦想，女生闭眼许愿，男生温柔相伴，共同在星空下许下了一个关于勇气、成长与爱的约定，画面温馨且浪漫，充满了对青春与梦想的无限向往。

把漫画主题和提示词输入百度文库的 AI 辅助生成漫画功能中，其生成的漫画《星空下的约定》共 20 张，图 4-6 所示为其中的一张图。

图 4-6　漫画《星空下的约定》中的一张图

## 4.3.5　诗歌创作

AI 诗歌创作是指利用人工智能技术，尤其是自然语言处理和深度学习技术，来生成具有文学价值和审美意义的诗歌。AI 工具通过学习海量的诗歌文本，理解诗歌的语言结构、韵律规则、意象运用等要素，从而能够模拟甚至超越人类的诗歌创作能力，创作出具有独特风格的诗歌。

### 1.　利用 AI 技术进行诗歌创作的流程

（1）确定主题与风格。使用者需要明确自己想要创作的诗歌的主题和风格。这包括诗歌的主题思想、情感基调、表达方式等要素。同时，使用者可以选择特定的诗歌流派或诗人风格作为参考。

（2）输入关键词或描述。在选定的 AI 诗歌创作平台或工具中，使用者需要输入与诗歌主题相关的关键词或描述。这些关键词或描述可以是具体的意象、情感词汇、场景描述等，它们将作为生成诗歌的素材。

（3）选择参数与设置。根据平台或工具的不同，使用者可能需要选择一些参数和设置来进一步指导 AI 工具的诗歌创作。这包括诗歌的长度、行数、韵律要求、押韵方式等。使用者可以根据自己的需求和喜好进行选择和调整。

（4）生成与调整。输入关键词、描述和参数后，AI 工具将开始生成诗歌作品。使用者可以实时查看生成的诗歌作品，并根据需要进行调整。调整的内容可能包括修改某个意象、调整句子结构、改变韵律节奏等。通过多次迭代和优化，得到满意的诗歌作品。

（5）输出与分享。完成诗歌作品的创作后，使用者可以将其输出为文本格式，并通过社交媒体、文学网站等渠道进行分享。同时，使用者可以根据需要对诗歌作品进行排版、配图等处理，以提升其视觉效果和可读性。

### 2.　利用 AI 技术进行诗歌创作的提示词示例

诗歌创作的提示词示例见表 4-17。

表 4-17　诗歌创作的提示词示例

| 序号 | 主题 | 提示词示例 |
| --- | --- | --- |
| 1 | 海边日出的壮丽 | 描绘海边日出的瞬间，金色的阳光穿透云层，照亮海面，波浪闪烁着金色的光芒。海浪拍打着沙滩，伴随着清晨的宁静与和谐，展现大自然的壮丽与宁静之美 |
| 2 | 山间小径的静谧 | 探索山间小径的静谧之旅，树木郁郁葱葱，鸟鸣声声入耳。小径两旁，野花盛开，空气中弥漫着泥土的气味和花草的清新香气。通过脚步的节奏和自然的呼吸，感受内心的平静与自然的和谐 |
| 3 | 都市夜生活的繁华 | 描绘都市夜晚的繁华景象，霓虹灯闪烁，人群熙熙攘攘。酒吧、餐馆和夜市热闹非凡，街头艺人的表演为夜色增添了几分艺术气息。通过都市夜生活的节奏和色彩，展现现代社会的活力与多样性 |
| 4 | 秋日落叶的哀愁 | 捕捉秋日落叶的哀愁氛围，金黄的叶子在秋风中缓缓飘落，铺满了林间小道。凋零的落叶象征着时间的流逝和生命的短暂，通过细腻的笔触和深沉的情感，表达对逝去时光的怀念和对未来的期待 |
| 5 | 雨后小镇的清新 | 描绘雨后小镇的清新景象，雨水洗净了尘埃，空气中弥漫着泥土和花草的香气。街道两旁，水珠从屋檐滴落，发出清脆的声响。小镇的居民在雨后漫步，享受着这份难得的宁静与清新，感受生活的美好与和谐 |

这些提示词分别指向 5 个不同的诗歌创作主题，旨在激发用户的创作灵感，引导 AI 创作出具有深度和情感的诗歌作品。

### 3. 国内进行诗歌创作的 AI 工具

在国内用于诗歌创作的 AI 工具中，文心一言、讯飞星火、通义千问等展现出了卓越的能力。文心一言作为百度研发的预训练语言模型，能够基于深度学习技术理解并生成自然语言，包括富有创意和韵律的诗歌。讯飞星火凭借先进的自然语言处理技术，为用户提供了便捷的诗歌创作支持。通义千问作为阿里巴巴推出的中文预训练语言模型，同样能够在诗歌创作领域提供高质量的服务。此外，百度 AI 写作助手、AI 写作宝、Writesonic（文案之声）、ContentBot（内容机器人）、Copy.ai（文案 AI）、诗词助手、诗意和诗词宝等 AI 工具具备出色的诗歌创作功能。这些 AI 工具不仅能够根据用户输入的关键词或主题生成原创诗歌，还支持多种诗歌样式和风格，满足不同用户的创作需求。

### 4. 利用 AI 技术进行诗歌创作的示例

【例 4-19】小王同学为参加诗歌会，走进宁静的公园寻找灵感。他希望通过诗歌表达对自然的热爱与对生命的思考，让心灵与自然共鸣，将真挚情感融入诗句，期待在诗歌会上与众人分享这份美好与感悟。

提示词：诗歌会、自然之美、灵感源泉、心灵触动。

把提示词输入通义千问智能体中的诗文创作，其给出以下诗歌。

**心灵触动 · 灵感之源**

清风徐来草自摇，　万物生长映日昭。
湖光山色皆画卷，　自然之美在心潮。
诗歌会里聚知音，　共赏美景抒真情。
一花一木皆诗韵，　笔下生辉寄深情。
灵感源泉涌心间，　思绪飞扬入诗篇。

鸟鸣虫吟皆天籁， 和谐共生是宏愿。
生命意义在探索， 心灵触动最难得。
真挚情感化言语， 与君共享此刻多。
待到月升星河亮， 诗声朗朗传四方。
愿以此情暖人间， 共筑美好梦一场。

### 4.3.6　小说创作

AI 小说创作是指利用人工智能技术，特别是自然语言处理和深度学习算法，来生成情节连贯、人物塑造深刻及独特文学价值的小说。通过学习海量的文学作品数据，AI 工具能够理解并模拟作者的创作风格、叙事技巧及情感表达，进而创作出具有创新性和吸引力的小说。

**1. 利用 AI 技术进行小说创作的流程**

（1）确定主题与风格。使用者需要明确自己想要创作的小说的主题和风格。这包括小说的类型（如科幻、言情、历史等）、主要情节线索、人物设定及预期的情感氛围等。

（2）输入关键信息与提示。在选定的 AI 小说创作平台或工具中，使用者需要输入与小说主题相关的关键信息和提示。这些信息可以包括主要角色的背景故事、性格特征、关系网络；故事的起点、高潮及结局设想；特定的场景描述、氛围营造等。

（3）选择参数与设置。根据平台或工具的不同，使用者可能需要选择参数和设置来进一步指导 AI 小说创作。这包括小说的篇幅、章节划分、叙述视角（第一人称、第三人称等）、语言风格（正式的、轻松的等）及是否需要融入特定的文化或历史背景等。

（4）生成与迭代。输入关键信息和选择参数后，AI 将开始生成小说初稿。使用者可以实时查看生成内容，并根据需要进行迭代和调整。这包括修改故事情节、调整角色关系、优化语言表达等。通过多次迭代和优化，得到满意的小说作品。

（5）输出与分享。完成小说作品的创作后，使用者可以将其输出为文本格式，并通过网络平台、社交媒体等渠道进行分享。同时，可以根据需要进行编辑、排版和配图等后期处理，以提升小说作品的阅读体验和视觉效果。

**2. 利用 AI 技术进行小说创作的提示词示例**

小说创作的提示词示例见表 4-18。

表 4-18　小说创作的提示词示例

| 序号 | 主题 | 提示词示例 |
| --- | --- | --- |
| 1 | 都市情感 | 在繁华的都市中，主人公经历了爱情的甜蜜与苦涩、家庭的温暖与矛盾、职场的竞争与压力，最终学会了珍惜与成长，收获了属于自己的幸福 |
| 2 | 历史穿越 | 主人公意外穿越到古代，利用现代知识在古代世界闯出一番天地，同时卷入了宫廷斗争、民族战争等历史事件，最终凭借智慧和勇气改变了历史进程 |
| 3 | 奇幻冒险 | 在一个充满魔法与奇幻生物的世界里，主人公为了寻找传说中的宝藏或拯救世界，踏上了一段充满未知与危险的旅途，其间结识了伙伴，经历了成长与挑战 |
| 4 | 科幻悬疑 | 在未来科技高度发达的社会中，主人公卷入了一场涉及人工智能、基因改造等前沿科技的悬疑事件，通过调查与推理，逐步揭露了隐藏在背后的惊天秘密 |

| 序号 | 主题 | 参考提示词示例 |
|---|---|---|
| 5 | 青春校园 | 在青春洋溢的校园里，主人公与朋友们经历了学习的压力、友情的考验、初恋的甜蜜与苦涩，通过努力与坚持，最终实现了成长与自己的梦想 |

这些提示词旨在为用户提供小说创作的灵感和方向，用户可以根据自己的喜好和创意来构思和命名小说，也可以请 AI 给出小说的名称。

### 3. 国内进行小说创作的 AI 工具

在国内进行小说创作的 AI 工具中，文心一言、讯飞星火、通义千问、腾讯元宝等均具备出色的创作能力。文心一言能够基于用户输入的关键词或主题，生成情节丰富、文笔流畅的小说内容。讯飞星火凭借先进的自然语言处理技术，为用户提供个性化的小说创作支持。通义千问则通过深度学习技术，理解用户意图，并生成符合用户要求的小说作品。此外，NovelAI（小说 AI）、搭画快写、Storyteller（故事生成器）、Dialoguebot（对话机器人）等 AI 工具展现出强大的小说创作功能。这些工具不仅支持用户自定义小说主题、风格、情感等要素，还能够根据用户输入的情节线索生成连贯的故事，为小说创作者提供了极大的便利。

### 4. 利用 AI 技术进行小说创作的示例

【例 4-20】创作科幻小说《未来都市：光与影的交织》，1000 字左右。

没有提示词，把"创作科幻小说《未来都市：光与影的交织》，1000 字左右"输入文心一言，其生成以下内容。

#### 未来都市：光与影的交织

在公元 2150 年，地球上的很多城市可能已发展成具有遍布高科技元素的都市景象。高耸入云的摩天大楼闪烁着神秘的光芒，磁悬浮车道如银色的丝带在城市中穿梭。这是一个光与影交织的世界，科技的光辉照亮了每一个角落，却在不经意间投下了深邃的阴影。

主人公艾莉丝是一位年轻的科学家，她生活在这座繁华的未来都市中。艾莉丝拥有一头乌黑亮丽的长发和一双聪慧的眼睛，对科学的热爱让她不断探索着未知的领域。她致力于研究一种新型能源，希望能够为这座城市带来更加清洁和持久的动力。

一天，艾莉丝在实验室中偶然发现了一种奇特的物质。这种物质能够吸收和释放巨大的能量，仿佛拥有无穷的潜力。艾莉丝兴奋不已，她意识到这可能是改变未来的关键。然而，她的发现也引起了一些不为人知的势力的注意。

在城市的黑暗角落里，一个神秘的组织悄然崛起。他们企图利用艾莉丝的发现来实现自己的邪恶目的。这个组织的成员们身着黑色的长袍，脸上戴着面具，行踪诡秘。他们开始暗中监视艾莉丝，等待时机夺取她的研究成果。

艾莉丝察觉到了危险的逼近，她决定加快研究的进度。在她的努力下，新型能源的技术逐渐成熟。但与此同时，神秘组织也开始了行动。他们派遣了手下的特工，试图闯入艾莉丝的实验室。

在一场激烈的追逐中，艾莉丝带着研究成果四处躲避。她穿梭在城市的高楼大厦之间，利用先进的科技设备与敌人周旋。然而，敌人的实力强大，艾莉丝渐渐陷入了困境。

就在她感到绝望的时候，一位神秘的男子出现了。男子身穿银色的战甲，手持高科技武器，他的眼神中透露出坚定和勇敢。男子与敌人展开了激烈的战斗，成功地保护了艾莉丝和她的研

究成果。

艾莉丝感激地看着男子，心中充满了疑惑。男子自我介绍说他是一名来自未来的守护者，专门为了保护重要的科技成果而穿越时空。他告诉艾莉丝，她的研究将会对未来产生重大的影响，不能落入坏人之手。

在男子的帮助下，艾莉丝将新型能源的技术交给了城市的政府。政府迅速采取行动，将这项技术应用于城市的建设中。未来都市迎来了新的曙光，科技的光芒更加璀璨。

然而，艾莉丝知道，这场战斗并没有结束。在城市的阴影中，还有许多未知的危险等待着他们。她和男子决定继续守护这座城市，让光与影在未来都市中和谐交织。

### 4.3.7 短视频制作

AI短视频制作是指利用人工智能技术，特别是自然语言处理、计算机视觉及深度学习等算法，来自动或半自动地完成短视频的创意构思、内容生成、编辑加工及优化发布的全过程。这一过程通过学习和模仿人类创作短视频的方法与风格，结合海量数据和实时分析能力，快速生成具有吸引力、创意和商业价值的短视频内容。

**1. 利用 AI 技术进行短视频创作的流程**

（1）确定短视频主题与风格。使用者需明确短视频的主题、目标受众及期望达到的传播效果，从而确定短视频的风格、色彩搭配、音乐类型等关键要素。

（2）输入创作需求与提示。在选定的 AI 短视频制作平台或工具中，使用者需输入与创作需求相关的关键信息，包括主题描述、场景设定、角色形象、情感表达等。同时，可上传已有的素材（如图片、音频、视频片段）作为参考。

（3）选择模板与功能。AI 平台通常会提供多种视频模板和特效供使用者选择。使用者可根据实际需求，挑选合适的模板并启用相应的特效，如滤镜、转场、字幕等。

（4）预览与调整。AI 生成初稿后，使用者可预览视频效果，并根据预览视频效果进行必要的调整和优化。这包括剪辑视频时长、修改画面构图、调整音量大小等。

（5）输出与发布。完成调整和优化后，使用者可将短视频导出为指定格式的文件，并上传至目标传播平台进行发布。同时，可利用 AI 平台提供的优化建议，进一步提升短视频的曝光率和点击率。

**2. 利用 AI 技术进行短视频创作的提示词示例**

短视频创作的提示词示例见表4-19。

表4-19 短视频创作的提示词示例

| 序号 | 主题 | 提示词示例 |
|---|---|---|
| 1 | 城市日出的温馨瞬间 | 镜头从城市的高楼大厦开始，逐渐拉近到一个宁静的公园。随着太阳缓缓升起，金色的阳光洒满整个城市，公园里的老人开始晨练，孩子们在草地上嬉戏。通过慢镜头和温暖的色调，捕捉城市日出的温馨与活力，展现城市生活的美好与希望 |
| 2 | 街头艺术的文化碰撞 | 在繁华的都市街头，镜头捕捉各种形式的街头艺术，如涂鸦、雕塑、街头表演等。通过快节奏的剪辑和动感的音乐，展现街头艺术的多样性和创意。同时，采访几位街头艺术家，分享他们的创作理念和背后的故事，展现城市文化的碰撞与融合 |

| 序号 | 主题 | 提示词示例 |
|------|------|-----------|
| 3 | 乡村田园的宁静生活 | 镜头转向宁静的乡村，展示绿色的田野、悠闲的牛羊和古朴的农舍。通过慢镜头和柔和的色调，捕捉乡村生活的宁静与和谐。同时，采访几位村民，了解他们的生活方式和对乡村生活的感受，展现乡村生活的简单与幸福 |
| 4 | 城市夜景的璀璨繁华 | 夜幕降临，镜头捕捉城市夜景的璀璨与繁华。高楼大厦的灯光闪烁，街道上车水马龙，夜市热闹非凡。通过延时摄影和炫目的特效，展现城市夜景的迷人魅力。同时，采访几位夜归人，分享他们夜晚的故事和感受，展现城市生活的多彩与活力 |
| 5 | 自然风光的壮丽奇观 | 镜头转向壮丽的自然风光，如山川、瀑布、湖泊等。通过航拍和特写镜头，捕捉大自然的壮丽与神奇。同时，加入一些自然音效和悠扬的音乐，营造出身临其境的感觉。通过这段短视频，让观众感受到大自然的魅力和力量，激发他们对自然的敬畏和爱护 |

这些提示词旨在激发短视频创作者的灵感，引导他们创作出具有创意和深度的短视频作品。每个主题都包含具体的场景、元素和情感，有助于短视频创作者在构思和拍摄过程中形成清晰的思路。

### 3. 国内制作短视频的 AI 工具

在国内制作短视频的 AI 工具众多，其中文心一言、讯飞星火、通义千问、腾讯元宝等展现出强大的创作能力。文心一言和讯飞星火能够基于用户输入的文本或图片，生成高质量的短视频内容，支持多种风格和主题。通义千问则提供丰富的视频模板和编辑功能，用户可以通过简单的操作生成个性化的短视频。此外，快手推出的可灵 AI、剪映旗下的即梦 AI、清华系 Sora 团队打造的 Vidu、七火山科技的 Etna、智谱 AI 推出的清影 AI、PixVerse AI（像素世界 AI）及 Haiper AI（海派 AI）等是制作短视频的优秀 AI 工具。这些工具不仅支持基于文本和图片生成视频，还提供多种视频编辑功能和特效，满足用户从创作到发布的全方位需求。

### 4. 利用 AI 技术进行短视频创作的示例

【例 4-21】短视频名称为《赛博城市》。

**提示词**：外星球上，赛博朋克的城市街景，建筑具有未来感，镜头缓慢向前推进，街道上有行人。

把短视频名称和提示词输入可灵 AI，短视频生成的截图如图 4-7 所示。

图 4-7　短视频生成的截图

学习提示：在使用 AI 技术进行内容创作时，一个值得特别注意的现象是，使用同一 AI 工具或采用不同的 AI 工具时，在提供相同提示词的情况下，所生成的内容会有差异。这主要是因为 AI 系统是基于复杂的算法和模型运行的，这些算法和模型在处理输入信息时会受到多种因素的影响，包括训练数据、模型架构、参数设置及随机性等。因此，即使面对输入的提示词，不同的 AI 工具或同一 AI 工具在不同时间的输出也可能会有所不同。这种差异反映了 AI 技术在处理自然语言时的灵活性和多样性。

# 【扩展阅读】

## 基于 AI 大模型的典型应用发展趋势

随着人工智能技术的飞速发展，AI 大模型作为其中的核心技术之一，正引领着行业向更加智能、高效的方向迈进。基于 AI 大模型的应用正逐步渗透社会的各个领域，其发展趋势呈现出以下几个显著特点。

1. **技术迭代加速，模型性能不断提升**

AI 大模型的技术迭代速度日益加快，随着算法优化、算力提升和数据规模的扩大，AI 大模型的精度、泛化能力和处理速度将得到显著提升。未来，我们将见证更加高效、精准的 AI 大模型不断涌现，为各行业的智能化转型提供强有力的技术支持。

2. **应用场景持续拓展，实现深度融合**

AI 大模型的应用场景正不断拓宽，从最初的智能客服、文本生成等单一领域，逐步向医疗、教育、金融、制造等多个行业渗透。通过与行业需求的深度融合，AI 大模型将助力企业实现业务流程的智能化升级，提高生产效率和服务质量。

3. **多模态融合成为趋势，推动智能化升级**

多模态融合是 AI 大模型技术发展的重要方向之一。通过将文本、图像、音频等多模态的数据进行融合处理，AI 大模型能够更全面地理解用户需求，提供更丰富、更准确的智能化服务。未来，多模态融合将成为 AI 大模型的应用主流趋势，推动各行业向更加智能的方向发展。

4. **个性化服务成为关键，满足多样化需求**

随着用户需求的日益多样化，提供个性化服务成为 AI 大模型的重要发展方向。通过深入分析用户行为、兴趣偏好等数据，AI 大模型能够为用户提供更加个性化、定制化的服务。这不仅能够提高用户满意度和忠诚度，还能够为企业创造更多的商业价值。

5. **安全可信成为重要考量，保障数据隐私**

随着 AI 大模型的广泛应用，数据安全和隐私保护成为亟待解决的问题。未来，AI 大模型将更加注重安全可信，通过采用加密技术、匿名处理等手段保障用户数据的安全和隐私。同时，相关法律法规的完善将为 AI 大模型的健康发展提供有力保障。

综上所述，基于 AI 大模型的应用正展现出蓬勃的发展态势。随着技术的不断进步和应用场景的不断拓展，AI 大模型将在未来社会中发挥更加重要的作用，推动各行业的智能化转型和升级。

思考问题

1. 结合你所学的专业，探讨 AI 技术如何与你的专业领域深度融合，并预测这种融合可能带来的变革与机遇。

2. 在你看来，如何平衡 AI 技术的应用的快速发展与个人隐私保护之间的关系？请提出具体建议。

# 【项目实训】

项目实训工单

| 实训题目 | 基于 AI 技术的个性化实训 | | | | |
|---|---|---|---|---|---|
| 学生姓名 | | 班级 | | 学号 | |
| 组长姓名 | | 同组同学 | | | |
| 实训地点 | | 学时 | | 日期 | |
| 实训目的 | （1）**掌握 AI 技术基础与应用**：通过实训，使学生深入理解 AI 技术的基本原理，掌握其在特定领域（如学习、工作、生活娱乐）的应用方法和技巧，提升解决实际问题的能力。<br>（2）**培养创新思维与实践能力**：鼓励学生根据个人兴趣和需求，探索 AI 技术的创新应用，通过实践操作，培养学生的创新思维、动手能力和团队协作精神。<br>（3）**提升职业竞争力**：通过实训，使学生熟悉 AI 技术在各行业中的应用趋势，掌握相关技能，为未来就业或创业打下坚实的基础，提升职业竞争力 | | | | |
| 实训内容 | 学生根据个人兴趣，从以下题目中选择一个或多个具体的 AI 技术应用项目进行实训。<br>（1）**学习解惑**：利用 AI 问答系统或智能学习助手，解决学习中的疑惑，提高学习效率。<br>（2）**文章写作**：借助 AI 写作工具，进行文章创作，提高写作效率和质量。<br>（3）**新知识学习**：利用 AI 推荐系统或智能学习平台，发现和学习新知识，拓宽学习视野。<br>（4）**学习计划**：利用 AI 技术制订个性化的学习计划，优化学习路径，提高学习效果。<br>（5）**实习报告**：借助 AI 数据分析工具，对实习数据进行整理和分析，撰写高质量的实习报告。<br>（6）**论文选题**：利用 AI 技术辅助进行论文选题，探索研究前沿，提高论文的创新性和实用性。<br>（7）**宣传文案**：利用 AI 文案生成工具，快速创作吸引人的宣传文案，提升品牌影响力。<br>（8）**方案策划**：借助 AI 技术，进行项目或活动的方案策划，提高方案的创意性和可行性。<br>（9）**总结汇报**：利用 AI 数据分析工具，对工作成果进行总结和分析，撰写高质量的总结汇报。<br>（10）**研究报告**：借助 AI 技术进行数据分析和报告撰写，提高研究报告的准确性和深度。<br>（11）**PPT 制作**：利用 AI 工具，高效制作专业、美观的 PPT，提升汇报效果。<br>（12）**个人简历**：借助 AI 技术，优化个人简历，提高求职竞争力。<br>（13）**旅行规划**：利用 AI 工具，制订个性化的旅行计划，享受便捷、有趣的旅行体验。<br>（14）**图像生成**：借助 AI 图像生成工具，创作个性化的艺术作品或进行图像处理。<br>（15）**音乐生成**：利用 AI 音乐创作工具，创作或改编音乐作品，享受音乐创作的乐趣。<br>（16）**漫画创作**：借助 AI 技术，进行漫画创作，提高创作效率和作品质量。<br>（17）**诗歌创作**：利用 AI 诗歌创作工具，进行诗歌创作，体验 AI 在文学创作中的魅力。<br>（18）**小说创作**：借助 AI 技术，进行小说创作，提高创作效率和作品创新性。<br>（19）**短视频制作**：利用 AI 工具，快速制作有趣的短视频，丰富娱乐生活 | | | | |

续表

| 实训步骤 | （1）**选题与准备**：学生根据个人兴趣和所选领域，确定具体实训题目，收集相关资料，了解 AI 技术在该领域的应用现状和趋势。<br>（2）**方案设计**：根据实训题目，设计实训方案，明确实训目标、步骤、所需工具和技术等。<br>（3）**实践操作**：按照实训方案，进行实践操作，利用 AI 技术完成实训任务，记录实训过程和结果。<br>（4）**成果展示与分析**：整理实训成果，制作 PPT 或报告，进行成果展示，分析实训过程中遇到的问题、解决方法和实训效果。<br>（5）**总结与反思**：撰写实训总结报告，对实训过程、成果、收获和不足之处进行总结和反思 |
|---|---|
| 实训要求 | （1）**独立性**：要求学生独立完成实训任务，不得抄袭或作弊。<br>（2）**创新性**：鼓励学生根据个人兴趣和需求，探索 AI 技术的创新应用，提出新的想法和解决方案。<br>（3）**规范性**：在实训过程中，要求学生遵守实验室规章制度，规范操作，确保实训安全。<br>（4）**实践性**：注重实践操作，要求学生通过实践掌握 AI 技术的应用方法和技巧。<br>（5）**总结性**：要求学生撰写实训总结报告，对实训过程、成果和收获进行总结和反思 |
| 实训评价 | （1）**实训成果**：根据实训成果的创新性、实用性、完整性和规范性等进行评价。<br>（2）**实训过程**：根据学生在实训过程中的表现，从积极性、主动性、团队合作能力和解决问题的能力等方面进行评价。<br>（3）**实训报告**：根据实训报告的质量，从内容完整性、结构条理性、语言表达和逻辑严谨性等方面进行评价。<br>（4）**综合表现**：结合实训成果、实训过程和实训报告，对学生的综合表现进行评价，给出实训成绩和评语。同时，鼓励学生进行自我评价和相互评价，促进个人成长和团队协作 |

# 【归纳与提高】

本项目精心介绍了 AI 技术在多领域内的实训应用，全面覆盖了学习、工作及生活娱乐等领域。在学习领域，AI 技术不仅解决了众多学习难题，还极大地促进了文章写作效率、新知识吸收及个性化学习计划的制订。在工作领域，AI 技术的融入显著提升了宣传文案撰写、方案策划、总结汇报及研究报告创作的工作效率与品质，同时优化了 PPT 与个人简历的制作效果。在生活娱乐领域，AI 技术带来了旅行规划、图像生成、音乐创作等创新体验，极大地丰富了人们的休闲生活。

未来，AI 技术将继续在更广泛的领域内发挥重要作用，推动社会与科技的深度融合。随着技术的不断进步，将会有更多创新的应用场景被开发出来，为人们的工作与生活带来更多便利与乐趣。然而，在享受 AI 技术带来的便利的同时，应高度关注其可能引发的伦理与隐私问题，确保 AI 技术的发展始终在合法、合规的轨道上前行。期待未来能涌现更多掌握 AI 技术、具备创新思维的人才，共同推动社会的进步与发展，创造更加美好的未来。

# 【知识巩固】

一、填空题

1. 利用 AI 技术进行学习解惑时，首先需明确学习困惑的_____与难度。

2. 文章写作中，AI 工具能辅助作者进行_____、创作、编辑文章。

3. 新知识学习通过 AI 技术提供_____、高效的学习路径和资源。

4. 利用 AI 技术制订学习计划时，首先需进行_____分析。

5. 利用 AI 技术撰写宣传文案的首要步骤是_____。

6. 在方案策划中，_____是创意生成与策略制定的基础。

7. 编写总结汇报前，需要明确_____与_____。

8. 在进行旅行规划的流程中，_____为后续规划奠定基础。

9. 在图像生成流程中，用户需要通过_____来描述画面内容和选择绘画风格。

10. 在音乐生成流程中，用户可以通过_____、选择样本音乐或提供音乐元素来引导 AI 生成音乐。

二、选择题

1. AI 在文章写作中的主要作用是（　　　　）。
    A. 完全替代人类写作　　　　　　　　B. 提供内容生成与语法检查
    C. 无须人类参与即可完成高质量文章　　D. 无法提升写作效率

2. 实习报告撰写过程中，AI 技术主要用于哪个阶段？（　　　　）
    A. 前期准备　　　　　　　　　　　　　B. 深度编辑与个性化见解
    C. 审核与提交　　　　　　　　　　　　D. 全程自动化完成

3. 论文选题时，AI 工具的主要功能不包括（　　　　）。
    A. 分析学术数据　　　　　　　　　　　B. 评估选题创新性
    C. 替代研究者进行实地考察　　　　　　D. 识别研究趋势

4. 学习解惑过程中，AI 系统如何确保解答的精准性？（　　　　）
    A. 依赖用户自行判断　　　　　　　　　B. 通过智能匹配知识库
    C. 无须任何数据支持　　　　　　　　　D. 依赖随机生成答案

5. 下列哪项不是撰写宣传文案的流程？（　　　　）
    A. 明确需求　　　　　　　　　　　　　B. 数据准备
    C. 实地考察　　　　　　　　　　　　　D. 文案生成

6. AI 工具在方案策划中主要承担的角色是（　　　　）。
    A. 完全自主策划　　　　　　　　　　　B. 数据分析与辅助创意
    C. 执行方案　　　　　　　　　　　　　D. 监督反馈

7. 制作 PPT 时，AI 工具自动生成的内容不包括（　　　　）。
    A. 文字　　　　　　　　　　　　　　　B. 图片
    C. 动画效果设计　　　　　　　　　　　D. 表格

8. 个人简历制作中，AI 工具的主要作用是（　　　　）。
    A. 替代求职者面试　　　　　　　　　　B. 自动生成简历初稿
    C. 决定求职者的职业规划　　　　　　　D. 评估简历质量

9. 旅行规划的核心是（　　　　）。
    A. 简化旅行筹备工作　　　　　　　　　B. 自动预订机票和酒店
    C. 实时数据分析与个性化推荐　　　　　D. 旅行回顾与反馈

10. 在音乐生成中，用户设置参数不包括以下哪一项？（　　　　）
    A. 旋律复杂度　　　　　　　　　　　　B. 和声丰富度

　　C．演奏者选择　　　　　　　　D．节奏模式

## 三、判断题

1. AI 技术在学习解惑中只能解答表面问题，无法引导深入理解。（　　　）

2. 在文章写作时，利用 AI 工具生成的内容无须人工审核即可直接使用。（　　　）

3. 新知识学习通过 AI 技术能显著提高学习效率，但无法加深学习深度。（　　）

4. 利用 AI 技术制订学习计划时，学习者无须提供任何个人信息。（　　　）

5. 利用 AI 工具撰写的宣传文案无须人工审核，可直接发布。（　　）

6. 在 AI 技术辅助下，方案策划的创意生成可以完全依赖 AI 工具进行。（　　　）

7. 利用 AI 工具制作 PPT 时，用户无法对 AI 工具生成的内容进行个性化编辑。（　　　）

8. 利用 AI 工具撰写个人简历时，能自动分析职位需求，提高简历的针对性。（　　）

9. 在图像生成过程中，用户无须进行任何调整即可得到满意的图像。（　　　）

10. 音乐生成只能生成简单的旋律，无法创作复杂的交响乐。（　　）

## 四、问答题

1. 简述利用 AI 技术进行文章写作的主要流程。

2. 如何利用 AI 技术优化学习计划的制订过程？

3. 简述利用 AI 技术撰写宣传文案的优势。

4. 在制作 PPT 时，如何有效结合 AI 工具与人工编辑，以达到最佳效果？

5. 简述 AI 旅行规划相比传统旅行规划的优势。

# 附　录

人工智能技术在智能汽车中的典型应用场景

| 序号 | 应用场景 | 具体描述 |
|------|----------|----------|
| 1 | 摄像头感知 | 利用高清摄像头捕捉车辆周围的图像,通过深度学习等人工智能技术,实现对车辆、行人、交通标志、道路标记等环境元素的精准识别和理解 |
| 2 | 毫米波雷达感知 | 毫米波雷达发射接收电磁波,AI 算法处理反射波参数,精确感知周围障碍物距离、速度、方向 |
| 3 | 激光雷达感知 | 激光雷达发射激光并接收反射光,AI 算法处理信号传播时间和方向,生成高精度三维地图,实现环境详细感知 |
| 4 | 超声波雷达感知 | 超声波雷达发射接收声波,AI 处理传播时间速度,感知周围障碍物距离,辅助避障决策 |
| 5 | 红外感知 | 利用红外传感器捕捉周围环境的红外辐射,通过人工智能技术进行红外成像处理,实现对车辆、行人等热源的精准检测和识别 |
| 6 | 多传感器融合 | 融合摄像头、毫米波雷达等多传感器数据,深度学习技术综合处理,提升环境感知准确性和可靠性 |
| 7 | 实时交通信息感知 | 车联网获实时交通信息,AI 处理分析路况,提供车辆实时导航建议,涵盖拥堵、事故、管制等 |
| 8 | 天气与路面状况感知 | 融合气象与路面传感数据,AI 实时监测预测天气路况影响,为车辆提供安全驾驶建议 |
| 9 | 道路标记识别 | 摄像头捕捉道路标记,AI 算法识别车道线、停车线等,为车辆提供精确行驶指导 |
| 10 | 车辆跟踪与预测 | 跟踪周围车辆轨迹速度,循环神经网络预测行驶路径,为车辆避障规划提供依据,提升行驶安全 |
| 11 | 行人行为预测 | 摄像头捕捉行人图像,AI 分析行为模式预测轨迹,为车辆提供避让建议,减少交通事故 |
| 12 | 夜间与低光照环境感知 | 在夜间和低光照环境下,利用红外传感器和图像增强技术提高感知能力。通过人工智能算法处理图像数据,实现对周围环境的准确感知和识别 |
| 13 | 复杂环境感知 | 城市复杂环境,多传感器 AI 综合感知分析,精准识别环境元素,提升车辆适应性与行驶安全 |
| 14 | 障碍物避让策略制定 | 根据感知到的障碍物信息,利用人工智能算法制定避让策略。能够计算出最优的避让路径和速度,确保车辆在遇到障碍物时能够安全避让 |

| 序号 | 应用场景 | 具体描述 |
|---|---|---|
| 15 | 驾驶人状态监测 | 摄像头传感器监测驾驶人状态，AI 分析判断疲劳与注意力，提供驾驶安全预警 |
| 16 | 周围车辆意图识别 | 分析周围车辆行驶信息，AI 识别行驶意图，预测未来行为，为协同驾驶提供依据 |
| 17 | 实时环境建模与更新 | 融合环境交通信息，构建高精度模型，AI 实时更新数据，确保一致，为车辆提供精准导航定位 |
| 18 | 行为决策优化 | 强化学习技术依据车况、规则、路况及周围车辆行为，智能生成安全高效合规驾驶决策，如加减速、转向变道 |
| 19 | 高级路径规划 | 结合全局地图与实时交通，AI 动态规划最优路径，考虑拥堵、施工、天气等，确保车辆高效抵达 |
| 20 | 交通信号智能解读 | 通过图像识别与自然语言处理技术，人工智能准确识别并解读交通信号灯、标志牌及路面标记，确保车辆遵守交通规则，提升行驶安全性 |
| 21 | 预测性路径调整 | 基于历史数据与实时环境分析，人工智能预测未来交通状况，提前调整行驶路径，避免拥堵，提高出行效率 |
| 22 | 车车/车路协同决策 | 人工智能促进车辆间及车辆与道路基础设施的信息交换，协同规划行驶策略，如协同换道、速度同步等，提升整体交通流畅度与安全性 |
| 23 | 驾驶人意图与情绪识别 | 通过分析驾驶人操作、语音及面部表情，人工智能识别驾驶人意图与情绪状态，适时提供驾驶建议或调整自动驾驶级别，确保驾驶安全与舒适 |
| 24 | 紧急情况自主应对 | 在突发状况如车辆故障、紧急制动等情况下，人工智能迅速评估并作出最优决策，如紧急避障、稳定车辆等，保障乘客安全 |
| 25 | 节能驾驶策略制定 | 根据车辆行驶状态、路况及外部环境因素，人工智能动态调整驾驶策略，如优化加速/减速曲线，减少不必要能耗，提升能源效率 |
| 26 | 个性化驾驶模式定制 | 结合驾驶人偏好、驾驶习惯与出行需求，人工智能为每位驾驶人提供个性化的驾驶模式，如舒适驾驶、运动驾驶等，提升驾驶体验 |
| 27 | 车辆动态控制 | 人工智能通过实时分析车辆状态和外部环境信息，精确控制车辆的加速、制动和转向，确保车辆在复杂路况下的稳定性和安全性 |
| 28 | 智能悬挂系统调节 | 人工智能根据路况和车辆行驶状态，智能调节悬挂系统的刚度和阻尼，优化车辆的乘坐舒适性和操控稳定性 |
| 29 | 智能座椅调节 | AI 系统依体型坐姿调座椅，个性乘坐体验；智能监测健康，心率呼吸提醒 |
| 30 | 车辆内外环境协同控制 | 人工智能系统通过监测车辆内外环境，智能调节车辆空调、车窗、空气净化器等设备，为乘客提供舒适、健康的乘车环境 |
| 31 | 紧急避险与制动控制 | 紧急情况 AI 速识别反应，避碰调整轨迹速度；提供紧急制动辅助，确保迅速停稳 |

续表

| 序号 | 应用场景 | 具体描述 |
|---|---|---|
| 32 | 智能灯光与雨刷控制 | 人工智能系统能够根据天气状况和道路状况,智能调节车辆灯光和雨刷,提高行车安全性和舒适性 |
| 33 | 车辆能耗管理 | 人工智能通过分析车辆的行驶数据和能耗情况,智能调整车辆的行驶策略,以降低车辆的能耗和排放,提高能源利用效率 |
| 34 | 乘客互动与娱乐系统控制 | 人工智能系统能够根据乘客的需求和偏好,智能控制车辆的娱乐系统和互动系统,提供个性化的乘车体验 |
| 35 | 前向碰撞预警 | 通过雷达或视觉传感器实时监测前方车辆,判断本车与前车之间的距离、方位及相对速度,对驾驶人进行警告,避免追尾碰撞,提高行车安全性 |
| 36 | 车道偏离预警 | 前置摄像头监测车道标记,图像识别防偏离,声音视觉提醒驾驶人,保持车道,减少事故 |
| 37 | 自动紧急制动 | 传感器监测前方障碍,碰撞风险时自动刹车,结合物体检测、速度估计等算法,确保行驶安全 |
| 38 | 自适应巡航控制 | 雷达摄像头监测前车,自调车速保安全距离;智能调速应路况,减轻负担,提升舒适安全 |
| 39 | 车道保持辅助 | 前置摄像头监测车道,图像识别深度学习调方向,保持车道,高速长途驾驶减负,提升安全性 |
| 40 | 交通标志识别 | 车载摄像头识别道路标志,显示限速禁行信息于仪表导航,辅助驾驶决策,提升便捷安全 |
| 41 | 自动泊车辅助 | 多传感器探测停车空间障碍,复杂算法算最佳路线,自动操控方向盘泊车,减轻驾驶人难度 |
| 42 | 驾驶人疲劳预警 | 监测驾驶人表情行为,判断疲劳驾驶,立即提醒或自动减速停车,确保行车安全 |
| 43 | 盲区监测 | 利用传感器监测车辆的盲区,当检测到盲区内有其他车辆或行人时,通过声音或视觉提醒驾驶人,避免盲区事故 |
| 44 | 交叉路口辅助 | 在交叉路口,利用摄像头和传感器监测交通状况,智能判断车辆是否可以安全通过,提供交叉路口通行辅助,减少交通事故的发生 |
| 45 | 智能语音助手 | 利用语音识别和自然语言处理技术,智能语音助手可以与驾驶人和乘客进行流畅对话。用户可以通过语音指令控制车辆功能 |
| 46 | 情感识别与情感支持 | 智能座舱语音面部分析情感,驾驶人疲劳低落时提供积极建议或振奋音乐,提升驾驶安全乘车体验 |
| 47 | 个性化体验定制 | 人工智能技术能够根据驾驶人和乘客的个人喜好和习惯,提供个性化的服务。例如,根据乘客的喜好调整座椅和环境设置 |
| 48 | 智能导航与路线规划 | 智能导航系统能够实时分析交通状况,并根据目的地为驾驶人规划出最优的出行路线。这有助于减少行驶时间和拥堵,提高出行效率 |

| 序号 | 应用场景 | 具体描述 |
|---|---|---|
| 49 | 车辆状态监测与提醒 | 人工智能系统能够实时监测车辆状态，如油量、电量、轮胎压力等，并在出现异常时发出提醒 |
| 50 | 智能娱乐系统 | 智能座舱中的娱乐系统能够根据驾驶人和乘客的需求，提供个性化的娱乐内容。例如，根据乘客的喜好推荐电影、音乐或游戏等 |
| 51 | 人机交互界面优化 | 人工智能技术能够优化智能座舱的人机交互界面，使其更加直观、易用。例如，通过人工智能技术，实现更加智能的语音控制和手势控制功能 |
| 52 | 车辆远程控制 | 驾驶人可以通过手机或其他智能设备远程控制智能座舱的功能，如提前开启空调、调整座椅等 |
| 53 | 智能安全系统 | 人工智能技术通过实时监测驾驶人和乘客的状态以及车辆周围环境的信息，系统能够及时发现潜在的安全隐患并给出相应的预警或提醒 |
| 54 | 车辆健康管理与维护 | 人工智能系统能够实时监测车辆的健康状况，一旦发现异常或潜在故障，系统会立即发出提醒并建议相应的维修措施 |
| 55 | 车辆电池健康评分系统 | 利用人工智能深度分析电池电压、电流、温度变化曲线等数据，生成直观健康评分方便车主和维修人员快速判断电池状况，及时维护或更换 |
| 56 | 动力电池系统能源效率提升 | 借助深度学习技术，对车辆行驶模式、道路状况及驾驶者习惯等数据进行深入分析，优化动力系统运行，提升能源使用效率 |
| 57 | 动力电池材料发现与性能优化 | 利用机器学习模型，更准确地预测电池材料的能量密度，从而在材料选择和电池设计阶段优化性能，快速筛选和预测新的电池材料属性 |
| 58 | 动力电池老化模拟 | 利用AI对电池老化的模拟可以更精确地预测电池的寿命，帮助优化电池设计和制造工艺，提高电池的整体性能 |
| 59 | 电池管理系统智能化 | AI优化电池管理，提升效率安全，学习算法优充放电策略。实时监测预测故障，提前维护处理 |
| 60 | 动力电池系统 - 故障诊断与预测 | AI算法能够分析电池运行数据，实时监测电池状态，预测并诊断潜在的故障，及时提醒用户或维修人员进行处理，避免故障发生 |
| 61 | 动力电池系统 - 回收利用 | AI帮助提高电池回收的效率和价值，通过自动化和智能化技术提高回收率，降低回收成本，同时减少对环境的影响 |
| 62 | 动力电池系统安全性提升 | AI技术能够帮助识别可能导致电池热失控和安全问题的因素，从而在设计和制造阶段提前采取措施，提高电池的安全性 |
| 63 | 驱动电机系统控制策略优化 | 使用深度学习算法对电机驱动系统进行建模，实时学习和调整控制参数，实现更高效的能量管理，提高动力性能，同时有效降低能耗 |
| 64 | 驱动电机系统故障诊断与预测 | 利用大数据分析和机器学习技术，对驱动电机系统的运行数据进行实时监测和分析，提前预警潜在的故障，确保驱动电机系统的稳定运行 |
| 65 | 驱动电机系统性能优化 | AI技术能够根据实时工况和驾驶需求，自动调整驱动电机的控制策略，实现最佳的动力输出和能效比 |

| 序号 | 应用场景 | 具体描述 |
|---|---|---|
| 66 | 智能充电设施适配优化 | 车辆连接充电设施时，人工智能自动识别其类型、功率，结合电池状态与车主需求，优化充电功率和时间。还可与电网交互，低谷期最大功率充电 |
| 67 | 自动驾驶模式切换策略优化 | AI 综合路况、流量、驾驶人及车辆状态，优化自动驾驶切换。复杂路况提醒接管，轻微异常调安全模式，确保安全，提升适应性与可靠性 |
| 68 | 智能车窗遮阳控制 | AI 结合内外光线温度等，智能判断遮阳。阳光强温高降遮阳帘，变化或阴影适时调，保证采光，减少不必要动作，提升乘坐体验 |
| 69 | 车辆气味环境智能管理 | 气味传感器检车内气味，AI 分析判断。异味启动净化，依情调整强度。可释清新香氛，如森林海洋，宜人环境，提升空气品质舒适度 |
| 70 | 车辆社交互动功能 | 车联网 AI 促车辆社交，同路段互发问候路况组队。依偏好推荐车主互动，增驾驶乐趣社交性，让出行不孤单 |

# 参考文献

[1]    黄源, 张莉. AIGC 基础与应用[M]. 北京：人民邮电出版社, 2024.

[2]    李铮, 黄源, 蒋文豪. 人工智能导论[M]. 北京：人民邮电出版社, 2021.

[3]    崔胜民. 面向汽车的新一代信息技术[M]. 北京：机械工业出版社, 2021.